西安电子科技大学研究生精品教材

量 子 通 信

裴昌幸　朱畅华
聂敏　阎毅　权东晓　编著

西安电子科技大学出版社

内 容 简 介

本书较为系统、全面地介绍了量子通信的概念、物理基础、具体形式、量子信道与编码及量子通信网等。全书共分 8 章，第 1～3 章重点讨论量子通信的基本概念、物理基础及量子隐形传态；第 4～5 章重点讨论量子密钥分发和量子安全直接通信；第 6～8 章重点讨论量子信道、量子编码和量子通信网络。本书具有文笔简练、内容深入浅出、说理透彻、结构合理、特色鲜明的优点。

本书可作为通信工程、电子与信息工程、信息工程、信息安全等专业高年级本科生或研究生教材，也可作为相关科技人员的学习参考书。

图书在版编目(CIP)数据

量子通信/裴昌幸等编著.
－西安：西安电子科技大学出版社，2013.6(2020.12 重印)
ISBN 978 - 7 - 5606 - 3048 - 9

Ⅰ. ① 量…　Ⅱ. ① 裴…　Ⅲ. ① 量子力学－光通信－研究生－教材
Ⅳ. ① TN929.1

中国版本图书馆 CIP 数据核字(2013)第 091701 号

策　　划　李惠萍
责任编辑　李惠萍
出版发行　西安电子科技大学出版社(西安市太白南路 2 号)
电　　话　(029)88242885　88201467　　邮　编　710071
网　　址　www.xduph.com　　　　　电子邮箱　xdupfxb001@163.com
经　　销　新华书店
印刷单位　西安日报社印务中心
版　　次　2013 年 6 月第 1 版　2020 年 12 月第 3 次印刷
开　　本　787 毫米×960 毫米　1/16　印　张　13
字　　数　227 千字
印　　数　3501～4000 册
定　　价　29.00 元
ISBN 978 - 7 - 5606 - 3048 - 9/TN
XDUP 3340001 - 3

"十二五"重点图书　　　　研究生系列教材

编审委员会名单

前　　言

　　量子通信是量子力学和通信理论相结合产生的交叉学科，诞生近 30 年来，已经从理论构想向实用化过渡。量子通信技术所具有的高速、超大容量和无条件安全使其具有无与伦比的发展潜力和应用前景，已引起学术界、企业界和国防部门的高度重视，成为当前研究和开发的热点。

　　量子通信的主要形式包括基于量子密钥分发（Quantum Key Distribution，QKD）的量子保密通信、量子密集编码（Quantum Dense Coding）和量子隐形传态（Quantum Teleportation）等。量子密钥分发建立在量子力学的基本原理之上，应用量子力学的海森堡不确定性原理和量子态不可克隆定理，在收发双方之间建立一串共享的密钥，通过一次一密（One-Time-Pad，OTP）的加密策略，实现了真正意义上的无条件安全通信；量子密集编码利用在收发双方之间事先共享的纠缠光子对，只需传输一个量子比特就等效于传输 2 比特的经典信息；量子隐形传态是间接的量子态传输方式，它基于非定域性（Non Local），利用收发双方事先共享的 EPR 粒子对具有的量子关联特性建立量子信道，可以实现未知量子态的远程传输。

　　基于量子叠加态理论，可以用量子叠加的方式来处理信息，一个 N 量子比特的存储器，可存储的数字高达 2^N 个，实施一次量子运算就可同时对 2^N 个输入数进行数学运算。采用 Shor 算法可以在几分之一秒内实现 1000 位数的因式分解，这将使现有的公钥 RSA 体系无密可保！量子特性在提高运算速度和增大信息容量等方面可能突破现有经典信息系统的极限！

　　不少发达国家在银行、国防部门都已经建立了实用化的短距离光纤量子通信系统。美国国防部已建成了全球第一个量子通信网络

(the DARPA Quantum Network)，进一步的计划是通过卫星建立全球量子通信网络。日本把量子通信技术作为一项国家级高技术研究开发计划，在 10 年内将投资约 400 亿日元研究密码技术及量子通信所需要的超高速计算机。其目标是，在 2020 到 2030 年期间使量子通信网络技术达到实用化水平。

量子通信中所采用的源主要有单光子源和纠缠光子源；通信信道主要包括光纤信道和自由空间信道；信息编码方式有偏振编码和相位编码等多种方式。自从 IBM 实验室的 Bennett 等人在 1989 年完成量子通信的第一个演示性实验以后，国际上采用弱相干光源（准单光子源）方案建立的光纤量子信道传输距离已经达到了 250 km，自由空间量子信道也达到了 144 km。

量子通信的实现方案目前大多以光子作为载体，这是因为光子和环境相互作用所产生的退相干（decoherence）容易控制，而且还可以利用传统光通信的相关器件和技术。这也是量子通信最先使用光子的主要原因。基于光纤的量子密钥分发设备已经商用化，但由于单模光纤存在着双折射、损耗和背景噪声，加之探测器技术、单光子源或者纠缠光源不完美等原因限制了光纤信道的通信距离。为了解决长距离光纤量子通信中光子损耗以及双折射引起的退相干效应带来的最大距离限制，采用量子中继器（quantum repeater）和自由空间量子通信是两种比较可行的方案。量子中继器目前离实用还有一定距离，而基于人造卫星的自由空间量子通信却表现出极大的可行性。目前，自由空间量子隐形传态已达到 143 km，为实现覆盖全球的量子通信奠定了基础。

量子通信，首要问题是如何把消息变换成量子信息比特，依靠量子态作为信息的载体传输量子信息。量子信息的有效表示方法则是量子信源编码研究的中心问题。此外，量子系统不可能是完全孤立的，它必然要与环境相互作用，这里的环境指与所关心系统有相互作用的其它自由度。量子系统与环境的相互作用，一方面会改变量子比特对应的叠加态中的相对相位，使相对相位趋于无规则化，出现相位错误；另一方面会使信号能量降低，导致比特翻转错误，以及相位-比特联合错误。这两方面综合即可导致退相干过程，从而产生量子码误码。采用量子纠错编码(Quantum Error Correct Coding，QECC)技术能够克服退相干以纠正信道中的误码。

量子通信及相关的理论、技术和应用发展极快。及时反映量子通信的发展动态，将相关理论和技术进行归纳、整理和提升，不论对于教学、科研还是对于促进量子信息技术发展都是十分必要的。本书正是出于这一目的，并在充分考虑了实际需要的基础上编著的。本书的出版体现着我们多年的科研实践和理论研究成果，书中突出了量子密钥分发、量子信道、量子编码、量子直传及量子通信网络等内容，对其原理及相关技术进行了较为系统与完整的分析和论述。

本书共分 8 章。第 1 章为概述，主要讲述量子通信的基本概念、性能指标、发展现状及展望；第 2 章主要讲述量子通信的物理基础，包括量子力学的基本假设、量子密度算子、量子纠缠和量子比特的概念及特性；第 3 章主要讲述量子隐形传态，包括量子隐形传态原理和多量子比特的隐形传态；第 4 章主要讲述量子密钥分发，包括 BB84 协议、B92 协议、E91 协议，以及诱骗态量子密钥分发的原理与实现；第 5 章主要讲述量子安全直接通信的相关协议与实现；第 6 章主要讲述量子信道，包括量子信道的表示、特定量子信道模型、光纤量子信道和自由空间量子信道；第 7 章主要讲述量子编码，包括量子信源编码和量子信道编码；第 8 章主要讲述量子通信网络，包括量子通信网络的体系结构、拓扑、量子交换技术、量子中继器和实验网。

本书由裴昌幸统稿，朱畅华、聂敏、阎毅、权东晓参编。编写过程中得到了李建东教授等学者的关注和指导，他们为本书的出版提出了许多宝贵意见；西安电子科技大学量子通信研究中心白宝明、李晖、陈南、易运晖、何先灯、赵楠等老师都非常关心本书的编写，并给予帮助；研究中心的博士、硕士研究生们为本书的资料收集、实验、绘图、文字校对等做出了积极的贡献；书末给出的参考文献，凝聚着原作者的真知灼见，编著者从中汲取了不少营养。在此一并表示诚挚的感谢！

由于量子通信是一个比较新的领域，很多问题还在不断地深入与探讨之中，加之编著者水平有限，书中难免会有疏漏和不妥之处，敬请广大读者批评指正。

编著者
2013 年 4 月于西安

目　　录

第 1 章　概　　述

通信的目的是将信息从一个地方(信源)传送到另外一个地方(信宿)，信息可装在信封里由邮递员送达，也可通过电信系统实现。电信系统是指将信息承载到电磁波上进行传输，电磁波可以是波长从几千千米到几纳米的无线电波、微波、红外线、可见光、紫外线等。其传输路径可以是自由空间，也可以是电缆或光缆等有线载体。量子通信利用量子力学的基本原理或特性进行通信，其信息的载体是微观粒子，如单个光子、原子或自旋电子等。因此，它的工作原理、发送装置和接收设备必定与其它通信方式不同。本章主要讲述量子通信的基本概念、量子通信的类型，并简要介绍量子通信的发展现状。

1.1　量子通信的基本概念和类型

量子通信起源于对通信保密的要求。通信安全自古以来一直受到人们的重视，特别是在军事领域。当今社会，随着信息化程度的不断提高，如互联网、即时通信和电子商务等应用，都涉及到信息安全，信息安全又关系到每个人的切身利益。对信息进行加密是保证信息安全的重要方法之一。G. Vernam 在 1917 年提出一次一密(One Time Pad, OTP)的思想[1]，对于明文采用一串与其等长的随机数进行加密(相异或)，接收方用同样的随机数进行解密(再次异或)。这里的随机数称为密钥，其真正随机且只用一次。OTP 协议已经被证明是安全的[2]，但关键是要有足够长的密钥，必须实现在不安全的信道(存在窃听)中无条件地安全地分发密钥，这在经典领域很难做到。后来，出现了公钥密码体制，如著名的 RSA 协议[3]。在这类协议中，接收方有一个公钥和一个私钥，接收方将公钥发给发送方，发送方用这个公钥对数据进行加密，然后发给接收方，只有用私钥才能解密数据。公钥密码被大量应用着，它的安全性由数学假设来保证，即一个大数的质因数分解是一个非常困难的问题。但是量子计算机的提出，改变了这个观点。已经证明：一旦量子计算机实现了，大数很容易被分解，从而现在广为应用的密码系统完全可以被破解[4]。

幸运的是，在人们认识到量子计算机的威力之前，基于量子力学原理的量子密钥分发(Quantum Key distribution，QKD)技术就被提出来了[5]。量子密钥分发应用了量子力学的原理，可以实现无条件安全的密钥分发，进而结合 OTP 策略，确保通信的绝对保密。这里先给出量子通信的定义，再看看它的具体形式。

1.1.1　量子通信的基本概念及特点

量子通信是指应用了量子力学的基本原理或量子特性进行信息传输的一种通信方式。它有以下特点：

（1）量子通信具有无条件的安全性。量子通信起源于利用量子密钥分发获得的密钥加密信息，基于量子密钥分发的无条件安全性，从而可实现安全的保密通信。QKD 利用量子力学的海森堡不确定性原理和量子态不可克隆定理，前者保证了窃听者在不知道发送方编码基的情况下无法准确测量获得量子态的信息，后者使得窃听者无法复制一份量子态在得知编码基后进行测量，从而使得窃听必然导致明显的误码，于是通信双方能够察觉出被窃听。

（2）量子通信具有传输的高效性。根据量子力学的叠加原理，一个 n 维量子态的本征展开式有 2^n 项，每项前面都有一个系数，传输一个量子态相当于同时传输这 2^n 个数据。可见，量子态携载的信息非常丰富，使其不但在传输方面，而且在存储、处理等方面相比于经典方法更为高效。

（3）可以利用量子物理的纠缠资源。纠缠是量子力学中独有的资源，相互纠缠的粒子之间存在一种关联，无论它们的位置相距多远，若其中一个粒子改变，另一个必然改变，或者说一个经测量塌缩，另一个也必然塌缩到对应的量子态上。这种关联的保持可以用贝尔不等式来检验，因此用纠缠可以协商密钥，若存在窃听，即可被发现。利用纠缠的这种特性(量子力学上称为非局域性，参见第 2 章)，也可以实现量子态的远程传输(详见第 3 章)。基于纠缠的 QKD 将在第 4 章详细介绍。

1.1.2　量子通信的类型

目前，量子通信的主要形式包括基于 QKD 的量子保密通信、量子间接通信和量子安全直接通信。下面简要说明。

1. 基于 QKD 的量子保密通信

如前所述，基于 QKD 的量子保密通信是通过 QKD 使得通信双方获得密钥，进而利用经典通信系统进行保密通信的，如图 1.1 所示。

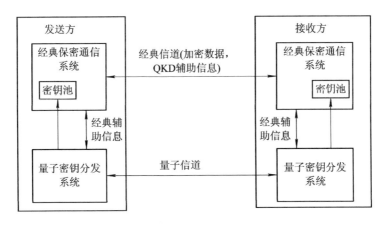

图 1.1　基于 QKD 的量子保密通信系统示意图

由图 1.1 可见，发送方和接收方都由经典保密通信系统和量子密钥分发（QKD）系统组成，QKD 系统产生密钥并存放在密钥池当中，作为经典保密通信系统的密钥。系统中有两个信道，量子信道传输用以进行 QKD 的光子（若采用光量子通信的话。本书中如不特别说明，都认为是采用光量子通信），经典信道传输 QKD 过程中的辅助信息，如基矢对比、数据协调和密性放大（详见第 4 章），也传输加密后的数据。基于 QKD 的量子保密通信是目前发展最快且已获得实际应用的量子信息技术。

2. 量子间接通信

量子间接通信可以传输量子信息，但不是直接传输，而是利用纠缠粒子对，将携带信息的光量子与纠缠光子对之一进行贝尔态测量，将测量结果发送给接收方，接收方根据测量结果进行相应的酉变换，从而可恢复发送方的信息，如图 1.2 所示。这种方法称为量子隐形传态（Quantum Teleportation）。应用量子力学的纠缠特性，基于两个粒子具有的量子关联特性建立量子信道，可以在相距较远的两地之间实现未知量子态的远程传输。

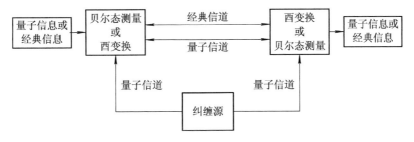

图 1.2　量子间接通信示意图

另一种方法是发送方对纠缠粒子之一进行酉变换,变换之后将这个粒子发到接收方,接收方对这两个粒子联合测量,根据测量结果判断发方所作的变换类型(共有四种酉变换,因而可携带两比特经典信息),这种方法称为量子密集编码(Quantum Dense Coding)。

3. 量子安全直接通信

量子安全直接通信(Quantum Secure Direct Communications,QSDC)可以直接传输信息,并通过在系统中添加控制比特来检验信道的安全性,其原理如图 1.3 所示。量子态的制备可采用纠缠源或单光子源。若为单光子源,可将信息调制在单光子的偏振态上,通过发送装置发送到量子信道;接收端收到后进行测量,通过对控制比特进行测量的结果来分析判断信道的安全性,如果信道无窃听则进行通信。其中经典辅助信息辅助进行安全性分析。其原理详见第 5 章。

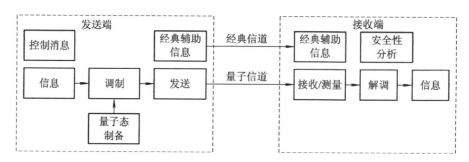

图 1.3 量子安全直接通信示意图

除了上述三种量子通信的形式外,还有量子秘密共享(Quantum Secret Sharing,QSS)、量子私钥加密、量子公钥加密、量子认证(Quantum Authentication)、量子签名(Quantum Signature)等,这里不再赘述,读者可参见相关文献。

1.2 量子通信系统的指标

根据 1.1 节量子通信系统的特点可见,衡量量子通信系统的指标和经典通信系统基本一样,但也有其特别强调的特点,如通信距离。本节介绍量子误码率、通信速率和通信距离三个指标。

1. 量子误码率

量子误码率(Quantum Bit Error Rate,QBER)是指承载信息的光量子波包中，能用来使发送和接收双方进行有效通信的那部分信息的误码率。由于信道的损耗和接收机探测器的效率等原因，使得发送的大部分光子不能得到有效的计数，而实际通信系统中只保留双方认可的那部分比特值。在基于单光子的QKD 系统中，只有发送方的编码基和接收方的测量基一致且被接收方测量计数的比特才被留下来进行进一步处理。QBER 就是衡量这部分比特的误码性能的参数。

通信协议不同，系统保证安全的量子误码率限也不同。一般来说，量子保密通信系统中，QKD 的量子误码率都必须小于 11%。量子误码率和信道噪声、接收机噪声(包括探测器的暗计数)有关，必须通过信道补偿和压低暗计数来降低系统量子误码率。

2. 通信速率

量子通信系统的速率随通信的样式不同而不同。在量子保密通信系统中，除了加密数据传输的经典通信速率外，更重要的是密钥产生速率。衡量不同QKD 系统性能时，往往用密钥产生率(key rate)，其含义是发送一个光脉冲，它能形成最后密钥的概率。若系统时钟为 f_s，密钥产生率为 r，密钥速率为 f_k，则有：$f_k = f_s \cdot r$。在间接量子通信系统和量子安全直接通信系统中，通信速率指传输经典信息(用经典比特表示的信息)或量子信息(用量子态表示的信息)的传输速率。

3. 通信距离

由于量子信号不能放大，而且量子中继器还处在实验室研究阶段，所以通信距离是一个重要指标。由于量子信道的损耗，随着通信距离的增加，量子通信的速率(不是加密后的经典数据的通信速率)迅速下降，所以实际应用时往往要在两者之间进行权衡。

1.3　量子通信的发展现状与展望

自从 1989 年美国 IBM 公司的 C. H. Bennett 领导的小组成功完成第一个QKD 实验后，量子通信得到了迅速的发展。图 1.4 是第一个实验平台，采用32 cm 长的自由空间量子信道[19]。

目前量子通信已经在某些领域得到了应用，出现了商业化的产品，如瑞士ID Quantique 公司的 Cerberis[6]，如图 1.5 所示。Cerberis 采用 QKD 技术可以实现点到点的无条件的安全数据传输。图 1.5 中最下方是 QKD 终端，上方为高速加密数传系统。

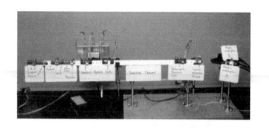 

图 1.4　第一个 QKD 实验　　　图 1.5　IDQuantique 公司的产品 Cerberis

可以看到，量子通信技术正从理论走向实用。由于目前应用和研究较多的是基于 QKD 的量子保密通信系统，这里主要看看 QKD 技术的发展现状。QKD 可分为基于单光子的制备-测量（Prepare - Measurement）型和基于纠缠型两大类，相应通信系统称为制备-测量型量子通信系统、纠缠型量子通信系统，这里分别予以介绍。

1.3.1　量子通信的发展现状

1. 制备-测量型量子通信系统的发展现状

自从 1984 年 BB84 协议出现后，各种协议不断被提了出来，除了单光子脉冲的偏振自由度，相位、时间、频率自由度也被挖掘了出来，从而派生出了各种不同的实现方法。制备-测量型量子通信系统以单光子为信息载体，传输信道为单模光纤或自由空间。

1989 年，IBM 公司在实验室中以 10 b/s 的传输速率成功实现了世界上第一个量子信息传输，虽然传输距离只有 32 cm，但这拉开了量子通信实验研究的序幕。

1993 年，英国国防部在光纤中实现了基于 BB84 方案的相位编码量子密钥分发实验，光纤传输距离为 10 km。

1993 年，瑞士日内瓦大学 Gisin 小组用偏振编码的光子实现了 BB84 方案，他们使用的光子波长为 1.3 μm，在光纤中的传输距离为 1.1 km，误码率仅为 0.54%。

1995 年，Gisin 小组在日内瓦湖底铺设的 23 km 长的民用光通信光缆中进行了量子密钥分发实验，误码率仅为 3.4%。

1995 年，英国国防部将光纤中量子密钥分发的距离延伸到 30 km。

1997 年，Gisin 小组利用法拉第镜抑制了光纤中的双折射等影响传输距离的一些主要因素，实现了"即插即用"系统（Plug and Play system）的量子密钥分发方案。

2000 年，美国的 Los Alamos 国家实验室宣布他们在全日照条件下实现了 1.6 km 自由空间的量子密钥分发，这无疑使量子通信向实用工程化迈进了一大步。

2002 年，Gisin 小组又使用了"即插即用"方案在光纤中成功地进行了 67 km 的量子密码传输，初始码率为 160 b/s，误码率为 5.6%。

2002 年，欧洲小组在自由空间中量子密钥分发的距离达到 23 km。

2004 年，英国剑桥 Shields 小组采用连续、主动矫正的方法保持干涉测量的准确性，量子密钥分发传输距离达 122 km，误码率为 8.9%。

2004 年，日本 NEC 公司采用固化干涉装置(Integrated Optical Interferometer)，并改进了单光子探测器信噪比，使得量子密码传输距离达到了 150 km。

2006 年，美国 Los Alamos 国家实验室基于诱骗态(Decoy State)方案，实现了能确保绝对安全的 107 km 光纤量子通信实验。

2007 年初，Danna Rosenberg 小组和 Tobias Schmitt-Manderbach 小组分别用实验实现了诱骗态量子密钥分发。

2009 年，美国康宁公司和瑞士日内瓦大学联合提出一种自动化的量子密钥分发方案并在超低损耗光纤中传输了 250 km。

2010 年，英国剑桥 Shields 小组与日本东芝欧洲研究所联合完成量子密码在 50 km 光纤中的传输，36 小时内平均传输速率达到 1 Mb/s。

我国的量子通信研究起步比较晚，但发展也很快：

1995 年，中国科学院物理所在国内首次完成了自由空间 BB84 量子密钥分发协议的演示实验。

1997 年，华东师范大学使用 B92 协议进行了自由空间中的 QKD 实验。

2000 年，中科院物理研究所和中科院研究生院合作完成了国内第一个 850 nm 波长全光纤 1.1 km 量子通信实验。

2002 年，山西大学量子光学与光量子器件国家重点实验室用明亮的 EPR 关联光束完成了以电磁波为信息载体的连续变量量子密集编码和量子通信的实验研究。

2003 年，中国科学技术大学实现了在光纤中传输距离为 14.8 km 的量子密钥分发实验。同年，华东师范大学完成了光纤中 50 km 的量子密码通信演示实验。

2005 年，中国科学技术大学郭光灿小组，通过现有光缆线路在北京和天津之间实现了 125 km 量子通信原理性实验。

2007 年初，清华-中科大联合团队用实验实现了诱骗态量子密钥分发。

在研究和实验过程中，由于器件或实现方法的不完备，导致了各种安全漏洞，如没有可实用的单光子源、制备的量子态不完备、有探测器漏洞等等。研究人员也一直在试图解决这些问题，如采用诱骗态方案对抗光子数分割攻击，设计设备无关的 QKD 方案，探索新型无边信道攻击（side-channel attack free）的 QKD 方案。

2. 纠缠型量子通信系统的发展现状

基于纠缠的 QKD 是由 Ekert 在 1991 年提出的，简称 Ekert 91 协议[Ekert 1991]，它利用量子纠缠和经典信道共同来实现密钥分发。

2007 年，在自由空间实现了 144 km 的 QKD[17]。

2009 年，奥地利科学院和奥地利维也纳大学联合小组通过在 Alice 和 Bob 间放置纠缠源完成超过 300 km 的量子密钥分发。

基于纠缠的隐形传态原理是 1993 年提出来的[16]，实验发展也很快，目前中国科技大学实现了 97 km 的自由空间隐形传态[13]。同期，奥地利科学院和维也纳大学的科学家实现了距离为 143 km 的隐形传态[14]。这些探索为实现基于卫星的全球量子通信奠定了基础。

3. 量子通信网络的发展现状

在量子通信发展初期，研究人员就已开始在多用户之间进行量子密钥分发的探讨和实验。国外建设的比较有影响的有下面三个网络：

（1）2004 年，美国国防部高级研究计划局（Defense Advanced Research Project Agency, DARPA）资助 BBN 公司建成了全球第一个量子通信实验网络，共有 6 个服务器，分别位于 BBN 公司、哈佛大学和波斯顿大学[8]。

（2）2008 年，在欧盟的资助下，欧洲一个由 41 家单位组成的联合小组在维也纳建立了 SECOQC（Secure Communication based on Quantum Cryptography）量子安全通信网络，包含 6 个节点、8 条链路[9]。

（3）2010 年，由日本的多家公司和 Toshiba 欧洲研究中心、瑞士 ID Quantique、奥地利 All Vienna 研究组合作建立了东京量子密钥分发网络（Tokyo QKD Network），该网络有 4 个节点，演示了视频的安全传输。

在国内，2007 年，中国科学技术大学在北京网通公司商用通信网络上基于波分复用器实现了 4 用户 QKD[11]，又实现了 3 个用户的诱骗态量子通信网络[12]，并且实现了量子保密话音通信。2009 年，中国科技大学在芜湖建成了世界首个"量子政务网"[10]，设置了 4 个全通主网节点和 3 个子网用户节点以及 1 个用于攻击检测的节点，长 15 km。2012 年我国先后建成了"金融信息量子通信验证网"和"合肥城域量子通信实验示范网",节点数目和规模不断扩大。

1.3.2　量子通信发展展望

1. 量子通信系统将由专网走向公众网络

目前,大多数实验量子通信系统均是针对专门的应用,对量子信号的传输需要单独采用一根光纤,这样的话一方面成本较高,另一方面应用范围受限。为了将量子通信推广使用,如何利用现有的光纤网络同时传输量子信号与数据信号,克服强光信号对单光子信号的影响,是最近实验和研究的热门课题,已经有了实际的实验结果[18]。

此外,对于如何将量子通信系统应用到经典的通信网络中,虽然人们已经提出了很多建议,但如何实际应用,在成本和收益之间权衡,真正实现量子Internet,还需要进一步的探索。

2. 量子通信网络向覆盖全球发展

实现长距离量子通信的一种方法是借助于量子中继器,需要采用量子纠缠交换和纠缠纯化,由于纠缠交换成功的概率性使得建立两个远程终端之间的纠缠的时延较长;另一种方法是基于卫星的量子通信。目前欧洲和我国都在准备开展基于卫星的实验,我国预计 2016 年发射量子科学卫星。这样,覆盖全球的量子通信指日可待。

3. 量子计算技术的发展将会大大促进量子通信的发展

关于量子计算机的方案,已提出了基于超导(Josephson junctions)、囚禁离子(Trapped ion)、光学栅格(Optical lattices)、量子点(Quantum dots)、核磁共振(Nuclear Magnetic Resonance,NMR)、电子自旋(Electrons-on-helium)、腔量子电动力学(Cavity Quantum Electro Dynamics,CQED)、光子学等诸多的方案。

2005 年美国密歇根大学的研究人员利用单个原子来储存信息的量子比特,带电原子(离子)被存储在离子阱中。他们采用类似平版印刷术的方法,用电极腐蚀出需要的形状。每个电极都有独立的电源,它们可以控制离子在腐蚀出的空间中的运动,可以利用经过精密调谐过的激光和很敏感的照相机来观察单个离子的运动。2009 年耶鲁大学的研究人员构造了基于超导的固态量子处理器,共两个量子位,可运行基本的量子算法。2011 年 D-Wave 系统公司宣称实现了第一个量子计算机,共 128 个量子位处理器。这个计算机模拟了量子计算的能力,能不能称为量子计算机尚有争议。同年,英国布里斯托大学的研究人员构造了集成光子学系统,可运行 Shor 量子算法。2012 年 2 月 IBM 公司的科学家构造了基于超导量子计算机。2012 年 4 月由多个国家的研究人员组成的团队在掺杂的钻石晶体上制备了两个逻辑量子比特的量子计算机，工作在室温下，且易扩展。采用这个量子计算机他们演示了 Grover 量子搜索算法。2012 年 9 月澳大利亚的研究人员制造出了基于硅上单个原子的量子比特(quantum bit)，开拓了新的思路。

随着量子存储能力的突破和量子计算技术的发展，以及量子纠错编码、量子检测等技术的应用，量子通信系统的性能将会得到很大的提高。

本章参考文献

[1] Vernam G S. Cipher printing telegraph systems for secret wire and radio telegraphic communications. J Amer. Inst. Elec. Eng. 1926, 45: 109 – 115.

[2] Shannon C E. Communication theory of secrecy systems. Bell Syst. Tech. 1949, J, 28: 656 – 715.

[3] Rivest R L, Shamir A, and Adleman L M. A method for obtaining digital signatures and public-key cryptosystems. Commun. ACM, 1978, 21: 120 – 126.

[4] Shor P W. Algorithms for quantum computation: discrete logarithms and factoring Ⅱ. Proceedings of the 35th Symposium on Foundations of Computer Science. edited by S. Goldwasser (IEEE Computer Society, Los Alamitos, California). 1994: 124 – 134.

[5] Bennett C H and Brassard G. Quantum cryptography: public key distribution and coin tossing, in Proceedings of the IEEE International Conference on Computers, Systems and Signal Processing. Bangalore, India (IEEE, New York). 1984: 175 – 179.

[6] Cerberis Encryption Solutiton, http://www. idquantique. com, 2012.

[7] 尹浩，韩阳，等. 量子通信原理与技术. 北京：电子工业出版社，2013.

[8] Chip Elliott. The DARPA Quantum Network. arXiv: quant-ph/ 0412029.

[9] Peev M, Pacher C, R Alléaume, et al. The SECOQC quantum key distribution network in Vienna. New Journal of Physics. 2009, 11. 075001.

[10] 许方星，陈巍，王双，等. 多层级量子密码城域网. 科学通报，2009，54

(16): 2277 - 2283.

[11] Wei Chen, Zheng-Fu Han, Tao Zhang, etc. Field Experiment on a "Star Type" Metropolitan Quantum Key Distribution Network. IEEE PHOTONICS TECHNOLOGY LETTERS. 2009, VOL. 21, NO. 9, MAY 1: 575 - 577.

[12] Chen T Y, Liu Y, Cai W Q et al. Field test of a practical secure communication network with decoy-state quantum cryptography. Optics Express. 2009, Vol. 17, Issue 8: 6540 - 6549.

[13] Juan Yin, Ji-Gang Ren, He Lu, etc. Quantum teleportation and entanglement distribution over 100 = kilometer free-space channels. Nature. 2012, Vol. 488, Issue. 7410: 185 - 188.

[14] Xiao-song Ma, Thomas Herbst, Thomas Scheidl, etc. Quantum teleportation over 143 kilometres using active feed-forward. Nature. 2012, Vol. 489, Issue. 7415: 269 - 273.

[15] Bennett C H and Brassard G. Quantum cryptography: Public-key distribution and coin tossing. In Proceedings of IEEE International Conference on Computers. Systems and Signal Processing IEEE New York Bangalore. India: 1984.

[16] Bennett C H, Brassard G, Crepeau C, Jozsa R, Peres A and Wooters W K. Teleporting an unknown quantum state via dual classic and Einstein-Podolsky-Rosen channels. Phys. Rev. 1993, Lett. 70: 1895 - 1899.

[17] Ursin R, Tiefenbacher F, Schmitt-Manderbach T, etc. Entanglement-based quantum communication over 144 km. Nature Physics. 2007, 3: 481 - 486.

[18] Patel K A, Dynes J F, Choi I, Sharpe A W, Dixon A R, Yuan Z L, Penty R V and Shields A J. Coexistence of High-Bit-Rate Quantum Key Distribution and Data on Optical Fiber. PHYSICAL REVIEW X 2, 041010 (2012).

[19] Bennett Charles H, Bessette F, Brassard G, Salvail L, Smolin J A. Experimental Quantum Crypeography. Journal of Cryptography. Vol. 5, No. 1, 1992: 3 - 28.

第 2 章 量子通信的物理基础和量子比特

本章主要讲述量子通信的物理基础和量子比特，包括量子力学的基本假设、量子密度算子、量子纠缠、量子比特及其特性。

2.1 量子力学的基本假设

量子力学的基本假设是研究量子力学过程中得出的公理性假设，由它们得出的推论、结论或实验结果已经被实验所证实。量子力学的基本假设给出了研究量子力学问题的框架，是量子力学的基石，它把物理世界与量子力学的数学描述联系了起来。这一节给出五个基本假设[1-4]。

2.1.1 状态空间假设

在给出状态空间假设之前，先介绍一下 Hilbert(希尔伯特)空间的概念。设 V 为复数域 C 上的线性空间，若在 V 中定义的两个向量 $\boldsymbol{\phi}$ 和 $\boldsymbol{\varphi}$ 都有唯一的一个数 $(\boldsymbol{\phi}, \boldsymbol{\varphi})$ 和它们对应，且满足下列关系：

(1) $(\boldsymbol{\phi}, \boldsymbol{\phi}) \geqslant 0$，当且仅当 $\boldsymbol{\phi} = 0$ 时，$(\boldsymbol{\phi}, \boldsymbol{\phi}) = 0$；

(2) $(\boldsymbol{\phi}, \boldsymbol{\varphi}) = (\boldsymbol{\varphi}, \boldsymbol{\phi})^*$；

(3) 对任意 $\boldsymbol{\phi}_1$、$\boldsymbol{\phi}_2$、$\boldsymbol{\varphi} \in V$，$a_1$、$a_2 \in C$，有 $(a_1\boldsymbol{\varphi}_1 + a_2\boldsymbol{\varphi}_2, \boldsymbol{\phi}) = a_1(\boldsymbol{\varphi}_1, \boldsymbol{\phi}) + a_2(\boldsymbol{\varphi}_2, \boldsymbol{\phi})$，

则称 $(\boldsymbol{\phi}, \boldsymbol{\varphi})$ 为 $\boldsymbol{\phi}$ 和 $\boldsymbol{\varphi}$ 的内积，称 V 为内积空间。

若 V 中的元素构成序列：$\boldsymbol{\phi}_1$，$\boldsymbol{\phi}_2$，$\cdots$，$\boldsymbol{\phi}_m$，$\boldsymbol{\phi}_n$，$\cdots$，当 m，$n \rightarrow \infty$ 时，$\boldsymbol{\phi}_m$，$\boldsymbol{\phi}_n$ 的距离趋于 0，则称其为基本序列。若无限维内积空间 V 中每个基本序列收敛于该空间中的一个元素，则称 V 是完备的。若内积空间按范数 $\|\boldsymbol{\phi}\| = \sqrt{(\boldsymbol{\phi}, \boldsymbol{\phi})}$ 完备，则称其为 Hilbert 空间。现在给出状态空间假设。

假设 1：任意一个孤立物理系统的状态都与 Hilbert 空间的一个单位向量相对应，这个单位向量称为状态向量。Hilbert 空间也称为状态空间。

上述假设与"微观粒子的状态可以由波函数完全描述"的叙述是一致的[2]。

这里用狄拉克引入的符号"$|\rangle$"(右矢，ket)表示系统的状态，其共轭转置表示为"$\langle|$"(左矢，bra)。可以用$|\psi\rangle$表示系统的一个量子态，对应 Hilbert 空间的一个向量。由 Hilbert 空间的性质，有以下叠加原理：

量子态的叠加原理：若$|\phi\rangle$和$|\varphi\rangle$是一个量子系统的两个可能的量子态，则它们的叠加态$|\psi\rangle=\alpha|\phi\rangle+\beta|\varphi\rangle$也是这个量子系统的一个可能的量子态。

再由单位向量假设，有$|\alpha|^2+|\beta|^2=1$。量子态的叠加原理是量子通信和量子计算效率较高的直接原因。若$|\psi\rangle$的基矢为$|n\rangle$且为有限个时，态矢$|\psi\rangle$可按基矢展开为

$$|\psi\rangle = \sum_{i=1}^{n} c_n |i\rangle \tag{2.1}$$

其中系数为$c_i=\langle i|\psi\rangle$，且$\sum_{i=1}^{n}|c_i|^2 = 1$。

在二维 Hilbert 空间中，基矢为$|0\rangle$和$|1\rangle$，则量子态$|\psi\rangle$可以写为$|\psi\rangle=\alpha|0\rangle+\beta|1\rangle$，其中，$\alpha$和$\beta$为复数，满足$|\alpha|^2+|\beta|^2=1$。

利用状态空间的线性性质，可以简单证明在量子信息中非常著名的单量子态不可克隆定理。1982 年 Wootters 和 Zurek 在《Nature》上发表了一篇题为"单量子态不可被克隆"的论文[11]，指出在量子力学中，不存在实现对一个未知量子态的精确复制这样一个物理过程，使得每个复制态与初始量子态完全相同，这即量子不可克隆定理。

证明：设有输入量子态$|\psi\rangle$和$|\phi\rangle$，初始状态为标准纯态$|s\rangle$。

由$U(|\psi\rangle|s\rangle)=|\psi\rangle|\psi\rangle$，$U(|\phi\rangle|s\rangle)=|\phi\rangle|\phi\rangle$，得

$$U[(\alpha|\psi\rangle+\beta|\phi\rangle)|s\rangle]=(\alpha|\psi\rangle+\beta|\phi\rangle)(\alpha|\psi\rangle+\beta|\phi\rangle)$$
$$=\alpha^2|\psi\rangle|\psi\rangle+\beta\alpha|\phi\rangle|\psi\rangle+\alpha\beta|\psi\rangle|\phi\rangle$$
$$+\beta^2|\phi\rangle|\phi\rangle$$

另外，又有

$$U[(\alpha|\psi\rangle+\beta|\phi\rangle)|s\rangle]=\alpha U(|\psi\rangle|s\rangle)+\beta U(|\phi\rangle|s\rangle)$$
$$=\alpha|\psi\rangle|\psi\rangle+\beta|\phi\rangle|\phi\rangle$$

二者矛盾。所以量子态不可克隆。

也可以用下面的方法证明：

有两个量子系统：A 为待克隆的量子态，初始态为$|\psi\rangle$；B 表示初始时处于标准纯态$|s\rangle$。克隆由 A、B 复合系统上一个么正算子 U 描述，即$U(|\psi\rangle\otimes|s\rangle)=|\psi\rangle\otimes|\psi\rangle$对$\forall|\psi\rangle$成立。则对$|\phi\rangle\neq|\psi\rangle$也有

$$U(|\phi\rangle\otimes|s\rangle)=|\phi\rangle\otimes|\phi\rangle$$

取内积，且$U^\dagger U=\boldsymbol{I}$，对于纯态$|s\rangle$，有$\langle s|s\rangle=\boldsymbol{I}$，则

$$((\langle \phi \mid \otimes \langle s \mid)U^{\dagger}U(\mid \psi \rangle \otimes \mid s \rangle)) = ((\langle \phi \mid \otimes \mid \phi \rangle))(\langle \psi \mid \otimes \mid \psi \rangle)$$
$$\Leftrightarrow \langle \phi \mid \psi \rangle \langle s \mid s \rangle = \langle \phi \mid \psi \rangle \langle \phi \mid \psi \rangle$$
$$\Leftrightarrow \langle \phi \mid \psi \rangle = ((\langle \phi \mid \psi \rangle))^2$$

可见，$\langle \phi \mid \psi \rangle = 0$ 或者 $\langle \phi \mid \psi \rangle = I$。

即两个态相正交或相等。

证毕

上述过程表明：成功率为 1 的量子克隆机只能克隆一对相互正交的量子态。即如果克隆过程可表示成一幺正演化，则幺正性要求两个态可以被相同的物理过程克隆，当且仅当它们相互正交，亦即非正交态不可克隆。

2.1.2 力学量算符假设

若 A 为算符，其共轭转置为 $A^{\dagger}$，若 $A = A^{\dagger}$，则称该算符是厄米的。假设 2 如下所述。

假设 2：量子力学中，任意实验上可以观测的力学量 F 可由一个线性厄米算符 $\hat{F}$ 描述。

与力学量相对应的线性厄米算符具有如下性质：

（1）线性厄米算符的本征值为实数，其所有本征矢是完备的，且属于不同本征值的本征矢彼此正交；

（2）力学量算符 $\hat{F}$ 的本征值即力学量 F 允许的取值，只有当粒子处于本征态时，粒子的力学量具有确定值，即为该本征矢对应的本征值；

（3）任何量子态 $\mid \psi \rangle$ 下，线性厄米算符的平均值 $\langle \psi \mid \hat{F} \mid \psi \rangle$ 必为实数。

量子力学中的力学量，如坐标、动量、角动量、能量等，都可对应一个算符。设定义在 n 维 Hilbert 空间中的力学量 F 具有 n 个本征值 f_i（非简并，即每个本征值对应一个本征矢），分别对应本征矢 $\mid \xi_i \rangle$，其中（$i = 1, 2, \cdots, n$）。由 $\{\mid \xi_i \rangle\}$ 的完备性可知，系统所处的任意量子态 $\mid \psi \rangle$ 均可展开为 $\{\mid \xi_i \rangle\}$ 中元素的线性叠加

$$\mid \psi \rangle = \sum_i \alpha_i \mid \xi_i \rangle \tag{2.2}$$

式中 $\alpha_i = \langle \psi \mid \xi_i \rangle$。

量子信息学中，经常会用到一组称为 Pauli 算符的力学量算符，定义如下：

$$\boldsymbol{\sigma}_0 = \begin{bmatrix} 1 & 0 \\ 0 & 1 \end{bmatrix}, \boldsymbol{\sigma}_x = \begin{bmatrix} 0 & 1 \\ 1 & 0 \end{bmatrix}, \boldsymbol{\sigma}_y = \begin{bmatrix} 0 & -i \\ i & 0 \end{bmatrix}, \boldsymbol{\sigma}_z = \begin{bmatrix} 1 & 0 \\ 0 & -1 \end{bmatrix} \tag{2.3}$$

2.1.3　量子态演化假设

演化假设描述量子力学系统的状态随时间的变化规律。如下所述：

假设 3：封闭量子系统的演化可表示为：

$$i\hbar \frac{\mathrm{d}\,|\,\psi\rangle}{\mathrm{d}t} = H\,|\,\psi\rangle \tag{2.4}$$

上述方程是由薛定谔发现的，所以称为 Schröbdinger 方程。式中，$\hbar = \dfrac{h}{2\pi}$，$\hbar$ 称为 Planck（普朗克）常数。H 是一个厄米算子，称为系统的 Hamilton 量。

若给定系统的 Hamilton 量和 t_0 时刻的初态 $|\psi_0\rangle$，则通过求解方程（2.4）式即可得到任意时刻 $t(t > t_0)$ 量子态的值，即

$$|\,\psi(t)\rangle = \mathrm{e}^{-\frac{i}{\hbar}H(t-t_0)}\,|\,\psi_0\rangle \tag{2.5}$$

由（2.5）式可见，量子态 $|\psi(t)\rangle$ 的演化过程可以用一个算子 $U(t_0,t)$ 来描述，即

$$|\,\psi(t)\rangle = U(t_0,t)\,|\,\psi_0\rangle \tag{2.6}$$

式中，算子 $U(t_0,t)$ 称为演化算子。

$$U(t_0,t) = \mathrm{e}^{-\frac{i}{\hbar}H(t-t_0)}$$

很明显，演化算子由薛定谔方程中的 Hamilton 量所决定。

2.1.4　测量假设

要从量子系统获得信息，必须对其进行测量，测量的结果与选择的测量算子有关，详见假设 4。

假设 4：对于一组测量算子 $\{M_m\}$，其满足完备性方程

$$\sum_m M_m^+ M_m = \boldsymbol{I}$$

这些算子作用在被测系统状态空间上，下标 m 表示可能的测量结果。若测量前量子系统的状态是 $|\psi\rangle$，则测量后得到结果 m 的概率为

$$p(m) = \langle\psi|M_m^+ M_m\,|\,\psi\rangle \tag{2.7}$$

测量后系统的状态为

$$\frac{M_m\,|\,\psi\rangle}{\sqrt{\langle\psi|M_m^+ M_m\,|\,\psi\rangle}}$$

显然，完备性方程等价于所有可能结果的概率之和为 1，即

$$\sum_m p(m) = \sum_m \langle\psi\,|\,M_m^+ M_m\,|\,\psi\rangle = 1$$

上述测量称为一般测量。

对于量子态 $|\psi\rangle = \alpha|0\rangle + \beta|1\rangle$，定义测量算子 $M_0 = |0\rangle\langle0|$ 和 $M_1 = |1\rangle\langle1|$。这两个测量算子都是厄米算子，并且满足 $M_0^2 = M_0$，$M_1^2 = M_1$，且满足完备性方程：

$$M_0^+ M_0 + M_1^+ M_1 = M_0 + M_1 = \boldsymbol{I}$$

则测量结果为 0 的概率是

$$p(0) = \langle\psi|M_0^+ M_0|\psi\rangle = \langle\psi|M_0|\psi\rangle = |\alpha|^2$$

测量后系统的状态为

$$\frac{M_0|\psi\rangle}{|\alpha|} = \frac{\alpha}{|\alpha|}|0\rangle$$

由于 $a/|a|$ 的模为 1，因此系数可以忽略，测量后的状态为 $|0\rangle$。同样，测量结果为 1 的概率是

$$p(1) = \langle\psi|M_1^+ M_1|\psi\rangle = \langle\psi|M_1|\psi\rangle = |\beta|^2$$

测量后系统的状态为

$$\frac{M_1|\psi\rangle}{|\beta|} = \frac{\beta}{|\beta|}|1\rangle$$

同样，$b/|b|$ 的模为 1，因此这个系数可以忽略，测量后的状态为 $|1\rangle$。

这里介绍两个常用的测量：投影测量和半正定算子测量(Positive Operator Valued Measure，POVM)。

1. 投影测量

投影测量是一般测量的一个特例，它将量子系统的状态空间投影到测量算子的本征空间。在一般测量中，若测量操作对应的算子是厄米算子而且正交，即 $M_m^+ = M_m$，且当 $m \neq m'$ 时，$M_m M_{m'} = 0$；当 $m = m'$ 时，$M_m M_{m'} = M_m$，则称该量子测量为投影测量。

投影测量可以由被观测系统状态空间上的一个可观测量(厄米算子)M 来描述。该可观测量具有谱分解

$$M = \sum_m m P_m \qquad (2.8)$$

其中，P_m 是在本征值 m 对应的本征空间上的投影算子。若本征值 m 对应的本征矢为 $|\xi_m\rangle$，则 $P_m = |\xi_m\rangle\langle\xi_m|$。测量结果对应于测量算子的本征值 m。在测量状态 $|\psi\rangle$ 时，得到结果 m 的概率为

$$p(m) = \langle\psi|P_m|\psi\rangle \qquad (2.9)$$

测量后量子系统的状态为

$$\frac{P_m|\psi\rangle}{\sqrt{p(m)}}$$

投影测量(可观测量)M 的平均值为

$$\langle M \rangle = \sum_m m p(m) = \sum_m m \langle \psi \mid P_m \mid \psi \rangle$$
$$= \langle \psi \mid (\sum_m m P_m) \mid \psi \rangle = \langle \psi \mid M \mid \psi \rangle \qquad (2.10)$$

则观测量 M 相联系的标准偏差可写为

$$|\Delta(M)|^2 = \langle (M - \langle M \rangle)^2 \rangle = \langle M^2 \rangle - \langle M \rangle^2 \qquad (2.11)$$

这里举一个例子。如对量子态 $|\phi\rangle = \dfrac{|0\rangle + |1\rangle}{\sqrt{2}}$ 的投影测量。可观测量 σ_z 的本征值是 $+1$ 和 -1，相应的本征向量是 $|0\rangle$ 和 $|1\rangle$。测量算子 σ_z 对状态 $|\phi\rangle$ 的投影，得到结果为 $+1$ 的概率是 $\langle \phi \mid 0 \rangle \langle 0 \mid \phi \rangle = \dfrac{1}{2}$，得到结果为 -1 的概率是 $\langle \phi \mid 1 \rangle \langle 1 \mid \phi \rangle = \dfrac{1}{2}$。

基于投影测量可以得到著名的海森堡不确定性关系。对两个力学量 C 和 D，其测量的不确定量为：

$$\Delta C = [\langle (C - \langle C \rangle)^2 \rangle]^{1/2}, \quad \Delta D = [\langle (D - \langle D \rangle)^2 \rangle]^{1/2}$$

对于 $\forall |\phi\rangle$，海森堡不确定性原理认为：

$$\Delta C \Delta D \geqslant \frac{1}{2} |\langle \phi \mid [C, D] \mid \phi \rangle|$$

证明：设 A 和 B 为厄米算符，$\langle \phi \mid AB \mid \phi \rangle$ 是内积，运算可以用复数表示，则有

$$B^{\dagger} A^{\dagger} = BA (厄米性)$$

令：

$$\langle \phi \mid AB \mid \phi \rangle = x + \mathrm{i}y \qquad ①$$

其中，x、y 为实数，则

$$(\langle \phi \mid AB \mid \phi \rangle)^{\dagger} = \langle \phi \mid B^{\dagger} A^{\dagger} \mid \phi \rangle = \langle \phi \mid BA \mid \phi \rangle$$
$$= (x + \mathrm{i}y)^{\dagger} = (x - \mathrm{i}y)$$

即

$$\langle \phi \mid BA \mid \phi \rangle = x - \mathrm{i}y \qquad ②$$

由①式和②式得

$$\langle \phi \mid AB - BA \mid \phi \rangle = 2\mathrm{i}y, \quad \langle \phi \mid AB + BA \mid \phi \rangle = 2x$$

又因为

$$[A, B] = AB - BA$$

所以

$$|\langle \phi \mid [A, B] \mid \phi \rangle|^2 + |\langle \phi \mid AB + BA \mid \phi \rangle|^2 = 4|\langle \phi \mid AB \mid \phi \rangle|^2$$

利用 Cauchy-Schwarz 不等式 $|\langle v|w\rangle|^2 \leqslant \langle v|v\rangle\langle w|w\rangle$ 可得：

$$| \langle \phi | AB | \phi \rangle |^2 \leqslant \langle \phi | A^2 | \phi \rangle \langle \phi | B^2 | \phi \rangle$$

所以

$$| \langle \phi | \lceil A, B \rceil | \phi \rangle |^2 \leqslant 4\langle \phi | A^2 | \phi \rangle \langle \phi | B^2 | \phi \rangle \qquad ③$$

令 $A = C - \overline{C}$, $B = D - \overline{D}$, 有：

$$\langle [A, B] \rangle = \langle (C-\overline{C})(D-\overline{D}) - (D-\overline{D})(C-\overline{C}) \rangle = \langle [C, D] \rangle$$

而 $\langle \phi | A^2 | \phi \rangle$ 是 A^2 的平均值，即为 C 的测量结果的方差；$\langle \phi | B^2 | \phi \rangle$ 是 B^2 的平均值，即为 D 的测量结果的方差。

对③式两边开根号，有

$$\Delta C \Delta D \geqslant \frac{1}{2} = | \langle \phi | [C, D] | \phi \rangle | \qquad 证毕$$

2. POVM

在一般测量中，定义 $E_m = M_m^+ M_m$，则易知 E_m 是一个半正定算子，$\sum_m E_m = I$，且

$$p(m) = \langle \psi | E_m | \psi \rangle$$

如果不关心测量后的量子态，算子集合 E_m 足以确定不同测量结果的概率。算子 E_m 称为该测量的 POVM 元，集合 $\{E_m\}$ 称为 POVM 测量。

可见，系统 A 的一种 POVM 是一组能分解系统 A 的单位算符 I_A 的非负厄米算符系列 $\{F_a, a=1, 2, \cdots, n; F_a^+ = F_a; {}_A\langle\psi| F_a |\psi\rangle_A \geqslant 0, \sum_{a=1}^n F_a = I_A\}$。其中，状态 $|\psi\rangle_A$ 是系统 A 的任意态。

举一个例子[3]。假设在量子通信中，发送方发给接收方的状态为 $|\varphi_1\rangle = |0\rangle$ 或 $|\varphi_2\rangle = \dfrac{|0\rangle + |1\rangle}{\sqrt{2}}$ 之一。接收方进行 POVM 测量，其 POVM 元为：

$$\begin{cases} E_1 = \dfrac{\sqrt{2}}{1+\sqrt{2}} | 1\rangle\langle 1 | \\[2mm] E_2 = \dfrac{\sqrt{2}}{1+\sqrt{2}} \dfrac{(| 0\rangle - | 1\rangle)(\langle 0 | - \langle 1 |)}{2} \\[2mm] E_3 = 1 - E_1 - E_2 \end{cases} \qquad (2.12)$$

这些半正定算子满足完备性关系 $\sum_m E_m = I$。若收到的量子态为 $|\varphi_1\rangle = |0\rangle$，进行 POVM$\{E_1, E_2, E_3\}$ 测量。由于 E_1 使 $\langle\varphi_1| E_1 |\varphi_1\rangle = 0$。因此，他得到结果 E_1 的概率是 0。所以，如果测量的结果是 E_1，他就可以确认自己收到的量子比特是 $|\varphi_2\rangle$。同理，如果测量结果是 E_2，则可以确定自己收到的量子态是

$|\varphi_1\rangle$。然而，当 Bob 的测量结果是 E_3 时，则不能确定自己收到的是哪个状态。但是，不论 Bob 的测量结果是什么，都不可能做出错误的判断。当然，对于后一种情形，他得不到任何信息。

2.1.5　复合系统假设

复合系统假设如下：

假设 5：对于由两个以上不同物理系统组成的复合量子系统，其状态空间是分系统状态空间的张量积。设分系统 i，$(i=1,\cdots,n)$ 的状态为 $|\varphi_i\rangle$，则整个复合系统的总状态为

$$|\varphi_1\rangle\otimes\cdots\otimes|\varphi_n\rangle$$

复合系统也称为系综，在量子信息中具有重要的作用，它对很多问题的分析提供了思路，如量子信号和信道噪声组成复合系统等。

2.2　量子密度算子

对于一个量子系统，若其状态精确已知，则称其处于纯态（pure state）。若量子系统以概率 p_i 处于一组状态 $|\psi_i\rangle$ 中的某一个，其中 i 为下标，则称 $\langle p_i,|\psi_i\rangle\rangle$ 为一个纯态的系综（ensemble of pure state），称此时量子系统处于混态（mixed state）。处于混态的系统其状态不完全可知，可以用密度算子对它进行描述。本节介绍密度算子的概念、性质和应用。

2.2.1　密度算子的概念

量子系统 $\langle p_i,|\psi_i\rangle\rangle$ 的密度算子定义为

$$\rho=\sum_i p_i|\psi_i\rangle\langle\psi_i| \tag{2.13}$$

密度算子也称为密度矩阵。若量子系统处于纯态 $|\psi\rangle$，则密度算子为 $\rho=|\psi\rangle\langle\psi|$。密度算子 ρ 具有如下性质：

（1）ρ 是厄米的，由 ρ 的定义易知 $\rho^\dagger=\rho$；

（2）ρ 的迹等于 1；

证：$\mathrm{tr}(\rho)=\sum_i p_i\mathrm{tr}(|\psi_i\rangle\langle\psi_i|)=\sum_i p_i\||\psi_i\rangle\|^2=\sum_i p_i=1$

式中，$\||\psi_i\rangle\|$ 为态矢的长度，由假设 1 知态矢为单位向量。　　　　证毕

（3）ρ 是一个半正定算子；

证明：对于状态空间中任意向量 $|\varphi\rangle$，有

$$\langle \varphi \mid \rho \mid \varphi \rangle = \sum_i p_i \langle \varphi \mid \psi_i \rangle \langle \psi_i \mid \varphi \rangle = \sum_i p_i \mid \langle \varphi \mid \psi_i \rangle \mid^2 \geqslant 0$$

所以，ρ 是一个半正定算子。   证毕

(4) $\mathrm{tr}(\rho^2) \leqslant 1$，若 $\mathrm{tr}(\rho^2) = 1$，则量子系统处于纯态。

证明：将 ρ 对角化，易得 $\mathrm{tr}(\rho^2) \leqslant [\mathrm{tr}(\rho)]^2 = 1$。   证毕

在一般情况下，厄米性使得密度算子为对角矩阵。性质(4)提供了判断纯态和混态的方法。

物理量 M 的平均值可写为

$$\langle M \rangle = \langle \psi \mid M \mid \psi \rangle = \mathrm{tr}(\rho M)$$

值得注意的是，两个不同的量子状态系综可能产生同一个密度矩阵，读者可自行验证。

2.2.2 量子力学假设的密度算子描述

使用密度算子的语言，可以重新描述量子力学的假设。

1. 假设 1 的密度算子描述

任何孤立的物理系统的状态对应着 Hilbert 空间的向量，该系统由该状态空间上的密度算子完全描述。

2. 假设 2 的密度算子描述

量子力学中，任意实验上可以观测的力学量 F 可由一个线性厄米算符 $\hat{F}$ 描述，该力学量的均值为 $\mathrm{tr}(\rho \hat{F})$。

3. 假设 3 的密度算子描述

一个封闭量子系统的演化可用酉算子 U 描述，若系统初态以概率 p_i 处于状态 $\mid \varphi_i \rangle$，则用密度算子可以描述演化为

$$\rho = \sum_i p_i \mid \psi_i \rangle \langle \psi_i \mid \ \to \ \sum_i p_i U \mid \psi_i \rangle \langle \psi_i \mid U^+ = U \rho U^+$$

薛定谔方程可写为

$$i\hbar \frac{\partial \rho}{\partial t} = \sum_i i\hbar p_i \left(\frac{\partial \mid \psi_i \rangle}{\partial t} \langle \psi_i \mid + \mid \psi_i \rangle \frac{\partial \langle \psi_i \mid}{\partial t} \right)$$

$$= \sum_i p_i (H \mid \psi_i \rangle \langle \psi_i \mid - \mid \psi_i \rangle \langle \psi_i \mid H)$$

$$= H\rho - \rho H = [H, \rho]$$

其中 $\rho = \sum_i p_i \mid \psi_i \rangle \langle \psi_i \mid$，$H$ 为系统的 Hamilton 量，$[H, \rho] = H\rho - \rho H$ 称为算子 H 和算子 ρ 的对易子(commutator)。

4. 假设 4 的密度算子描述

对一个量子系统进行测量，测量算子为 M_m，若系统以概率 p_i 处于初始状态 $|\varphi_i\rangle$，则当测量发生以后，得到结果 m 的概率是

$$p(m \mid i) = \langle\psi_i \mid M_m^+ M_m \mid \psi\rangle = \mathrm{tr}(M_m^+ M_m \mid \psi_i\rangle\langle\psi_i \mid)$$

此时，量子态变为

$$|\psi_i^m\rangle = \frac{M_m \mid \psi_i\rangle}{\sqrt{\langle\psi_i \mid M_m^+ M_m \mid \psi_i\rangle}}$$

由全概率公式，得到结果 m 的概率是

$$p(m) = \sum_i p(m \mid i) p_i = \sum_i p_i \mathrm{tr}(M_m^+ M_m \mid \psi_i\rangle\langle\psi_i \mid) = \mathrm{tr}(M_m^+ M_m \rho)$$

则结果为 m 的量子态的密度算子为

$$\rho_m = \sum_i p(i \mid m) \mid \psi_i^m\rangle\langle\psi_i^m \mid = \sum_i p(i \mid m) \frac{M_m \mid \psi_i\rangle\langle\psi_i \mid M_m^+}{\langle\psi_i \mid M_m^+ M_m \mid \psi_i\rangle}$$

$$= \sum_i p_i \frac{M_m \mid \psi_i\rangle\langle\psi_i \mid M_m^+}{\mathrm{tr}(M_m^+ M_m \rho)} = \frac{M_m \rho M_m^+}{\mathrm{tr}(M_m^+ M_m \rho)}$$

最后量子系统的密度算子为

$$\rho = \sum_m p(m) \rho_m \tag{2.14}$$

5. 假设 5 的密度算子描述

设系统 A 的密度算子为 ρ_A，系统 B 的密度算子为 ρ_B，它们构成的复合系统的密度算子为 ρ_{AB}，若 A 和 B 独立，则有 $\rho_{AB} = \rho_A \otimes \rho_B$。

2.2.3　约化密度算子

若有一个系统由两个子系统 A 和 B 组成，密度算子为 ρ_{AB}，则子系统 A 的约化密度算子(reduced density operator)定义为

$$\rho_A = \mathrm{tr}_B(\rho_{AB}) \tag{2.15}$$

其中，tr_B 为在子系统 B 上求偏迹。设一个复合量子系统处于状态 $\rho_{AB} = \rho \otimes \sigma$，其中子系统 A 的密度算子为 ρ，子系统 B 的密度算子为 σ，则

$$\begin{cases} \rho_A = \mathrm{tr}_B(\rho \otimes \sigma) = \rho\, \mathrm{tr}(\sigma) = \rho \\ \rho_B = \mathrm{tr}_A(\rho \otimes \sigma) = \sigma\, \mathrm{tr}(\rho) = \sigma \end{cases}$$

2.3　量子纠缠

量子纠缠被薛定谔称为是"量子力学的精髓"，是量子力学一种独特的性

质。量子纠缠是一种重要的资源。基于量子纠缠,量子通信可以完成许多用经典资源无法完成的信息传输和处理任务。本节给出量子纠缠的概念、度量和判定方法。

2.3.1 量子纠缠态的概念

下面先给出量子纠缠的定义,再介绍 EPR 佯谬和 Bell 不等式。

1. 量子纠缠态的定义

量子纠缠这一术语是由薛定谔在 1935 年引入量子力学中的,并且称其为"量子力学的精髓"。量子纠缠是一种奇特的量子现象,反映了量子理论的本质——相干性、或然性和空间非定域性。

在给出量子纠缠态的定义之前,先看看相关态、不相关态、可分离态和不可分离态的概念。两个系统 A 和 B 不相关是指由它们组成的复合系统的密度算子可以写成两个子系统密度算子的直积形式 $\rho_{AB} = \rho_A \otimes \rho_B$ 或复合系统的态可写为子系统态的直积 $|\psi\rangle_{AB} = |\varphi\rangle_A \otimes |\varphi\rangle_B$,其中 A 和 B 均为确定态,称它们为不相关态。对于不相关态,经部分求迹后的约化密度矩阵分别是 $\boldsymbol{\rho}_A$ 和 $\boldsymbol{\rho}_B$。相关态的复合系统的态不能写为它们的直积形式。

可分离态是指其密度矩阵可以写为一些不相关态直积的线性叠加,即

$$\rho_{AB} = \sum_k p_k \rho_A^k \otimes \rho_B^k$$

其中,$\sum_k p_k = 1$。如一个简单的可分离态 $\rho_{AB} = \rho_A \otimes \rho_B$。可分离混态可以是纯态或混态。

不可分离态即纠缠态,指所有不能写成可分离态形式的态,即两体系统的态不能简单地写成两个子系统态的直积形式 $|\phi\rangle_A \otimes |\phi\rangle_B$。纠缠态包括纠缠纯态和纠缠混态。

典型的纠缠态如两体纠缠态 Bell 态,三体纠缠态 GHZ 态。Bell 态共有 4 个,分别是

$$|\psi^+\rangle_{AB} = \frac{|0\rangle_A |1\rangle_B + |1\rangle_A |0\rangle_B}{\sqrt{2}}$$

$$|\psi^-\rangle_{AB} = \frac{|0\rangle_A |1\rangle_B - |1\rangle_A |0\rangle_B}{\sqrt{2}}$$

$$|\phi^+\rangle_{AB} = \frac{|0\rangle_A |0\rangle_B + |1\rangle_A |1\rangle_B}{\sqrt{2}}$$

$$|\phi^-\rangle_{AB} = \frac{|0\rangle_A |0\rangle_B - |1\rangle_A |1\rangle_B}{\sqrt{2}}$$

Bell 态是最简单的两体量子纠缠态，在测量前 A 和 B 处于不确定的状态，若对其中之一进行测量，则另一个的状态随之而定，即塌缩到确定态。

再举一个两体混态纠缠的例子。当 $f\neq 1/2$ 时，混态 $\rho_{AB}=f|\psi^+\rangle_{AB}\langle\psi^+|+(1-f)|\phi^+\rangle_{AB}\langle\phi^+|(0<f<1)$ 是纠缠混态。

量子纠缠必然表现为粒子态之间的关联。但粒子态之间存在关联并不等于它们处于纠缠态。例如：系统 A 和系统 B 的复合态 $|\uparrow\rangle_A|\uparrow\rangle_B$ 使得 A 和 B 自旋取向存在关联，但 A 和 B 都处于自旋确定态，它们之间没有纠缠。量子纠缠指不同粒子之间的关系，同一粒子不同自由度的状态之间的关联一般不称为量子纠缠。

对于上述 Bell 态，若对子系统 A 或 B 求偏迹，所得的密度算子为

$$\rho_A = \mathrm{tr}_B(|\psi^\pm\rangle_{AB}\ _{AB}\langle\psi^\pm|) = \frac{I_A}{2} \tag{2.16}$$

$$\rho_A = \mathrm{tr}_B(|\phi^\pm\rangle_{AB}\ _{AB}\langle\phi^\pm|) = \frac{I_A}{2} \tag{2.17}$$

Bell 态中的 $|0\rangle$ 与 $|1\rangle$ 可以分别代表电子的两个相反的自旋状态，或者光子的水平极化与垂直极化状态等。可以看到从整体来看，上述双粒子体系 AB 处于纯态(Bell 态)，若其中一个粒子的状态确定，则另一个粒子的状态随之确定。例如：处于状态 $|\phi^+\rangle$ 的一对光子 AB，若光子 A 的状态为 $|0\rangle$，则不论光子 B 与光子 A 相距多远，光子 B 的状态也随之确定为 $|0\rangle$。但从局部来看，由(2.16)式和(2.17)式知其约化密度算子都是 $I/2$，单独测量光子 A 或光子 B，测量结果为 $|0\rangle$ 的概率与测量结果为 $|1\rangle$ 的概率相同，都是 $1/2$。也就是说，单独测量其中任意一个光子都得不到整个体系的任何信息。

现在看看 GHZ(Greenberger-Horne-Zeilinger)态，N 个两能级粒子(A，B，$\cdots$，F)的 GHZ 态为

$$|\psi\rangle_{AB\cdots F} = \frac{1}{\sqrt{2}}(|0\rangle_A|0\rangle_B\cdots|0\rangle_F - |1\rangle_A|1\rangle_B\cdots|1\rangle_F) \tag{2.18}$$

是最大纠缠态。四体 GHZ 态为

$$|\psi\rangle_{ABCD} = \frac{1}{\sqrt{2}}(|0000\rangle_{ABCD} - |1111\rangle_{ABCD})$$

2. EPR 佯谬与 Bell 不等式

关于纠缠，在量子力学的历史上有着著名的争论，即爱因斯坦(A. Einstein)和波尔(N. Bore)之间的长期争论。1935 年，爱因斯坦、波多尔斯基(B. Podolsky)和罗森(N. Rosen)在物理评论杂志上发表了一篇论文，提出了 EPR 佯谬，对正统量子力学的哥本哈根解释提出批评与挑战，举例说明了或然性和非定域性的"谬

误",从而引发爱因斯坦和波尔的长期争论。爱因斯坦的主要出发点是定域实在论,虽然最后实验证明了波尔的观点的正确性,但这一争论过程加深了大家对量子力学的理解。后来人们把 Bell 态也叫 EPR 对。

20 世纪 60 年代,贝尔(Bell)进一步研究了 EPR 佯谬,分析了两个自旋为 1/2 的粒子的自旋分量之间的关联,比较了正统量子力学理论和定域隐变量理论,基于定域隐变量假设得出了著名的 Bell 不等式。若量子力学是正确的,则 Bell 不等式应该被违背。

Bell 用 λ 描述某一时刻一对粒子所处的状态[13]。按照定域隐变量理论,如果这一状态能体现粒子之间良好的相关性,则对每一个粒子 i 沿给定方向 $\boldsymbol{n}_i$ 的自旋分量进行联合测量,其输出能预先确定。若在所有的状态空间 Λ 上进行概率测量 $\mu(\Lambda)$,则对应物理量的期望值为

$$E^{\mu(\Lambda)}(\boldsymbol{n}_1, \boldsymbol{n}_2) = \int_{\Lambda} A_{\lambda}(\boldsymbol{n}_1) B_{\lambda}(\boldsymbol{n}_2) \mathrm{d}\mu(\lambda) \tag{2.19}$$

式中,$\lambda \in \Lambda$,$A_{\lambda}(\boldsymbol{n}_1)$ 和 $B_{\lambda}(\boldsymbol{n}_2)$ 表示两个不同系统沿方向 $\boldsymbol{n}_1$ 和 $\boldsymbol{n}_2$ 的测量结果。则有

$$\left| E^{\mu(\Lambda)}(a, b) - E^{\mu(\Lambda)}(a, c) \right| \leqslant 1 + E^{\mu(\Lambda)}(b, c) \tag{2.20}$$

a, b, c 是垂直于粒子反向传播方向的平面上的三个指定方向角。为了便于测量,J. Clauser、M. Horne、A. Shimony 和 R. Holt 对 Bell 不等式进行了修订,得到后来称为 CHSH 不等式的 Bell 型不等式

$$\left| E(\theta_1, \theta_2) + E(\theta_1', \theta_2) + E(\theta_1, \theta_2') - E(\theta_1', \theta_2') \right| \leqslant 2 \tag{2.21}$$

式中,θ_i、θ_i' 为同一实验室 i 的不同方向的方位角,$E(,)$ 为指定方向测量输出的均值,可由下式计算

$$E(\theta_i, \theta_j) = \frac{C(\theta_i, \theta_j) + C(\theta_i^{\perp}, \theta_j^{\perp}) - C(\theta_i, \theta_j^{\perp}) - C(\theta_i^{\perp}, \theta_j)}{C(\theta_i, \theta_j) + C(\theta_i^{\perp}, \theta_j^{\perp}) + C(\theta_i, \theta_j^{\perp}) + C(\theta_i^{\perp}, \theta_j)} \tag{2.22}$$

式中,$C(,)$ 为符合探测计数率,$\theta^{\perp}$ 为 θ 的垂直方向。

2.3.2 量子纠缠的度量

为了定量描述纠缠态的纠缠程度,引入纠缠度的概念。由于考察角度的不同,所引入的纠缠度的定义不同,分别有不同的用途,但它们都满足以下共同准则[5]:

(1) 可分离态的纠缠度应为零(可分离态(separable state)是指系统的状态可分解为若干个子系统状态的直积的线性组合,这样的态称为可分离态);

(2) 对任一子系统(或出于纠缠的粒子之一)进行的任何局域幺正变换不应改变纠缠度;

（3）在各子系统的各自局域操作，以及它们彼此之间的经典通信，以便交换信息、调整各自操作这一大类操作之下，表征整个系统量子特性的纠缠度不应增加；

（4）对于直积态，纠缠度应当是可加的。

这里给出四个纠缠度的定义[5]：

1. 部分熵纠缠度（the partial entropy of entanglement）

两体纯态的部分熵纠缠度可以定义为

$$E_p(|\psi\rangle_{AB}) = S(\rho_A) = S(\rho_B) \tag{2.23}$$

其中，$S(\rho_A)$ 是 von Neumann 熵，定义见 2.4.2 节。

对于任何可分离态 $|\psi\rangle_{AB} = |\chi\rangle_A \otimes |\gamma\rangle_B$，其纠缠度 $E_p = 0$。对于具有最大纠缠度的 Bell 基，如：$|\phi^+\rangle_{AB}$，由于 $\rho_A = \rho_B = I/2$，则

$$E_p(|\phi^+\rangle_{AB}) = S(\rho_A) = -\mathrm{tr}\left(\frac{I}{2}\mathrm{lb}\frac{I}{2}\right) = 1$$

一般情况下，若 ρ_A 的本征值为 λ_i，则纠缠度可以表示为

$$E_p = S(\rho_A) = -\sum_i \lambda_i \, \mathrm{lb}\lambda_i \tag{2.24}$$

两体混态的部分熵纠缠度可以用 von Neumann 相对信息熵

$$E_1 = \frac{S(A:B)}{2} = \frac{S(\rho_A) + S(\rho_B) - S(\rho_{AB})}{2} \tag{2.25}$$

表示，其中 $S(A:B)$ 是粒子 A 和 B 的互信息。

由于相对信息熵包含了经典的信息关联，因此它不是对量子纠缠程度的好的度量。

2. 相对熵纠缠度（the relative entropy of entanglement）

对两体量子态 ρ_{AB}，相对熵纠缠度 $E_r(\rho_{AB})$ 定义为：量子态 ρ_{AB} 对于全体可分离态的相对熵的最小值

$$E_r(\rho_{AB}) = \min S(\rho_{AB} \| \sigma_{AB})$$

其中，$S(\rho_{AB} \| \sigma_{AB})$ 为态 ρ_{AB} 相对于可分离态 σ_{AB} 的相对熵

$$S(\rho_{AB} \| \sigma_{AB}) = \mathrm{tr}\{\rho_{AB}(\mathrm{lb}\rho_{AB} - \mathrm{lb}\sigma_{AB})\} \tag{2.26}$$

计算相对熵纠缠度的关键在于，找出能使相对熵达到极小值的那个可分离态，这常常是困难的。

3. 形成纠缠度（entanglement of formation）

对两体量子态 ρ_{AB}，形成纠缠度 $E_f(\rho_{AB})$ 的定义为

$$E_f(\rho_{AB}) = \min \sum_i p_i E_p(|\psi_i\rangle_{AB}) \tag{2.27}$$

其中，$\{p_i, |\psi_i\rangle_{AB}\}$ 是 ρ_{AB} 的任一分解，即 $\rho_{AB} = \sum_i p_i |\psi_i\rangle_{AB}\langle\psi_i|$，这里的分解只要求 $|\psi_i\rangle_{AB}$ 是此两体的归一化纯态，不要求一定是相互正交的。$E_p(|\psi_i\rangle_{AB})$ 是 $|\psi_i\rangle_{AB}$ 的部分熵纠缠度。

两体系统 ρ_{AB} 的形成纠缠度 $E_f(\rho_{AB})$ 是其所有可能分解的部分熵权重和的极小值。

4. 可提纯纠缠度（entanglement of distillation）

若 N 份两体量子态 ρ_{AB} 为 Alice 和 Bob 所共享，Alice 和 Bob 通过 LOCC（局域操作和经典通信）能够得到 EPR 对的个数最多为 $k(N)$，则可提纯纠缠度 $D(\rho_{AB})$ 定义为

$$D(\rho_{AB}) = \lim \frac{k(N)}{N} \tag{2.28}$$

其中，LOCC 是 Alice 和 Bob 各自所作的局域测量与相互间的经典信息通信。需要注意的是，有的多粒子纠缠可以提纯，有的则不可以提纯。

对于两体纯态，Popescu 和 Rohrlich 已经证明：以上四种不同的纠缠度定义给出的纠缠度是相等的，即唯一的。但是，对于多体纯态和两体及多体混态，由上述各种定义计算出的纠缠度的数值大小可能不等，难以引入合理的纠缠度定义[5]。

2.3.3 量子纠缠的判断

在一般情况下，要判断一个给定的多体量子态是否为纠缠态，往往比较复杂。这里仅给出两体纯态纠缠的 Schmidt 数判据[2,3,5]。

1. Schmidt 分解

设 $|\phi\rangle$ 是复合系统 AB 的一个纯态，则存在系统 A 的标准正交基 $|i_A\rangle$ 和系统 B 的标准正交基 $|i_B\rangle$，使得：

$$|\phi\rangle = \sum_i \lambda_i |i_A\rangle |i_B\rangle \tag{2.29}$$

其中 λ_i 是满足 $\sum_i \lambda_i^2 = 1$ 的非负实数，称为 Schmidt 系数。

基 $|i_A\rangle$ 和 $|i_B\rangle$ 分别称为 A 和 B 的 Schmidt 基，且非零 λ_i 的个数称为状态 $|\phi\rangle$ 的 Schmidt 数。

2. 两体纯态纠缠判据

两体纯态纠缠的 Schmidt 数判据：设 $|\psi_{AB}\rangle$ 是由子系统 A 和 B 构成的量子系统的纯态，若其 Schmidt 数大于 1，则 $|\psi_{AB}\rangle$ 是一个量子纠缠态。

证明：应用 Schmidt 分解式，可得：

$$| \psi_{AB} \rangle = \sum_i \sqrt{p_i} | i_A \rangle | i_B' \rangle, \quad \rho_{AB} = | \psi_{AB} \rangle \langle \psi_{AB} |$$

$$\rho_A = \sum_i p_i | i_A \rangle \langle i_A | = \sum_i p_i \rho_{Ai}, \quad \rho_B = \sum_i p_i | i_B' \rangle \langle i_B' | = \sum_i p_i \rho_{Bi}$$

利用等式 $(F \otimes G)(a \otimes b) = (Fa) \otimes (Gb)$ 可得：

$$\rho_{AB} = \left(\sum_i \sqrt{p_i} | i_A \rangle \otimes | i_B' \rangle \right) \left(\sum_j \sqrt{p_j} | j_A \rangle \otimes | j_B' \rangle \right)$$

$$= \sum_{i,j} \sqrt{p_i p_j} | i_A \rangle \langle j_A | \otimes | i_B' \rangle | j_B' \rangle$$

$$= \sum_i p_i | i_A \rangle \langle i_A | \otimes | i_B' \rangle \langle i_B' |$$

$$\quad + \sum_{i \neq j} \sqrt{p_i p_j} | i_A \rangle \langle i_A | \otimes | i_B' \rangle \langle i_B' |$$

$$= \sum_i p_i \rho_{Ai} \otimes \rho_{Bi} + \left(\sum_{i \neq j} \sqrt{p_i p_j} | i_A \rangle \langle j_A | \otimes | i_B' \rangle \langle j_B' | \right)$$

当且仅当 Schmidt 分解式中的非零项只有一项，也就是 Schmidt 数等于 1 时，上式最后一个等号右边括号中的求和项才会等于零算子，但定理的条件是 Schmidt 数大于 1，从而：

$$\rho_{AB} \neq \sum_i p_i \rho_{Ai} \otimes \rho_{Bi} \tag{2.30}$$

满足量子纠缠态的定义，定理得证。

量子纠缠态还有其它多种判据，详见参考文献[5]。

2.3.4　纠缠交换与纠缠提纯

纠缠交换技术是一种用来实现将不同纠缠比特中的光子纠缠在一起的技术，它可以用于量子信号的远距离传输。纠缠交换技术没有经典对应，是一种独特的量子效应。由于量子信道的消相干作用，纠缠纯态会变成混态，而且量子态的纠缠度逐渐降低。为了实现有效的量子通信和量子计算，必须进行纠缠提纯，即从纠缠度较低的量子系综中提取出纠缠度较高的子系综[14]。

1. 纠缠交换

纠缠交换技术的基本原理是将两对或多对纠缠比特，经过某种量子操作后，使相互独立的两个光子或多个光子成为纠缠光子。量子交换技术中需要预先在交换节点存放一对纠缠比特。设有两对纠缠比特

$$| \phi \rangle_{12} = \frac{| 0 \rangle_1 | 1 \rangle_2 + | 1 \rangle_1 | 0 \rangle_2}{\sqrt{2}} \tag{2.31}$$

和

$$| \phi \rangle_{34} = \frac{| 0 \rangle_3 | 1 \rangle_4 + | 1 \rangle_3 | 0 \rangle_4}{\sqrt{2}} \qquad (2.32)$$

其中脚标数字表示对应的光子编号，光子 1 和 2 是一对纠缠比特，光子 3 和 4 是一对纠缠比特。光子 1 和 4 是独立无关的两个粒子，利用量子交换技术可以使光子 1 和 4 成为一对纠缠比特，其物理原理为：首先让光子 1 和 2 组成的纠缠比特 $| \phi \rangle_{12}$ 与光子 3 和 4 组成的纠缠比特 $| \phi \rangle_{34}$ 构成一个复合系统，这四个光子组成的系统的状态可以表示为

$$| \phi \rangle = | \phi \rangle_{12} \otimes | \phi \rangle_{34} \qquad (2.33)$$

然后将光子 2 和 3 投影到这两个光子构成的四个 Bell 基中的一个上，即对它们实施 Bell 测量。测量中选取的测量基为

$$| \phi \rangle_{23} = \frac{| 0 \rangle_2 | 1 \rangle_3 + | 1 \rangle_2 | 0 \rangle_3}{\sqrt{2}} \qquad (2.34)$$

通过测量后得到

$$| \phi \rangle_{14} = | \phi \rangle_{23}(| \phi \rangle_{12} \otimes | \phi \rangle_{34}) = \frac{| 1 \rangle_1 | 0 \rangle_4 + | 0 \rangle_1 | 1 \rangle_4}{\sqrt{2}} \qquad (2.35)$$

这样，相互独立的两个光子 1 和 4 就成为了一对纠缠比特，在它们之间构成了一个纠缠信道，可以利用量子隐形传态传输量子信号。

在交换开始前，光子 1 和光子 2 处于纠缠态 $| \psi^- \rangle_{12}$，光子 3 和光子 4 处于另一个纠缠态 $| \psi^- \rangle_{34}$。此时两对光子之间没有任何纠缠。其中光子 1 和光子 3 在 Alice 手中，光子 2 和光子 4 在 Bob 手中。这样，在 Alice 和 Bob 之间已经有两条量子通道：1—2 和 3—4 之间的最大量子纠缠态。如图 2.1 所示。

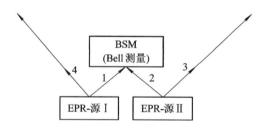

图 2.1 纠缠交换原理示意图

整个系统处于初态

$$| \psi \rangle_{1234} = \frac{1}{2} \{ | H \rangle_1 | V \rangle_2 - | V \rangle_1 | H \rangle_2 \} \otimes \{ | H \rangle_3 | V \rangle_4 - | V \rangle_3 | H \rangle_4 \}$$

$$(2.36)$$

交换开始，Alice 对手中的光子 1 和光子 3 进行 Bell 测量，产生相应的纠缠分解和坍缩。这相当于用 4 个 Bell 基对这 4 个粒子系统的上述态重新做等价分解

$$| \psi \rangle_{1234} = \frac{1}{2} \{ | \psi^+ \rangle_{13} | \psi^+ \rangle_{24} - | \psi^- \rangle_{13} | \psi^- \rangle_{24} - | \phi^+ \rangle_{13} | \phi^+ \rangle_{24} - | \phi^- \rangle_{13} | \phi^- \rangle_{24} \}$$

经过 Alice 的上述测量，这个态将随机地坍缩到等号右边四项中的任一项。

例如：在某单次测量中，Alice 测得结果为第一项 $| \psi^+ \rangle_{13}$，接着，她用经典信道通知 Bob，Bob 就知道自己手中的光子 2 和光子 4 不但已经通过关联坍缩而纠缠起来，并且已经处在 $| \psi^+ \rangle_{24}$ 态上。在纠缠交换中，光子 2 和光子 4 之间并没有直接的相互作用，而是当 Alice 对光子 1 和光子 3 进行 Bell 测量时，通过光子 1 和光子 3 的纠缠，以间接方式纠缠起来的。

纠缠交换技术在基于纠缠的量子通信系统中有着重要应用。

2. 纠缠提纯

纠缠提纯也叫做纠缠纯化（Pufification）、纠缠浓缩（Concentration）或纠缠蒸馏（Distillation）。一般说来，提纯操作所用的手段是适当的局部操作和经典通信。这里，举一个采用局域 POVM 测量来实现纯化的原理[5]。设原系综由许多纯 EPR 对构成，其密度算子为 $\rho_{AB} = | \psi^- \rangle_{AB} \langle \psi^- |$，其中每个 EPR 对中的粒子 A 和 B 分别属于空间分离的 Alice 和 Bob。由于退相干使得系综变成了纠缠混态

$$\rho_{AB} = (1-x) | \psi^- \rangle_{AB} \langle \psi^- | + x | 11 \rangle_{AB} \langle 11 |, \quad x \in [0, 1] \qquad (2.37)$$

初始时刻，$x = 0$。当 $x = 1$ 时，EPR 对的纯态系综消失。可以计算 ρ_{AB} 和 ρ_{AB}^2 的迹：

$$\mathrm{tr}(\rho_{AB}) = \mathrm{tr}\left\{ (1-x) \frac{1}{2} (| 01 \rangle - | 10 \rangle)(\langle 01 | - \langle 10 |) + x | 11 \rangle \langle 11 | \right\}$$

$$= \mathrm{tr}\left\{ (1-x) \frac{1}{2} (| 01 \rangle \langle 01 | - | 10 \rangle \langle 01 | - | 01 \rangle \langle 10 | \right.$$

$$\left. + | 10 \rangle \langle 10 |) + x | 11 \rangle \langle 11 | \right\}$$

$$= (1-x) + x = 1$$

$$\mathrm{tr}(\rho_{AB}^2) = \mathrm{tr}\left\{ (1-x) \frac{(1-x)^2}{4} (P_{01} + P_{10} + P_{01} + P_{10}) + x P_{11} \right\}$$

$$= \mathrm{tr}\left\{ (1-x) \frac{1}{2} (| 01 \rangle \langle 01 | - | 10 \rangle \langle 01 | - | 01 \rangle \langle 10 | \right.$$

$$\left. + | 10 \rangle \langle 10 |) + x | 11 \rangle \langle 11 | \right\}$$

$$= (1-x)^2 + x^2 = 1 - 2x + 2x^2 \leqslant 1$$

这里，

$$P_{01} = | 01 \rangle \langle 01 | = | 0 \rangle_A \langle 0 | \cdot | 1 \rangle_B \langle 1 |$$

$$P_{10} = | 10 \rangle \langle 10 | = | 1 \rangle_A \langle 1 | \cdot | 0 \rangle_B \langle 0 |$$

$$P_{11} = | 11 \rangle \langle 11 | = | 1 \rangle_A \langle 1 | \cdot | 1 \rangle_B \langle 1 |$$

现在分析 x 满足什么条件时，混态违背 CHSH 不等式，即系综中 AB 粒子间还存在量子关联。对于 CHSH 不等式，有

$$S = |\, E(a, b) - E(a, c)\,| + |\, E(d, b) - E(d, c)\,| \qquad (2.38a)$$

$$S = (1-x)S_{\psi^-} + xS_{11} \qquad (2.38b)$$

这里 S_{ψ^-} 由将 $|\psi^-\rangle$ 代入 (2.38a) 式算得，S_{11} 由将 $|11\rangle$ 代入 (2.38a) 式算得。如果 a、b、c、d 这 4 个矢量在同一个平面上，并具有角度 $\angle(ab) = \angle(bd) = \angle(dc) = \frac{\pi}{4}$，将其代入上面 (2.38b) 式得 $S_{\psi^-} = 2\sqrt{2}$，以及 $S_{11} = \sqrt{2}$。由此有 $S = 2\sqrt{2} - x\sqrt{2}$。

违背 CHSH 不等式的范围是 $2 < S \leqslant 2\sqrt{2}$。因此，只要 $0 \leqslant x < 2 - \sqrt{2}$，将会违背 CHSH 不等式。

现在具体看看基于 POVM 测量的纯化过程。

首先，对 Alice 和 Bob 拥有的粒子分别实施同一组 POVM 测量

$$A_1^i = \alpha^2 |0\rangle_i\langle 0| + \beta^2 |1\rangle_i\langle 1|, \quad i = A, B$$

$$A_2^i = \beta^2 |0\rangle_i\langle 0| + \alpha^2 |1\rangle_i\langle 1|, \quad i = A, B$$

这里 $\alpha^2 + \beta^2 = 1$，$\alpha, \beta \in (0, 1)$，并且有 $\sqrt{A_1^i} = \alpha|0\rangle_i\langle 0| + \beta|1\rangle_i\langle 1|$。

其次，当 Alice 和 Bob 的测量都得到 A_1 对应的结果时，则将保留这对粒子，否则舍弃。此后系综状态成为

$$\rho_{AB}^{(s)} = \frac{\sqrt{A_1^A}\sqrt{A_1^B}\,\rho_{AB}\,\sqrt{A_1^B}\sqrt{A_1^A}}{\mathrm{tr}(\sqrt{A_1^A}\sqrt{A_1^B}\,\rho_{AB}\,\sqrt{A_1^B}\sqrt{A_1^A})}$$

$$= \frac{1}{\beta^2\{(1-x)\alpha^2 + x\beta^2\}} \cdot \{\alpha^2 P_{00} + \alpha\beta P_{01} + \beta\alpha P_{10} + \beta^2 P_{11}\}$$

$$\times \left\{\frac{1}{2}(1-x)\big[(|01\rangle - |10\rangle)(\langle 01| - \langle 10|)\big] + x|11\rangle\langle 11|\right\}$$

$$\times \{\alpha^2 P_{00} + \alpha\beta P_{01} + \beta\alpha P_{10} + \beta^2 P_{11}\}$$

$$= \frac{(1-x)\alpha^2 |\psi^-\rangle_{AB}\langle\psi^-| + x\beta^2 |11\rangle_{AB}\langle 11|}{(1-x)\alpha^2 + x\beta^2} \qquad (2.39)$$

可见，α 值越大，在测量-选择之后，子系综的状态更趋于纯态 $|\psi^-\rangle$，即纯化操作的效率越高。但此时成功的概率为

$$p = \mathrm{tr}(\sqrt{A_1^A}\sqrt{A_1^B}\,\rho_{AB}\,\sqrt{A_1^B}\sqrt{A_1^A})$$

$$= \mathrm{tr}\{(\alpha^2|0\rangle_A\langle 0| + \beta^2|1\rangle_A\langle 1|)(\alpha^2|0\rangle_B\langle 0| + \beta^2|1\rangle_B\langle 1|)$$

$$\times \big[(1-x)|\psi^-\rangle_{AB}\langle\psi^-| + x|11\rangle_{AB}\langle 11|\big]\}$$

$$= \mathrm{tr}\{(1-x)[\alpha^2\beta^2 P_{01} + \beta^2\alpha^2 P_{10}]|\psi^-\rangle_{AB}\langle\psi^-| + x\beta^4 P_{11}|11\rangle_{AB}\langle 11|\}$$

$$= \beta^2\{(1-x)\alpha^2 + x\beta^2\} \qquad (2.40)$$

由上可知，纯化操作设计效率越高，成功概率就越低。在实际操作时，需在二者之间作出权衡。

2.4　量子比特及其特性

比特(bit)是经典信息传输、处理和存储中的基本概念和单位。在经典信息论中，信息具有两个基本特征：非决定性和不确定性。非决定性表明信息具有概率特性，信息的描述需要用到随机理论；不确定性指接收方事先并不知道发送方发送的信息内容。香农(Shanon)给出了定量描述信息的不确定性的方法，提出了信息量的概念。若消息 x 的概率分布为 $p(x)$，则该消息携带的信息量为

$$I(x) = -\operatorname{lb}p(x) \text{ (bit)} \tag{2.41}$$

信息量的单位是比特(bit)。若二进制符号 0 和 1 出现的概率相等，均为 1/2，则每个符号携带的信息量为 $I(0) = I(1) = -\operatorname{lb}\frac{1}{2} = 1$ bit，表明符号等概时 0 或 1 所携带的信息量均为 1 比特；若符号 0 出现的概率为 1/3，符号 1 出现的概率为 $\frac{2}{3}$，则符号 0 携带的信息量为 $I(0) = -\operatorname{lb}\frac{1}{3} = 1.585$ bit，而符号 1 携带的信息量为 $I(1) = -\operatorname{lb}\frac{2}{3} = 0.585$ bit。

从物理角度讲，二进制比特对应一个二态系统，在某个时刻只能处在一种可能的状态上，即要么处在 0 态上，要么处在 1 态上，这是由经典物理的决定性理论所决定的。因此可用两个可区分的态来表示符号 0 和 1，如电压的高低、信号的有无、脉冲的强弱等都可以实现这两个状态，但不同的物理信号有不同的特性，因而在不同物理实现的通信系统中，这两个状态有不同的物理描述。

本节在经典比特的基础上引出量子比特，并给出度量方法和逻辑运算，为后面的章节奠定基础。

2.4.1　量子比特的概念和性质

1. 量子比特的概念和 Bolch 球表示

与经典比特描述信号可能的状态相类似，量子信息中引入了"量子比特"(quantum bit，简写为 qubit)的概念[10]。量子比特描述了量子态，因而量子比特具有量子态的属性。称二维 Hilbert 空间中的任意状态向量 $|\psi\rangle$ 为一个二进制量子比特。若二维 Hilbert 空间中的本征向量(基矢)为 $|0\rangle$ 和 $|1\rangle$，则量子比特 $|\varphi\rangle$ 可以表示为

$$|\psi\rangle = \alpha|0\rangle + \beta|1\rangle \tag{2.42}$$

其中，α 和 β 为复数，并且满足 $|\alpha|^2 + |\beta|^2 = 1$。与经典比特不同的是：量子比特可能处于状态 $|0\rangle$，也可能处于状态 $|1\rangle$，还可能处于叠加态 $\alpha|0\rangle + \beta|1\rangle$。

Hilbert 空间的基矢不是唯一的，一个量子比特也可以用不同的基矢表示，如定义 $|+\rangle$ 和 $|-\rangle$ 如下：

$$|+\rangle = \frac{1}{\sqrt{2}}(|0\rangle + |1\rangle), \quad |-\rangle = \frac{1}{\sqrt{2}}(|0\rangle - |1\rangle)$$

则

$$|\psi\rangle = \frac{\sqrt{2}}{2}(\alpha + \beta)|+\rangle + \frac{\sqrt{2}}{2}(\alpha - \beta)|-\rangle \tag{2.43}$$

与经典比特不同的是：在经典信息中，0 和 1 的等概是指要么出现 0 和要么出现 1 的概率相等。而在量子信息中，量子系统处于状态 $|0\rangle$ 和 $|1\rangle$ 的等概率是指，在某种测量方式下，得到结果 $|0\rangle$ 或 $|1\rangle$ 的概率相等。

量子比特可以用 Bloch 球来图形化表示。为此，将 (2.42) 式所示的量子比特用角度 γ、θ、φ 作为参数表示为

$$|\psi\rangle = e^{i\gamma}\left(\cos\frac{\theta}{2}|0\rangle + e^{i\varphi}\sin\frac{\theta}{2}|1\rangle\right) \tag{2.44}$$

其中，γ、θ、φ 都是表示角度的实数，这些参数构成一个球坐标系。$e^{i\gamma}$ 为相因子，在物理上是不可测量的[3]。根据量子态的物理意义，无论有没有这个相因子，都表示同一个量子态。所以，量子态的角度表示可以简写为

$$|\psi\rangle = \cos\frac{\theta}{2}|0\rangle + e^{i\varphi}\sin\frac{\theta}{2}|1\rangle \tag{2.45}$$

由 θ，φ 可以绘制 Bloch 球，如图 2.2 所示。Bloch 球面上的每一个点代表二维 Hilbert 空间中的一个矢量，即一个基本量子比特。Bloch 球表明二维 Hilbert 空间中的量子比特有无穷多个！

由 Bloch 球可见，量子比特的基矢是 Bloch 球的两极，而任意量子比特是 Bloch 球上的一个几何点，该几何点与 Z 轴间的夹角为 θ，而该几何点在 XY 平面上的投影与 X 轴间的夹角为 φ。图中画出了几个特殊的量子比特对应的几何点，容易算出这些几何点（量子

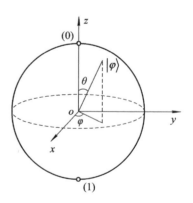

图 2.2　Bloch 球

比特）所对应的参数 φ 和 θ 的值。利用 Bloch 球可以方便地表示量子态的演化，

这在量子计算和量子信息中具有重要的作用。

$|\psi\rangle$ 做为一个基本量子比特，物理上可以用各种不同的物理客体实现，如光子的偏振、电子的自旋、原子的两个稳定的能级等。

2. 量子比特的性质

量子比特具有如下性质：

（1）不可精确测量性。量子比特的不可精确测量性可由量子态的海森堡不确定性原理直接得到。

（2）不可克隆性。量子比特的不可克隆性，可由 2.1 节中的单量子态不可克隆定理直接得到。

（3）不可区分性。若两个量子比特 $|\psi\rangle$ 和 $|\phi\rangle$ 内积的模方 $|\langle\psi|\phi\rangle|^2 = \cos\theta$，其中 θ 是两个非正交量子比特的夹角，$0 < \theta < \pi/2$，且 $\cos\theta \neq 0$，则称这两个量子比特是不可区分的[12]。若两个量子比特不可区分，说明任何操作或测量都不能获得精确的结果。例如对两个量子比特中的任意一个操作，由于它们的不可区分性，必然会产生一些不正确的结果。当然若两个量子比特正交，$\cos\theta = 0$，则它们可完全区分。这里可定义不可区分度 D[12]

$$D = |\langle\psi|\varphi\rangle|^2 = \cos\theta \qquad (2.46)$$

显然 $0 \leqslant D \leqslant 1$。若 $D = 0$，表示这两个量子比特是完全可区分的，若 $D = 1$，则表示这两个量子比特是完全不可区分的。

3. 复合量子比特

复合量子比特用来描述由多粒子体系构成的量子系统，又称为复合基量子比特。复合基量子比特是指由 n 个单基复合而成的量子比特，对应 n 维 Hilbert 空间，共有 2^n 个本征向量，可表示为

$$\begin{aligned}|\psi\rangle &= a_1 |0_1 0_2 \cdots 0_n\rangle + a_2 |1_1 0_2 \cdots 0_n\rangle + \cdots + a_{2^m} |1_1 1_2 \cdots 0_n\rangle + \cdots \\ &= a_1 |0_1\rangle |0_2\rangle \cdots |0_n\rangle + a_2 |1_1\rangle |0_2\rangle \cdots |0_n\rangle + \cdots \\ &\quad + a_{2^m} |1_1\rangle |1_2\rangle \cdots |0_n\rangle + \cdots + a_{2^n} |1_1\rangle |1_2\rangle \cdots |1_n\rangle \end{aligned} \qquad (2.47)$$

其中 $m \leqslant n$，不同的脚标表示不同的单基（本征矢），在物理上对应于不同的粒子。由 n 粒量子构成的 n 基复合量子比特可以表示为 2^n 项之和。

4. 多进制量子比特

二进制量子比特的基是由比特 0 和 1 组成的。多进制量子比特是一个 2^d 维希尔伯特空间，可以用 d 个正交基矢量通过线性组合来表示

$$|\psi\rangle = \sum_{k=0}^{d-1} \alpha_k |k\rangle \qquad (2.48)$$

其中，系数 α_k 满足 $|\alpha_0|^2 + |\alpha_1|^2 + \cdots + |\alpha_{d-1}|^2 = 1$。当 $d = 3$ 时，称为三进制量

子比特(qutrit)

$$|\psi^3\rangle = a_1|0\rangle + a_2|1\rangle + a_3|2\rangle \tag{2.49}$$

而三进制双基量子比特可以表示为

$$\begin{aligned}|\psi_2^3\rangle = a_{00}|00\rangle + a_{01}|01\rangle + a_{02}|02\rangle + a_{10}|10\rangle + a_{11}|11\rangle \\ + a_{12}|12\rangle + a_{20}|20\rangle + a_{21}|21\rangle + a_{22}|22\rangle \end{aligned} \tag{2.50}$$

其中,上标 3 表示进制,下标 2 表示双基,系数 a_{ij} 满足 $\sum_{i,j=0}^{2}|a_{ij}|^2 = 1$。

2.4.2 量子系统的熵

量子系统采用冯·诺依曼熵(Von Neumann 熵)描述量子信息不确定性的测度,这里给出冯·诺依曼熵的概念和性质,并给出联合熵、相对熵、条件熵和互信息的概念[3, 13]。

1. 冯·诺依曼熵

设量子态的密度算符或密度矩阵为 ρ,则量子态(量子比特)所携带的信息量可用冯·诺依曼熵来描述:

$$S(\rho) = -\mathrm{tr}(\rho \, \mathrm{lb}\rho) \tag{2.51}$$

式中"tr"表示求迹。可见,由于信源是量子系统,冯·诺依曼熵用密度算子表征,而香农熵用概率密度表征。

冯·诺依曼熵具有如下性质:

(1) 冯·诺依曼熵非负,对于纯态 $S(\rho) = 0$;

(2) 对维数为 d 的 Hilbert 空间,当系统处于最大混态 I/d 时,$S(\rho)$ 达到最大值 $\mathrm{lb}d$;

(3) $S(\rho)$ 具有酉变换下的不变性,即

$$S(\rho) = S(U\rho U^\dagger) \tag{2.52}$$

(4) $S(\rho)$ 是凹的,也就是说给定一组正数 λ_i(且 $\sum_i \lambda_i = 1$)和一密度算子 ρ_i,有

$$S\left(\sum_{i=1}^{k}\lambda_i\rho_i\right) \geqslant \sum_{i=1}^{k}\lambda_i S(\rho_i) \tag{2.53}$$

(5) $S(\rho)$ 是可加的,对两个独立的系统 A 和 B,其密度矩阵分别为 ρ_A、ρ_B,有

$$S(\rho_A \otimes \rho_B) = S(\rho_A) + S(\rho_B) \tag{2.54}$$

若 ρ_A、ρ_B 是一般态 ρ_{AB} 的约化密度矩阵,则有:

$$|S(\rho_A) - S(\rho_B)| \leqslant S(\rho_{AB}) \leqslant S(\rho_A) + S(\rho_B) \tag{2.55}$$

式中左边的不等式称为 Araki-Lieb 不等式[13]，右边的不等式称为次可加性 (subadditivity)不等式[3]。

(6) 冯·诺依曼熵是强次可加的，给定三个 Hilbert 空间 A、B、C，有

$$\begin{cases} S(\rho_A) + S(\rho_B) \leqslant S(\rho_{AC}) + S(\rho_{BC}) \\ S(\rho_{ABC}) + S(\rho_B) \leqslant S(\rho_{AB}) + S(\rho_{BC}) \end{cases} \tag{2.56}$$

2. 联合熵和相对熵

如果由两个子系统 A 和 B 组成的复合系统的密度算子为 ρ_{AB}，则子系统 A 和 B 的联合熵为

$$S(\rho_{AB}) = - \operatorname{tr}(\rho_{AB} \operatorname{lb} \rho_{AB}) \tag{2.57}$$

若两个系统的密度算子分别是 ρ_A 和 ρ_B，则 ρ_A 到 ρ_B 的相对熵定义为

$$S(\rho_A \| \rho_B) = \operatorname{tr}[\rho_A (\operatorname{lb} \rho_A - \operatorname{lb} \rho_B)] \tag{2.58}$$

量子相对熵非负，即 $S(\rho_A \| \rho_B) \geqslant 0$，当 $\rho_A = \rho_B$ 时取等号。量子相对熵表示了定义在同一 Hilbert 空间上的两个量子态的区分能力。

3. 条件熵和互信息

量子条件熵定义为

$$S(\rho_A \mid \rho_B) = S(\rho_{AB}) - S(\rho_B) \tag{2.59}$$

量子条件熵可以为负数，这说明对于量子系统，两个子系统的复合系统可能比单个系统具有更好的确定性。例如，对于像量子纠缠态这样的复合系统态是完全确定的，而分系统态却处于混态，完全不确定，这在经典系统中找不到对应。如果两个子系统 A 和 B 不相关，即

$$S(\rho_{AB}) = S(\rho_A) + S(\rho_B)$$

则

$$S(\rho_A \mid \rho_B) = S(\rho_A), \ S(\rho_B \mid \rho_A) = S(\rho_B)$$

量子互信息定义为

$$S(\rho_A : \rho_B) = S(\rho_A) + S(\rho_B) - S(\rho_{AB}) \tag{2.60}$$

量子互信息为复合系统 ρ_{AB} 与两个子系统直积态的相对熵[13]，即

$$S(\rho_A : \rho_B) = S(\rho_{AB} \| \rho_A \otimes \rho_B) \tag{2.61}$$

2.4.3　量子比特的逻辑运算

与经典比特一样，在量子比特上也可以定义逻辑运算，即所谓的量子门。由于量子比特对应于量子态，即 Hilbert 空间的向量，因此量子门要比经典的门丰富得多。门的操作对应量子状态的改变，这可以用量子运算来描述。本节介绍几种典型的量子比特门[3]。

1. 单量子比特门

1) 非门（Pauli-X 门）

非门把状态 $\alpha|0\rangle+\beta|1\rangle$ 中 $|0\rangle$ 和 $|1\rangle$ 位置互换，变到新状态 $\alpha|1\rangle+\beta|0\rangle$。量子非门运算可以用矩阵

$$X = \begin{bmatrix} 0 & 1 \\ 1 & 0 \end{bmatrix}$$

来表示，可见 $X=\sigma_x$。把状态 $\alpha|0\rangle+\beta|1\rangle$ 写成矢量形式 $[\alpha \quad \beta]^{\mathrm{T}}$，则量子非门的输出为

$$X\begin{bmatrix} \alpha \\ \beta \end{bmatrix} = \begin{bmatrix} \beta \\ \alpha \end{bmatrix}$$

量子非门满足 $X^+X=I$。

2) Pauli-Y 门

Pauli-Y 门将 $|0\rangle$ 变为 $i|1\rangle$，将 $|1\rangle$ 变为 $-i|0\rangle$，从而将 $\alpha|0\rangle+\beta|1\rangle$ 变为 $i\alpha|1\rangle-i\beta|0\rangle$。Pauli-Y 门对应的算子为（i 为虚数单位）

$$Y = \begin{bmatrix} 0 & -i \\ i & 0 \end{bmatrix}$$

3) Pauli-Z 门

Pauli-Z 门对 $|0\rangle$ 不进行任何变化，将 $|1\rangle$ 变为 $-|1\rangle$，从而将 $\alpha|0\rangle+\beta|1\rangle$ 变为 $\alpha|0\rangle-\beta|1\rangle$，实现符号翻转。Pauli-Z 门对应的算子为

$$Z = \begin{bmatrix} 1 & 0 \\ 0 & -1 \end{bmatrix}$$

4) Hadamard 门

Hadamard 门把 $|0\rangle$ 变为 $\dfrac{|0\rangle+|1\rangle}{\sqrt{2}}$，把 $|1\rangle$ 变为 $\dfrac{|0\rangle-|1\rangle}{\sqrt{2}}$。由于 $H^2=I$，所以经过连续两次 Hadamard 门等于没有进行任何操作。Hadamard 门对应的酉算子为

$$H = \frac{1}{\sqrt{2}} \begin{bmatrix} 1 & 1 \\ 1 & -1 \end{bmatrix}$$

5) 相位门

相位门将 $\alpha|0\rangle+\beta|1\rangle$ 变为 $\alpha|0\rangle+i\beta|1\rangle$，其酉算子为

$$S = \begin{bmatrix} 1 & 0 \\ 0 & i \end{bmatrix}$$

2. 多量子比特门

1) 受控非（CNOT）门

CNOT 门为两比特量子门，其作用为：若控制量子比特（control qubit）$|c\rangle$ 置为 0，则目标量子比特（target qubit）$|t\rangle$ 保持不变；若控制量子比特置为 1，则目标量子比特将翻转。即 $|00\rangle \rightarrow |00\rangle$，$|01\rangle \rightarrow |01\rangle$，$|10\rangle \rightarrow |11\rangle$，$|11\rangle \rightarrow |10\rangle$，也可写为：$|c, t\rangle \rightarrow |c, c \otimes t\rangle$。对应的酉算子为

$$U_{CN} = \begin{bmatrix} 1 & 0 & 0 & 0 \\ 0 & 1 & 0 & 0 \\ 0 & 0 & 0 & 1 \\ 0 & 0 & 1 & 0 \end{bmatrix}$$

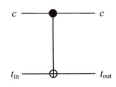

CNOT 门可用图形表示，如图 2.3 所示。

图 2.3　CNOT 门

2) 对换门（swap gate）

对换门可实现两个输入量子比特的值相互交换输出，即 $|x, y\rangle \rightarrow |y, x\rangle$，其对应的酉算子为

$$U_{swap} = \begin{bmatrix} 1 & 0 & 0 & 0 \\ 0 & 0 & 1 & 0 \\ 0 & 1 & 0 & 0 \\ 0 & 0 & 0 & 1 \end{bmatrix}$$

多量子比特门很多，基本上是单量子比特门和双量子比特门的扩展。

本章参考文献

[1]　张永德. 量子力学. 北京：科学出版社，2002：370 – 375.

[2]　尹浩，韩阳，等. 量子通信原理与技术. 北京：电子工业出版社，2013.

[3]　Nielsen M A，I L. Chuang. Quantum Computation and Quantum Information. Cambridge University Press，2000.

[4]　曾谨言. 量子力学（卷Ⅱ）. 4 版. 北京：科学出版社，2007.

[5]　张永德. 量子信息物理基础. 北京：科学出版社，2006：50 – 80.

[6]　Dieter Heiss. Fundamentals of Quantum Information：Quantum Computation，communication. decoherence，and all that. Berlin Heidelberg：Springer-Verlag，2002.

[7]　龙桂鲁，等. 量子力学新进展（第五辑）. 北京：清华大学出版社，2011.

[8]　马瑞霖. 量子密码通信. 北京：科学出版社，2006.

[9] 李承祖. 量子通信与量子计算. 长沙：国防科技大学出版社，2000.

[10] Braunstein S L. Mann A and Revzen M. Phys. Rev. Lett. 66，2689 (1991).

[11] W Wooters，W Zurck，Asingle quantum cannot be cloned Nature，299：802 – 803.

[12] Guihua Zeng，Quantum Private Communication，Springer，2010.

[13] Gregg Jaeger. Quantum information：an overview. Springer Science ＋ Business Media. LLC，2007.

[14] Bouwmeester D，Ekert A，Zeilinger A. The Physics of Quantum Information：quanutm cryptography. quanutm teleportation. quanutm computation. 2000 Berlin Heidelberg：Springer-Verlag.

第 3 章　量子隐形传态

本章讨论量子隐形传态，包括量子隐形传态原理、量子隐形传态实验，以及多量子比特的隐形传态。

3.1　量子隐形传态的原理

量子隐形传态原理是量子通信的一种非常重要的基本原理，它对理解量子通信的精髓具有重要的作用。本节，我们从量子隐形传态的基本思想、基本原理和实现方法等不同方面、不同角度来介绍量子隐形传态的原理，以便读者理解。

3.1.1　量子隐形传态的基本思想

量子通信使用量子态来传输信息，根据量子态不可克隆原理，直接对一个量子态作完全克隆是不可能的。也就是说，我们不能直接通过测量得到一个量子态的全部信息。因此，如同经典通信那样，发送方首先对她需要传送的粒子的量子态进行测量，得到这个量子态所携带的信息，然后，利用经典信道将这个信息传送给接收方，接收方再根据这个信息在粒子身上恢复相应的量子态。这个过程是不可能实现的，需要寻找另外的、不同于经典通信的方法。

1993 年，Bennett 等人首先提出"量子隐形传态"概念，并设计了单个两能级粒子量子隐形传态的理论方案。从此，开始了量子隐形传态的理论研究、实验分析和应用设想。

1. 问题的来源

假设 Alice 有一个量子比特：

$$| \psi \rangle_1 = \alpha | 0 \rangle_1 + \beta | 1 \rangle_1 \tag{3.1}$$

其量子态未知，$|0\rangle$ 和 $|1\rangle$ 是两个正交基，复数 α 和 β 满足 $\alpha^2 + \beta^2 = 1$。

她希望把这个量子比特发送给 Bob，但是，不想将这个粒子直接传给他。在这种情况下 Alice 怎么把这个量子比特传给 Bob 呢？

2. 解决方法

量子隐形传态过程就是允许 Alice 和 Bob 之间进行一个未知量子态的传输。为了实现这个未知量子态的传输，Alice 和 Bob 需要分两步来完成：

第一步：在 Alice 和 Bob 之间建立一个共同分享的量子信道，即两人共同拥有的纠缠光子对。

第二步：进行未知量子态的传输。

量子隐形传态的基本思想是：将原物的信息分为两部分：经典信息和量子信息。经典信息通过经典信道进行传输，量子信息通过量子信道进行传输。经典信息是发送者对原物进行某种测量得到的，量子信息是发送者在测量中没有提取的其余信息。接收者在获得这两种信息后，就可以恢复出原物的复制品。

3. 传输特点

在量子隐形传态过程中，原物并没有被传送给接收者，它始终停留在发送者处，被传送的仅仅是原物的量子态。在传输过程中，发送者不需要知道原物的这个量子态。接收者将另一个光子的状态变换成与原物完全相同的量子态。在传输过程结束以后，原物的这个量子态由于发送者进行测量和提取经典信息而坍缩损坏。

由上述量子隐形传态的基本思想可以看出：量子隐形传态是有别于经典信息传输的一种方式，它是量子通信所特有的一种信息传输方式。所以，我们专门用一章的篇幅对它进行论述，以便读者理解。

3.1.2 量子隐形传态的基本原理

量子隐形传态的基本原理是：首先，在收发双方之间建立由纠缠光子对构成的量子信道，然后，对需要传输的未知量子态与发送方手中的一个纠缠光子进行联合 Bell 基测量。由于纠缠光子对具有量子非局域关联特性，因此，未知量子态的全部量子信息就会"转移"到接收者手中的纠缠光子上。接收者只要根据经典信息给出的 Bell 基测量结果，对纠缠光子的量子态进行适当的幺正变换，就可以使他手中的纠缠光子处于与需要传输的未知量子态完全相同的量子态上。这样，根据发送者从经典信道传输的经典信息和从量子信道传输的量子信息，接收者就可以在自己手中的纠缠光子身上重现需要传输的未知量子态。

量子隐形传态原理如图 3.1 所示。首先，产生 EPR 对（纠缠光子对），然后，将纠缠光子对中的两个光子分别分发给发送者和接收者。在量子隐形传态中，Alice 和 Bob 共享一个 EPR 对和一条经典信道。Alice 要将量子信息 $|\varphi\rangle$ 传送给 Bob。

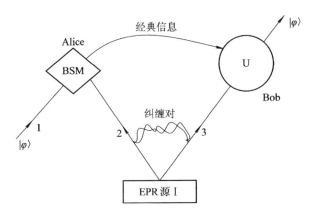

图 3.1　量子隐形传态原理示意图

假设纠缠对所处的态如下所示：

$$|\phi^{+}\rangle_{23} = \frac{1}{\sqrt{2}}(|00\rangle_{23} + |11\rangle_{23}) \tag{3.2}$$

Alice 将 $|\varphi\rangle$ 与自己手里的 EPR 对中的一个相互作用，三个量子比特的量子状态为

$$|\varphi_{2}\rangle_{123} = (\alpha|0\rangle_{1} + \beta|1\rangle_{1}) \otimes \frac{1}{\sqrt{2}}(|00\rangle_{23} + |11\rangle_{23})$$

$$= \frac{1}{2}[|\phi^{+}\rangle_{12}(\alpha|0\rangle_{3} + \beta|1\rangle_{3}) + |\phi^{-}\rangle_{12}(\alpha|0\rangle_{3} - \beta|1\rangle_{3})$$

$$+ |\psi^{+}\rangle_{12}(\alpha|1\rangle_{3} + \beta|0\rangle_{3}) + |\psi^{-}\rangle_{12}(-\alpha|1\rangle_{3} + \beta|0\rangle_{3})] \tag{3.3}$$

Alice 在贝尔基下测量她所拥有的两个量子比特，测量之后，系统状态分别以概率 1/4 取四个可能的结果：

$$\begin{cases} |\phi^{+}\rangle_{12}(\alpha|0\rangle_{3} + \beta|1\rangle_{3}) \\ |\phi^{-}\rangle_{12}(\alpha|0\rangle_{3} - \beta|1\rangle_{3}) \\ |\psi^{+}\rangle_{12}(\alpha|1\rangle_{3} + \beta|0\rangle_{3}) \\ |\psi^{-}\rangle_{12}(-\alpha|1\rangle_{3} + \beta|0\rangle_{3}) \end{cases} \tag{3.4}$$

中的一个。

系统的密度算子为

$$\rho_{AB} = \frac{1}{4}\big[\mid\phi^+\rangle\langle\phi^+\mid(\alpha\mid0\rangle+\beta\mid1\rangle)(\alpha\langle0\mid+\beta\langle1\mid)$$

$$+\mid\phi^-\rangle\langle\phi^-\mid(\alpha\mid0\rangle-\beta\mid1\rangle)(\alpha\langle0\mid-\beta\langle1\mid)$$

$$+\mid\psi^+\rangle\langle\psi^+\mid(\alpha\mid1\rangle+\beta\mid0\rangle)(\alpha\langle1\mid+\beta\langle0\mid)$$

$$+\mid\psi^-\rangle\langle\psi^-\mid(-\alpha\mid1\rangle+\beta\mid0\rangle)(-\alpha\langle1\mid+\beta\langle0\mid)\big] \tag{3.5}$$

然后，Alice 将她的测量结果发给 Bob。Bob 根据 Alice 公布的测量结果，采取相应的 U 操作即可恢复出要传送的量子态。

对 Alice 的子系统取迹，可以得到 Bob 子系统的约化密度算子为

$$\rho_{AB} = \frac{1}{4}\big[(\alpha\mid0\rangle+\beta\mid1\rangle)(\alpha\langle0\mid+\beta\langle1\mid)$$

$$+(\alpha\mid0\rangle-\beta\mid1\rangle)(\alpha\langle0\mid-\beta\langle1\mid)$$

$$+(\alpha\mid1\rangle+\beta\mid0\rangle)(\alpha\langle1\mid+\beta\langle0\mid)$$

$$+(-\alpha\mid1\rangle+\beta\mid0\rangle)(-\alpha\langle1\mid+\beta\langle0\mid)\big]$$

$$=\frac{2(\mid\alpha\mid^2+\mid\beta\mid^2)\mid0\rangle\langle0\mid+2(\mid\alpha\mid^2+\mid\beta\mid^2)\mid1\rangle\langle1\mid}{4}$$

$$=\frac{\mid0\rangle\langle0\mid+\mid1\rangle\langle1\mid}{2}$$

$$=\frac{I}{2} \tag{3.6}$$

在 Alice 完成测量之后，Bob 得到测量结果之前，Bob 子系统的状态是 $I/2$。这个状态不依赖于需要传送的状态 $\mid\varphi\rangle$。因此，这个时候，Bob 进行的任何测量都不包含关于状态 $\mid\varphi\rangle$ 的信息。使得 Alice 不可能利用隐形传态以超光速向 Bob 传送信息。所谓的量子超光速通信是不可能的。

只有当 Bob 接收到 Alice 传来的经典信息后，根据这个信息，对他手里的另一半 EPR 对进行四个操作中的一个，才可以恢复原始的 $\mid\varphi\rangle$。

在量子隐形传态过程中，α 和 β 的值仍然是未知的，如果 Bob 想知道这个初始状态的值是多少，就需要对自己手中的一半 EPR 对进行测量，那么，Alice 手中的一半 EPR 对的量子态将会被破坏掉。

3.1.3 量子隐形传态的实现方法

1. 量子隐形传态的实现步骤

量子隐形传态的过程包括纠缠制备、纠缠分发、纠缠测量、经典信息传送和量子变换几个阶段。

（1）纠缠制备。系统通过纠缠制备，得到一个纠缠光子对：光子 2 和光子 3，处于如（3.2）式所示的量子态。

（2）纠缠分发。系统把纠缠光子对 2 和 3 分别传送给 Alice 和 Bob，这样在他们二人之间就建立了一个纠缠信道。

（3）纠缠测量。Alice 对光子 2 和光子 1 组成的量子系统进行测量，使得光子 3 的量子态发生了相应的改变。

（4）经典信息传送。Alice 将测量结果通过经典信道发给 Bob。

（5）量子变换。Bob 收到 Alice 的测量结果后，对光子 3 做适当的 U 变换操作，即可得到要传递的量子态。

不需要传送光子 1，Alice 的信息通过纠缠光子对 2 和 3 传给了 Bob。

2. 量子隐形传态的实质

量子隐形传态的实质是：传输量子态 $|\varphi\rangle = \alpha|1\rangle + \beta|0\rangle$ 的复系数。

Alice 将手中粒子 1 的信息态 $|\varphi_1\rangle = \alpha|1\rangle + \beta|0\rangle$（实际为复系数）传给 Bob 手中的粒子 3，使之为 $|\varphi_3\rangle = \alpha|1\rangle + \beta|0\rangle$。于是，便将作为信息的复系数从粒子 1 传给了粒子 3。

3.2　量子隐形传态实验

本节讨论量子隐形传态实验，主要介绍量子隐形传态的实验进展、实现步骤以及量子比特隐形传输实验。

3.2.1　量子隐形传态的实验进展

1997 年，奥地利的 Zeilinger 研究小组在《Nature》上报道了世界上第一个量子隐形传态的实验结果。他们的实验采用单个光子偏振态作为待传输的量子态，使用 II 型参数下转换非线性光学过程所产生的自发辐射孪生光子作为 EPR 对。

由于该实验只能识别单重态，所以最多只有 25% 的几率成功实现量子隐形传态。

1998 年，意大利的 Martini 研究小组在《Phys. Rev. Lett.》上报道了另一个量子隐形传态的实验结果。他们的实验是采用 II 型参数下转换所产生的两个具有相同频率、偏振相互正交的 EPR 纠缠光子对，实现未知单光子态的量子隐形传输。

上述两个实验所获得的 EPR 纠缠关联对的效率很低。

2000 年，美国洛斯阿拉莫斯的研究人员使用核磁共振（NMR）实现了核自旋量子态的隐形传输，但是传输距离很短。

2002 年，意大利的研究人员又报道了实现两个不同场模中真空和单光子所构成的纠缠量子比特的隐形传输。

2004 年，中国科技大学的研究人员在《Nature》上报道了五粒子纠缠态，以及终端开放的量子隐形传态实验。他们的实验方法将在量子计算和量子通信网络中有重要应用。

2012 年，中国科技大学实现了 97 km 的自由空间隐形传态。同期，奥地利科学院和维也纳大学的科学家实现了距离为 143 km 的隐形传态。

2012 年 11 月，中国科技大学成功实验了宏观物体之间的隐形传态，即实现了两个相隔 150 m 的原子系综存储器之间的隐形传态，这为实现量子路由器和量子互联网奠定了基础。

3.2.2　量子比特隐形传输实验

单光子极化态的量子隐形传输实验如图 3.2 所示。

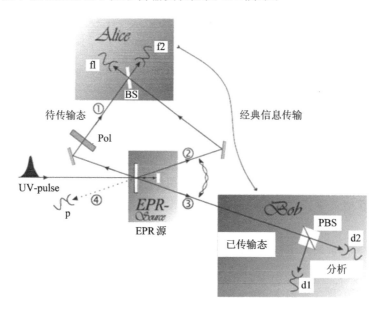

图 3.2　单光子极化态的量子隐形传输实验

这个量子隐形传态实验的实现，使用 $|\psi^-\rangle_{12}$ Bell 态投影。这时，Bob 需要执行的幺正变换是简单的恒等变换，即这时 Bob 的光子就处在光子 1 的状态。

如果通过到达探测器的时间能够区分光子 1 和 2，那么就不可能执行 Bell 测量。为了避免这种情况，可以采取如下的方法：光子 2 与光子 3 的纠缠态由脉冲参量下转换产生。

泵浦脉冲的长度为 200 fs(飞秒)。反射回来的脉冲通过晶体会产生第二对光子，光子 1 和 4。通过探测光子 4 可以表明光子 1 的存在。光子 1 和 2 现在处于 200 fs(飞秒)长的脉冲内，通过调整，在探测器端，可以获得光子的最大重叠。

这并不能保证不可区分性，因为下转换的纠缠光子一般有 50 fs(飞秒)的相干长度，它短于泵浦激光脉冲的长度。为了达到不可区分性，光子波包的长度应该扩展到长于泵浦脉冲的长度。

在实验中，可以采取在探测器前放置一个 4 nm(纳米)的干涉滤波器。它可以过滤出 500 fs(飞秒)量级的光子波包，从而达到大约 85% 的光子 1 和 2 的不可区分率。

除了可以使用上述试验描述的第四个光子作为光子 1 起步的触发，我们还可以利用光子 1 和光子 4 制成一个纠缠态，即 $|\psi^-\rangle_{14}$ 态这一事实。因此我们完全不用测量光子 1 的状态，所有的信息存储在光子 1 和光子 4 的联合状态上。

如果光子 1 被用于量子隐形传态，则光子 3 包含了光子 1 的所有性质，与光子 4 形成纠缠态。有趣的是，这两个光子来自于不同的信源，永远不会互相影响，因此在量子隐形传态完成后，它们形成了一个纠缠对。

3.3 多量子比特的隐形传态

单粒子量子隐形传态在 3.1 节已经进行了介绍，这里我们依次介绍双粒子量子隐形传态、三粒子量子隐形传态和多粒子量子隐形传态。

3.3.1 双粒子量子隐形传态

在单粒子隐形传态实验方案中，由于 Alice 无法执行完全的 Bell 态测量，因此降低了量子态隐形传态的效率。为了提高量子隐形传态效率，可以进行双粒子量子隐形传态。一个完全的 Bell 态测量，需要能够控制两光子间的相互作用，而这一点实现起来是相当困难的。S. Popescu 提出了一个光学方法，既避免了这个问题，同时，也限制了被传输的量子态，如图 3.3 所示。

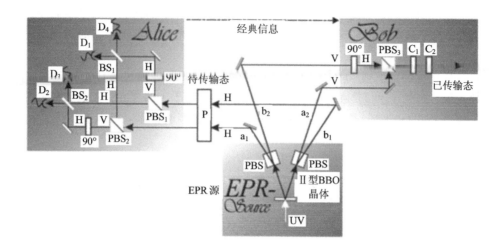

图 3.3　双光子量子隐形传态实验

这个方法只涉及到两个粒子,同时利用它们的极化自由度和动量自由度。

第一步:产生两个极化纠缠的光子。

使用Ⅱ型参量下转换晶体产生极化纠缠光子对,它们处于纠缠态:

$$|\psi^+\rangle = \frac{1}{\sqrt{2}}(|H\rangle_1|V\rangle_2 + |V\rangle_1|H\rangle_2) \tag{3.7}$$

其中,脚标1和2分别标明了相关光子的两个出射方向。

第二步:制备动量纠缠光子对。

两个极化纠缠光子通过极化分束器,使得垂直极化光子通过,水平极化光子偏转。从而将极化纠缠变为如下的动量纠缠:

$$\frac{1}{\sqrt{2}}(|a_1\rangle|a_2\rangle + |b_1\rangle|b_2\rangle)|H\rangle_1|V\rangle_2 \tag{3.8}$$

其中,下标1和2表示分别通向 Alice 和 Bob 的通道。下标为1的光子必须是水平极化的,下标为2的光子必须是垂直极化的。

在去往 Alice 的路上,光子1被制备者 P 阻截,他将水平极化态变为任意量子叠加态:

$$|\psi\rangle_1 = \alpha|H\rangle_1 + \beta|V\rangle_1 \tag{3.9}$$

制备者以同样的方式影响 a_1 和 b_1 路径上的极化态。$|\psi\rangle_1$ 是 Alice 想要传输给 Bob 的量子态。两光子经过制备后总的状态为

$$|\phi\rangle = \frac{1}{\sqrt{2}}(|a_1\rangle|a_2\rangle + |b_1\rangle|b_2\rangle)|\psi\rangle_1|V\rangle_2 \tag{3.10}$$

第三步：Alice 对初态 $|\psi\rangle_1$ 和动量纠缠中她的粒子进行联合 Bell 态测量。

假设有一种方法能够将光子 1 投影到极化和动量的四个 Bell 态上，我们就可以得到如下形式的状态：

$$|\phi\rangle = \frac{1}{2}[(|a_1\rangle|V\rangle_1 + |b_1\rangle|H\rangle_1)(\beta|a_2\rangle + \alpha|b_2\rangle)|II\rangle_2$$
$$+(|a_1\rangle|V\rangle_1 - |b_1\rangle|H\rangle_1)(\alpha|a_2\rangle + \beta|b_2\rangle)|H\rangle_2$$
$$+(|a_1\rangle|H\rangle_1 + |b_1\rangle|V\rangle_1)(\alpha|a_2\rangle - \beta|b_2\rangle)|H\rangle_2$$
$$+(|a_1\rangle|H\rangle_1 - |b_1\rangle|V\rangle_1)(\beta|a_2\rangle - \alpha|b_2\rangle)|H\rangle_2]$$

$$(3.11)$$

其中，每一项的第一部分对应于光子 1 的一个 Bell 态，第二部分就是对应的光子 2 的态。

为了将光子 1 投影到极化动量 Bell 态上，我们不得不纠错光子 1 的极化和方向属性。可以在路径 a_1 和 b_1 上放置极化分束器，然后联合来自 $a_1(|a_1\rangle|V\rangle_1)$ 的垂直分量和来自 $b_1(|b_1\rangle|H\rangle_1)$ 的水平分量，反之亦然。为了实现这种对相对相位敏感的联合，可以将光子旋转到相同的方向，然后让它们在普通分束器上发生干涉。这里的光子探测器 D_1、D_2、D_3 和 D_4 直接对应着向四个 Bell 态的投影。

第四步：Alice 通知 Bob 哪一个探测器探测到了光子。

有了这个信息，Bob 能够按照如下的方法得到初始极化态：首先，将光子 2 的动量叠加变换为相同的极化叠加，只需简单地在路径 b_2（或 a_2）上使用一个 $90°$ 的旋转片，然后用极化分束器联结两路径。接下来，他依靠从 Alice 得到的信息，交换水平和垂直极化，并在它们之间提供一个相对相移 π。这样就将光子 2 的极化态变换为最初在光子 1 上制备的极化态，因此完成了传输。

这个光粒子量子隐形传态方法的优点是，它使用了完全的 Bell 态测量。缺点是，它不允许 Alice 传输外部粒子的状态。因此，它需要制备者的帮助：最初给 Alice 的极化态，必须制备到与 Bob 动量纠缠的粒子上。同时，$|\psi\rangle$ 必须是纯态，不能是纠缠态的一部分。

3.3.2　三粒子量子隐形传态

三粒子量子隐形传态实验可以分两种，一种是需要量子测量坍缩假设的，另一种是不需要量子测量坍缩假设的。

1. 采用测量坍缩假设的实验

（1）发送者 Alice 产生三粒子 A、B、C 的任意自旋态：

$$| \Phi \rangle_{ABC} = a | 000 \rangle_{ABC} + b | 001 \rangle_{ABC} + c | 010 \rangle_{ABC} + d | 011 \rangle_{ABC}$$
$$+ e | 100 \rangle_{ABC} + f | 101 \rangle_{ABC} + g | 110 \rangle_{ABC} + h | 111 \rangle_{ABC}$$

$$(3.12)$$

其中，系数满足：

$$| a |^2 + | b |^2 + | c |^2 + | d |^2 + | e |^2 + | f |^2 + | g |^2 + | h |^2 = 1$$

$$(3.13)$$

（2）纠缠制备。把作为量子信道的六粒子(1、2、3、4、5、6)制备在三纠缠态的直积上：

$$| \Phi \rangle_{123456} = | \varphi^+ \rangle_{12} \otimes | \varphi^+ \rangle_{34} + | \varphi^+ \rangle_{56}$$
$$= \frac{1}{2\sqrt{2}} (| 010101 \rangle_{123456} + | 010110 \rangle_{123456} + | 011001 \rangle_{123456}$$
$$+ | 011010 \rangle_{123456} + | 100101 \rangle_{123456} + | 100110 \rangle_{123456}$$
$$+ | 101001 \rangle_{123456} + | 101010 \rangle_{123456})$$

$$(3.14)$$

（3）纠缠分发。系统把粒子(1、3、5)发送给 Alice，把粒子(2、4、6)发送给 Bob。这时，粒子(A，B，C，1，2，3，4，5，6)总体系的量子态为

$$| \Phi \rangle_{ABC} \otimes | \Phi \rangle_{123456} \qquad (3.15)$$

（4）Bell 测量。Alice 在 Bell 基下对粒子(A，1)、(B，3)、(C，5)进行测量，可以得到 64 种可能的结果。相应地，Bob 手中的粒子 2、4、6 将变换到对应的量子态上。

（5）经典信道传送。Alice 通过经典信道，将她的测量结果传送给 Bob。

（6）幺正变换。Bob 根据 Alice 传来的测量结果，对自己手中的粒子 2、4、6 进行相应的幺正变换，就可以得到 Alice 传输给他的量子信息。

2. 不需要坍缩假设的实验

上述量子隐形传态实验都基于以下三条假设：EPR 纠缠态的存在；测量后波函数的坍缩和经典信道传输辅助信息。其中，第一条纠缠态是量子力学所特有的现象，已经被许多实验所证实。第二条是一个额外假设，受到一些研究者的质疑。第三条经典信息传输也是常见的现象。

为了不需要坍缩假设，有学者提出了一些不需要这个假设的量子隐形传态方案。下述三粒子隐形传输实验方案就是其中的一个。步骤描述如下：

（1）发送者 Alice 产生如式(3.12)所示的三粒子 ABC 的任意自旋态。

（2）纠缠制备。把作为量子信道的六粒子(1, 2, 3, 4, 5, 6)制备在如式(3.14)所示的三纠缠态的直积上。

（3）纠缠分发。系统把粒子(1, 3, 5)发送给 Alice，把粒子(2, 4, 6)发送给 Bob。这时，粒子(A, B, C, 1, 2, 3, 4, 5, 6)总体系的量子态为

$$| \Phi \rangle_{ABC} \bigotimes | \Phi \rangle_{123456} \tag{3.16}$$

（4）幺正变换。Alice 引入测量探针 s，它有 64 个正交指示器。粒子(A, B, C, 1, 3, 5)和测量探针之间的测量作用，可以表示为幺正变换 U。Alice 对粒子(A, B, C, 1, 3, 5)进行幺正变换以后，粒子(A, B, C, 1, 2, 3, 4, 5, 6)和测量探针总体系的量子态可以表示为

$$| U \bigotimes I_{246})(\eta_{ABC135} | \Phi \rangle_{ABC} | \Phi \rangle_{123456}) = \sum_{i=1}^{64} \frac{1}{8} \eta_i X_i | \phi_i \rangle \tag{3.17}$$

其中，η_i 为 64 维希尔伯特空间中的一组正交基，测量探针的初态为 η。X_i 是 $H_{ABC} \bigotimes H_{135}$ 空间的 64 个基矢，H_{ABC} 是粒子(A, B, C)的希尔伯特空间，H_{135} 是粒子(1, 3, 5)的希尔伯特空间。$| \phi_i \rangle$ 是 Bob 手中粒子 2、4、6 的量子态，它们分别为

$$| \phi_1 \rangle = \begin{bmatrix} a \\ -b \\ -c \\ d \\ -e \\ f \\ g \\ -h \end{bmatrix}_{246} , | \phi_2 \rangle = \begin{bmatrix} a \\ -b \\ c \\ -d \\ -e \\ f \\ g \\ h \end{bmatrix}_{246} , \cdots, | \phi_{64} \rangle = \begin{bmatrix} a \\ b \\ c \\ d \\ e \\ f \\ g \\ h \end{bmatrix}_{246} \tag{3.18}$$

（5）经典信道传送。Alice 通过经典信道将她的测量结果传送给 Bob。

（6）Bob 测量。Bob 根据 Alice 的测量结果，对粒子(2, 4, 6)和测量探针组成的体系进行测量：

$$W : H_0 \bigotimes H_{246} \tag{3.19}$$

可以把 W 视为作用在空间 $H_0 \otimes H_{ABC} \otimes H_{135} \otimes H_{246}$ 上的线性变换，得到总体系最后的量子态为

$$W\{U(\eta | \Phi \rangle_{ABC} | \Phi \rangle_{123456})\} = \frac{1}{8}(\eta_1 x_1 + \eta_2 x_2 + \cdots + \eta_{64} x_{64}) | \Phi \rangle_{246} \tag{3.20}$$

这样，三粒子(A, B, C)的任意自旋 $| \Phi \rangle_{ABC}$ 通过三粒子(1, 2, 3)和(4, 5, 6)之间的纠缠信道，就以 100% 的概率隐形传输给 Bob 手中的三粒子(2, 4, 6)上了。

3.3.3 多粒子量子隐形传态

假设信息发送者 Alice 和信息接收者 Bob 之间，需要进行多粒子隐形传态。若 Alice 拥有的未知量子态是一般的多粒子量子态：

$$| \phi \rangle_{12\cdots n} = x_0 | 0\cdots0 \rangle + x_1 | 0\cdots1 \rangle + x_a | \cdots 1_i \cdots 0_j \cdots \rangle + \cdots + x_{2^n-1} | 1\cdots1 \rangle$$

$$(3.21)$$

其中 $\sum_{i=0}^{2^n-1} | x_i |^2 = 1$ 为未知系数 x_i 的归一化条件，$| \cdots 1_i \cdots 0_j \cdots \rangle$ 表示位置"i"有一个 1，位置 j 有一个 0，$\{| 0\cdots0 \rangle, | 0\cdots1 \rangle, \cdots 1\cdots 1_i \cdots 0_j \cdots \rangle, \cdots, | 1\cdots1 \rangle\}$ 为 2^n 维希尔伯特(Hilbert)空间的基矢。

多粒子量子隐形传态使用的量子信道可以分别是 $| \phi^{\pm} \rangle$ 或者 $| \varphi^{\pm} \rangle$。多粒子量子隐形传态方案可以分为以下四种。

1. 使用 $| \varphi^+ \rangle$ 为量子信道

首先，需要在 Alice 和 Bob 之间建立量子信道，它是 n 对最大纠缠态。Alice 拥有粒子：$(n+1)$、$(n+3)$、$\cdots$、$(3n-1)$，Bob 拥有粒子：$(n+2)$、$(n+4)$、$\cdots$、$(3n)$。

这 n 对最大纠缠态为

$$\left. \begin{aligned} | \phi^+ \rangle_{(n+1)(n+2)} &= \frac{1}{\sqrt{2}} (| 00 \rangle + | 11 \rangle) \\ | \phi^+ \rangle_{(n+3)(n+4)} &= \frac{1}{\sqrt{2}} (| 00 \rangle + | 11 \rangle) \\ &\vdots \\ | \phi^+ \rangle_{(3n-1)(3n)} &= \frac{1}{\sqrt{2}} (| 00 \rangle + | 11 \rangle) \end{aligned} \right\}$$

$$(3.22)$$

系统的总量子态为

$$| \psi \rangle = | \varphi \rangle_{12\cdots n} | \varphi \rangle_{(n+1)(n+2)} | \varphi \rangle_{(n+3)(n+4)} \cdots | \varphi \rangle_{(3n-1)(3n)} \quad (3.23)$$

粒子 $kl(k=1, 2, \cdots, n; l=n+2k-1)$ 的 Bell 基可以表示为

$$| \phi^{\pm} \rangle_{kl} = \frac{1}{\sqrt{2}} (| 00 \rangle_{kl} \pm | 11 \rangle_{kl}),$$

$$| \varphi^{\pm} \rangle_{kl} = \frac{1}{\sqrt{2}} (| 01 \rangle_{kl} \pm | 10 \rangle_{kl})$$

$$(3.24)$$

为了实现量子隐形传态，Alice 需要对她拥有的粒子进行一系列的 Bell 联合测量 $(k=1, 2, \cdots, n)$。Alice 可以进行 2^n 类不同的测量，相应地有 4^n 种不同的测量结果。

第一类　2^n 种测量结果：

$$\langle \phi^{\pm} \mid_{n(3n-1)} \cdots \langle \phi^{\pm} \mid_{1(n+1)} \varphi \rangle = \frac{1}{2^n} \{ x_0 \mid 0 \cdots 0 \rangle + (+ \cdots \pm) x_1 \mid 0 \cdots 1 \rangle \cdots$$
$$+ (\cdots \pm_i \cdots +, \cdots x_a \mid \cdots 1_i \cdots 0_j \cdots \rangle) + \cdots$$
$$+ (\pm \cdots \pm) x_{2^n-1} \mid 1 \cdots 1 \rangle \}_{(n+2)(n+4) \cdots 3n}$$

$$(3.25)$$

其中，基矢 $\mid 0 \cdots 0 \rangle$ 的系数及其他基矢系数与初始传送态比是相同的，只是，符号"＋、－"发生了改变。

记号从左到右分别对应于粒子对 kl，$k=1, 2, \cdots, n$，$l=n+2k-1$ 的 Bell 基测量，若基矢位置"j"是"0"，则相应的符号位置的记号是"＋"；若基矢位置"i"是"1"，则相应的符号位置的记号是"±"。

当 $n=4$ 时，

$$\langle \phi^{\pm} \mid_{411} \langle \phi^{\pm} \mid_{39} \langle \phi^{\pm} \mid_{27} \langle \phi^{\pm} \mid_{15} \varphi \rangle$$

$$= \frac{1}{2^4} \{ + + + + x_0 \mid 0000 \rangle + + + \pm x_1 \mid 0001 \rangle + + \pm + x_2 \mid 0010 \rangle$$

$$+ + \pm \pm x_3 \mid 0011 \rangle + \pm + + x_4 \mid 0100 \rangle + \pm + \pm x_5 \mid 0101 \rangle$$

$$+ \pm \pm + x_6 \mid 0110 \rangle + \pm \pm \pm x_7 \mid 0111 \rangle \pm + + + x_8 \mid 1000 \rangle$$

$$\pm + + \pm x_9 \mid 1001 \rangle \pm + \pm + x_{10} \mid 1010 \rangle \pm + \pm \pm x_{11} \mid 1011 \rangle$$

$$\pm \pm + + x_{12} \mid 1100 \rangle \pm \pm + \pm x_{13} \mid 1101 \rangle \pm \pm \pm + x_{14} \mid 1110 \rangle$$

$$\pm \pm \pm \pm x_{15} \mid 1111 \rangle \}_{681012}$$

$$(3.26)$$

为了书写简便，将 Bell 测量符号"$\phi^{\pm}$"记为二进制数"0"，$\mid \varphi^{\pm} \rangle$ 记为二进制数"1"。这样，联合测量符号 $(\mid \phi^{\pm} \rangle_{1(n+1)} \cdots \mid \phi^{\pm} \rangle_{n(3n-1)})$，$(\mid \phi^{\pm} \rangle_{1(n+1)} \cdots \mid \varphi^{\pm} \rangle_{n(3n-1)})$，$(\mid \varphi^{\pm} \rangle_{1(n+1)} \cdots \mid \varphi^{\pm} \rangle_{n(3n-1)})$ 对应于二进制的 $(0 \cdots 0)$，$(0 \cdots 1)$，$(1 \cdots 1)$。再用十进制数表示二进制数，就可以把测量 $\mid \phi^{\pm} \rangle_{1(n+1)} \cdots \mid \phi^{\pm} \rangle_{n(3n-1)}$ 记为第 1 类测量，把测量：$\mid \phi^{\pm} \rangle_{1(n+1)} \cdots \mid \phi^{\pm} \rangle_{n(3n-1)}$ 记为第 2 类测量，把测量 $\mid \phi^{\pm} \rangle_{1(n+1)} \cdots \mid \varphi^{\pm} \rangle_{n(3n-1)}$ 记为第 2^n 类测量。

Alice 通过经典信道把她的测量结果通知给 Bob。Bob 根据 Alice 的测量结果，进行相应的幺正变换，就可以得到 Alice 传输给他的量子态：$\mid \phi \rangle_{12 \cdots n}$。

对应于 Alice 的 4^n 种测量结果：

(1) $\mid \phi^{\pm} \rangle_{1(n+1)} \cdots \mid \phi^{\pm} \rangle_{n(3n-1)}$

(2) $\mid \phi^{\pm} \rangle_{1(n+1)} \cdots \mid \varphi^{\pm} \rangle_{n(3n-1)}$

$\cdots$

(4^n) $\mid \varphi^{\pm} \rangle_{1(n+1)} \cdots \mid \varphi^{\pm} \rangle_{n(3n-1)}$

Bob 也有 4^n 种不同的幺正变换：

(1) $(|0\rangle\langle0|\pm|1\rangle\langle1|)_{n+2}\otimes\cdots\otimes(|0\rangle\langle0|\pm|1\rangle\langle1|)_{3n}$

(2) $(|0\rangle\langle0|\pm|1\rangle\langle1|)_{n+2}\otimes\cdots\otimes(|0\rangle\langle1|\pm|1\rangle\langle0|)_{3n}$

(4^n) $(|0\rangle\langle1|\pm|1\rangle\langle0|)_{n+2}\otimes\cdots\otimes(|0\rangle\langle1|\pm|1\rangle\langle0|)_{3n}$

其中，粒子$(n+2)$，$(n+4)$，$\cdots$，$(3n)$中的符号"$\pm$"，依赖于 Alice 粒子对：$1(n+1)$、$2(n+3)$、$n(3n-1)$的 Bell 基联合测量结果。

若 Bell 为"+"，则"$\pm$"取"+"，反之，取"−"。

在 $n=4$ 的系统中，当 Alice 的测量结果为 $|\phi^\pm\rangle_{15}|\varphi^\pm\rangle_{27}|\phi^\pm|_{39}|\varphi^\pm\rangle_{411}$ 时，Bob 需要进行的幺正变换为：

$$(|0\rangle\langle0|\pm|1\rangle\langle1|)_6\otimes(|0\rangle\langle1|\pm|1\rangle\langle0|)_8$$
$$\otimes(|0\rangle\langle0|\pm|1\rangle\langle1|)_{10}\otimes(|0\rangle\langle1|\pm|1\rangle\langle0|)_{12}$$

若以其他三种 EPR 量子态作为量子信道，则多粒子的确定性量子隐形传态方案将有所变化。

2. 使用 $|\phi^-\rangle$ 为量子信道

这时，前面的过程与使用 $|\phi^+\rangle$ 为量子信道相似，只是 Bob 所需要进行的幺正变换不同。

对应于 Alice 的 4^n 种测量结果：

(1) $|\phi^\pm\rangle_{1(n+1)}\cdots|\phi^\pm\rangle_{n(3n-1)}$

(2) $|\phi^\pm\rangle_{1(n+1)}\cdots|\varphi^\pm\rangle_{n(3n-1)}$

$\cdots$

(4^n) $|\varphi^\pm\rangle_{1(n+1)}\cdots|\varphi^\pm\rangle_{n(3n-1)}$

Bob 也有 4^n 种不同的幺正变换：

(1) $(|0\rangle\langle0|\mp|1\rangle\langle1|)_{n+2}\otimes\cdots\otimes(|0\rangle\langle0|\mp|1\rangle\langle1|)_{3n}$

(2) $(|0\rangle\langle0|\mp|1\rangle\langle1|)_{n+2}\otimes\cdots\otimes(|0\rangle\langle1|\mp|1\rangle\langle0|)_{3n}$

$\cdots$

(4^n) $(|0\rangle\langle1|\mp|1\rangle\langle0|)_{n+2}\otimes\cdots\otimes(|0\rangle\langle1|\mp|1\rangle\langle0|)_{3n}$

其中，粒子$(n+2)$，$(n+4)$，$\cdots$，$(3n)$中的符号"$\pm$"，依赖于 Alice 粒子对：$1(n+1)$、$2(n+3)$、$n(3n-1)$的 Bell 基联合测量结果。

3. 使用 $|\varphi^+\rangle$ 为量子信道

这时，前面的过程与使用 $|\phi^+\rangle$ 为量子信道相似，只是 Bob 所需要进行的幺正变换不同。

对应于 Alice 的 4^n 种测量结果：

(1) $|\phi^{\pm}\rangle_{1(n+1)}\cdots|\phi^{\pm}\rangle_{n(3n-1)}$

(2) $|\phi^{\pm}\rangle_{1(n+1)}\cdots|\varphi^{\pm}\rangle_{n(3n-1)}$

...

(4^n) $|\varphi^{\perp}\rangle_{1(n+1)}\cdots|\varphi^{\pm}\rangle_{n(3n-1)}$

Bob 也有 4^n 种不同的幺正变换：

(1) $(|0\rangle\langle 1|\pm|1\rangle\langle 0|)_{n+2}\otimes\cdots\otimes(|0\rangle\langle 1|\pm|1\rangle\langle 0|)_{3n}$

(2) $(|0\rangle\langle 1|\pm|1\rangle\langle 0|)_{n+2}\otimes\cdots\otimes(|0\rangle\langle 0|\pm|1\rangle\langle 1|)_{3n}$

...

(4^n) $(|0\rangle\langle 0|\pm|1\rangle\langle 1|)_{n+2}\otimes\cdots\otimes(|0\rangle\langle 0|\pm|1\rangle\langle 1|)_{3n}$

其中，粒子$(n+2)$，$(n+4)$，…，$(3n)$中的符号"$\pm$"，依赖于 Alice 粒子对：$1(n+1)$、$2(n+3)$、$n(3n-1)$的 Bell 基联合测量结果。

4. 使用$|\varphi^{-}\rangle$为量子信道

这时，前面的过程与使用$|\phi^{+}\rangle$为量子信道相似，只是 Bob 所需要进行的幺正变换不同。

对应于 Alice 的 4^n 种测量结果：

(1) $|\phi^{\pm}\rangle_{1(n+1)}\cdots|\phi^{\pm}\rangle_{n(3n-1)}$

(2) $|\phi^{\pm}\rangle_{1(n+1)}\cdots|\varphi^{\pm}\rangle_{n(3n-1)}$

...

(4^n) $|\varphi^{\pm}\rangle_{1(n+1)}\cdots|\varphi^{\pm}\rangle_{n(3n-1)}$

Bob 也有 4^n 种不同的幺正变换：

(1) $(|0\rangle\langle 1|\mp|1\rangle\langle 0|)_{n+2}\otimes\cdots\otimes(|0\rangle\langle 1|\mp|1\rangle\langle 0|)_{3n}$

(2) $(|0\rangle\langle 1|\mp|1\rangle\langle 0|)_{n+2}\otimes\cdots\otimes(|0\rangle\langle 0|\mp|1\rangle\langle 1|)_{3n}$

...

(4^n) $(|0\rangle\langle 0|\mp|1\rangle\langle 1|)_{n+2}\otimes\cdots\otimes(|0\rangle\langle 0|\mp|1\rangle\langle 1|)_{3n}$

其中，粒子$(n+2)$，$(n+4)$，…，$(3n)$中的符号"$\pm$"，依赖于 Alice 粒子对：$1(n+1)$、$2(n+3)$、$n(3n-1)$的 Bell 基联合测量结果。

对于 Alice 的不同测量结果，Bob 只要进行相应的幺正变换，就可以重建 Alice 传送给他的初始量子态。

因此，利用多对 EPR 对作为量子信道，就可以实现多粒子量子态的隐形传输。并且，这种传输是确定性传输，即量子隐形传态实现的概率是 100%。

本章参考文献

[1] 尹浩，韩阳，等. 量子通信原理与技术. 北京：电子工业出版社，2013.1.

[2] Dieter Heiss. Fundamentals of Quantum Information: Quantum Computation, communication, decoherence, and all that, Berlin Heidelberg: Springer-Verlag, 2002.

[3] 阎毅. 自由空间量子通信若干问题研究. 西安电子科技大学博士论文. 西安: 西安电子科技大学, 2009.

[4] Marand C and Townsend P. Quantum key distribution over distances as long as 30 km. Optics Lett. , 1995, 20: 1695 – 1697.

[5] Muller A, Breguet J and Gisin N. Experimental demonstration of quantum cryptography using polarized photons in optical fiber over more than 1 km. Euro. Phys. Lett. 1993, 23: 383 – 388.

[6] Muller A, Zbinden H and Gisin N. Underwater quantum coding. Nature. 1995, 378: 449.

[7] Muller A, Zbinden H and Gisin N. Quantum cryptography over 23 km in installed under-lake telecom fiber. Euro. Phys. Lett. 1995, 33: 335 – 339.

[8] Muller A, Herzog T, Huttner B, etc. Plug and play systems for quantum cryptography. Appl. Phys. Lett. 1997, 70: 793 – 795.

[9] Hughes R, Morgan R and Peterson C. Quantum key distribution over a 48 km optical fiber network. Los Alamos report. LA – UR – 99 – 1593. http: //arxiv: quantum-ph/9904038, 1999.

[10] Hughes R, Morgan R and Peterson C. Quantum key distribution over a 48 km optical fiber network. Journal of Modern Optics. 2000, 47: 533 – 547.

[11] Reid M. Quantum cryptography with a predetermined key using continuous variable EPR correlations, Phys. Rev. A, 2000, 62: 062308.

[12] Pereira S, Ou Z and Kimble H. Quantum communications with correlated non-classical states. Phys. Rev. A, 2000, 62: 042311.

[13] Kurtsiefer C, Zarda P, Halder M, etc. A step towards global key distribution. Nature, 2002: 419 – 420.

[14] Stucki D, Gisin N, Guinnard O, Ribordy G, and Zbinden H. Quantum key distribution over 67 km with a plug and play system. New Journal of Physics, 2002, 4: 411 – 418.

[15] Kosaka H, Tomita A, Namba Y, etc. Single-photon interference experiment over 100 km for quantum cryptography system using bal-

anced gated-mode photon detector. Electron. Lett. 2003, 39: 1199 – 1201.

[16] Gobby C, Yuan Z and Shields A. Quantum key distribution over 122 km of standard telecom fiber. Appl. Phys. Lett. 2004, 84: 3762 – 3764.

[17] Gordon K, Fernandez V, Townsend P and Butler Q. A short wavelength GigaHertz clocked fiber-optic quantum key distribution system. IEEE Journal of quantum electronics, 2004, 40(7): 900 – 908.

[18] Ralph T. Continuous variable quantum cryptography. Phys. Rev. A, 1999, 61: 010303.

[19] Ralph T. Security of continuous variable quantum cryptography. Phys. Rev. A, 2000, 62: 062306.

[20] Hillery M. Quantum cryptography with squeeze states. Phys. Rev. A, 2000, 62: 022309.

[21] Braunstein S and Kimble H. Teleportation of continuous quantum variables. Phys. Rev. Lett. 1998, 80: 869 – 872.

[22] Braunstein S. Error correction for continuous quantum variable. Phys. Rev. Lett. 1998, 80: 4084 – 4087.

[23] Lloyd S and Slotine J. Analog quantum error correction. Phys. Rev. Lett. 1998, 80: 4088 – 4091.

[24] Braunstein S and Kimble H. Dense coding for continuous quantum variable. Phys. Rev. A, 2000, 61: 042302.

[25] 龙桂鲁, 等. 量子力学新近展. 第五辑. 北京: 清华大学出版社, 2011.

[26] Sheng Y B, Deng F G. Efficient quantum entanglement distribution over an arbitrary collective-noise channel. Phys. Rev. A, 2010, 81: 042332.

[27] Sheng Y B, Deng F G. Efficient polarization entanglement distribution based on spatial entanglement and entanglement concentration over an collective-noise channel, Submitted.

[28] Niu H C, Deng F G. Effecient entanglement distribution for quantum communication against collective noise. arXiv: 1010.0498.

第4章   量子密钥分发

本章介绍量子密钥分发，主要内容包括：BB84 协议和 B92 协议、基于偏振编码的量子密钥分发系统的原理与实现、基于相位编码的量子密钥分发系统的原理与实现、基于纠缠的量子密钥分发系统的原理与实现以及基于诱骗态的量子密钥分发系统的原理与实现等等。

4.1   量子保密通信

4.1.1   量子保密通信系统

基于 QKD 的量子保密通信系统如图 4.1 所示，通信双方首先通过 QKD 单元协商出密钥，然后利用此密钥对经典信息进行一次一密（OTP）的加密，然后通过经典信道将密文发送给接收方。接收方收到密文后利用密钥进行解密，从而进行信息的安全传输。

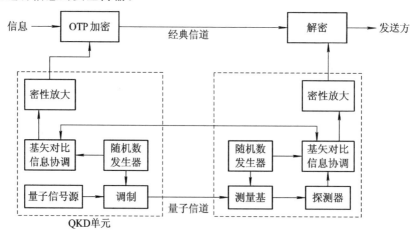

图 4.1   基于 QKD 的量子保密通信系统

可以看出 QKD 单元是量子保密通信系统的重要组成部分，QKD 单元主要由信号源、调制器和探测器构成，主要的信息处理过程包括基矢对比、纠错和密性放大。

4.1.2　量子密钥分发的含义

量子密钥分发(Quantum Key Distribution，QKD)是指通信双方以量子态作为信息的载体，通过量子信道传输，从而在通信双方之间协商出密钥的一种密钥分发方法。利用此密钥对经典信息进行一次一密的加密，就可以进行理论上安全的通信。

QKD 的安全性是由量子力学的海森堡测不准原理、量子不可克隆定理和纠缠粒子的关联性与非定域性等来保证的。

4.2　BB84 协议和 B92 协议

在量子密钥分发中，总是用一个光子携带一比特的信息。根据量子的不可分割性，这一比特的信息也是不可分的。光子的多个物理量可以用来携带这一比特的信息，例如：偏振、相位和自旋方向等。

4.2.1　BB84 协议

1984 年，美国 IBM 公司的研究员 Bennett 和加拿大蒙特利尔(Montreal)大学学者 Brassard 共同提出了利用光子偏振态来传输信息的量子密钥分发协议，简称 BB84 协议[1]。

1. 协议描述

BB84 协议采用四个量子态为量子信息的载体，这四个态分属于两组共轭基，每组基内的两个态相互正交。两组基互为共轭是指：一组基中的任一基矢在另一组基中的任何基矢上的投影都相等。非正交态间无法通过测量彻底分辨。

例：光子偏振的直线基和对角基就是互为共轭的量。

光子的直线基"＋"：水平偏振态记作→，垂直偏振态记作↑。

光子的对角基"×"：45°偏振态记作↗，135°偏振态记作↘。

若选择直线基"＋"来测量↑，会以 100% 的概率得到↑。

若选择直线基"＋"来测量↗，会以 50% 的概率得到↑，原始状态的信息就丢失了。

当测量后得到的状态是↑时，不能确定原本的状态是↑还是↗，这两个不正交的状态无法被彻底分辨。

BB84 协议中,发送者将要传输的二进制序列光子调制到一种偏振态,接收者选择相应的测量基来测量接收到的光子的偏振态,并将其转化成对应的二进制序列。协议的具体流程描述如下:

(1) Alice 随机选择一串二进制比特。

(2) Alice 随机选择每一个比特转化成光子偏振态时所用的基,即垂直基或斜基。

(3) Alice 按照自己随机选择的基和二进制比特串来调制光子的偏振态,(例:比特 0 对应水平偏振态和↗偏振态,比特 1 对应垂直偏振态和↘偏振态。)并将调制后的光子串按一定的时间间隔依次发送给 Bob。

(4) Bob 对接收到的每一个光子随机选择测量基来测量其偏振态,将结果转换成二进制比特。

(5) Bob 通过经典信道告诉 Alice 他所选用的每个比特的测量基。

(6) Alice 告诉 Bob 哪个测量基是正确的并保留下来,其余的丢弃,得到原始密钥。

(7) Alice 和 Bob 从原始密钥中随机选择部分比特公开比较进行窃听检测,误码率小于门限值的情况下,进行下一步;否则认为存在窃听,终止协议。

(8) Alice 和 Bob 对协商后的密钥作进一步纠错和密性放大,最终得到无条件的安全密钥。

BB84 协议的实现过程如表 4.1 所示。

表 4.1　BB84 协议的实现过程

Alice 准备的比特串	1	0	0	1	1	1	0	1	0	1
Alice 发送的光子序列	↑	→	→	↘	↘	↑	↗	↑	↗	↘
Bob 选择的测量基	+	×	+	+	×	×	×	+	+	×
Alice 和 Bob 保存的结果	↑		→		↘		↗	↑		↘
Bob 得到的原始密钥	1		0		1		0	1		1
Alice 和 Bob 协商	1				1		0			1
密钥	1101									

海森堡测不准原理和量子不可克隆定理保证了 BB84 协议的无条件安全性。即使窃听者 Eve 从量子信道中截获光子并进行测量,因为非正交态不可区分,Eve 不能分辨每个光子的原始状态,因此窃听会干扰到量子态,进而被 Alice 和 Bob 发现。

量子密钥分发协议的安全检测基于概率统计理论。BB84 量子密钥分发协议中，Alice 和 Bob 需要随机地抽取测量结果进行误码率分析，这种抽样虽然在总的测量结果中占的比例不是很大，但需要大量数据。

2. 特点

(1) BB84 协议的优点是，它被理论证明是一种无条件安全的分发密钥方式。另外它的量子信号制备和测量相对比较容易实现。

(2) BB84 协议的缺点是，通信双方随机地选择两组基来制备量子态以进行通信，以保证量子密钥分发的安全性。传输过程中只有不超过 50% 的量子比特可用于量子密钥，量子比特的利用率低；两个量子态只能传输 1 比特有用经典信息，且四种量子态只能代表"0"和"1"两种码，编码容量也低。

对于有噪声的量子信道，确保 BB84 方案的安全性还需要理想单光子源。用弱激光脉冲代替单光子源实现 BB84 量子密钥分发方案，在高损失的量子信道中传输，若一个弱激光脉冲中所包含的光子数超过 1，那么就可能存在量子信息的泄漏。因此，由弱激光脉冲代替单光子源在光纤中实现 BB84 量子密钥分发方案存在一定的安全隐患。

4.2.2　B92 协议

BB84 协议是一个四态协议，在硬件系统实现上比较复杂，成本比较高。1992 年，Bennett 提出以两个非正交量子比特实现的量子密钥分发协议，称为 B92 协议[2]。采用量子比特的非正交性满足量子不可克隆定理，使得攻击者不能从协议中获取量子密钥的有效信息。

协议原理如下：

Hilbert 空间中任意两个非正交量子比特 $|\phi\rangle$ 和 $|\varphi\rangle$ 构造两个非对易投影算符；

$$P_0 = 1 - |\phi\rangle\langle\phi|, \quad P_1 = 1 - |\varphi\rangle\langle\varphi| \tag{4.1}$$

P_0 和 P_1 将量子比特分别投影到与 $|\phi\rangle$ 和 $|\varphi\rangle$ 正交的子空间上，得到：

$$\begin{cases} P_0|\varphi\rangle = |\varphi\rangle - |\phi\rangle\langle\phi|\varphi\rangle, \quad P_0|\phi\rangle = 0 \\ P_1|\varphi\rangle = 0, \quad P_1|\phi\rangle = |\phi\rangle - |\varphi\rangle\langle\varphi|\phi\rangle \end{cases} \tag{4.2}$$

P_0 将消除量子比特 $|\phi\rangle$，但是作用在 $|\varphi\rangle$ 上将得到一个确定的测量结果。

同理，P_1 将消除量子比特 $|\varphi\rangle$，但是作用在 $|\phi\rangle$ 上将得到一个确定的测量结果。出现的概率为

$$p_0 = p_1 = 1 - \|\langle\varphi|\phi\rangle\|^2 \tag{4.3}$$

由于 $|\phi\rangle$ 和 $|\varphi\rangle$ 的非正交性，它们满足不可克隆定理。Bennett 根据上述特

性设计了 B92 协议。协议流程如下：

B92 协议中只使用两种量子状态→和↗。Alice 随机发送状态→或↗，Bob 接收后随机选择"＋"基或"×"基进行测量。如果 Bob 测量得到的结果是↑，可以肯定 Alice 发送的状态是↗。得到的结果是↘，可以肯定 Alice 发送的状态是→。如果 Bob 的测量结果是→或↗，则不能肯定接收到的状态是什么。Bob 告诉 Alice 他对哪些状态得到了确定的结果，哪些状态他不能确定，而不告诉 Alice 他选择了什么测量基。最后用得到确定结果的比特作为密钥。

该协议有个弱点，只有无损信道才能保证协议的安全性。否则，Eve 可以对量子态进行测量，如果根据测量结果能够确定接收到的状态，则重新制备量子态并发送，如果不能确定，则不进行重发。这样接收端的效率会降低，但不会带来错误。

具体协议流程描述如下：

（1）Alice 随机准备一串二进制比特，并按照二进制比特串随机选择编码基来调制光子的偏振态（比特 0 对应水平偏振态→，比特 1 对应 45°偏振态↗），将调制后的光子串按照一定的时间间隔依次发送给 Bob。

（2）Bob 对接收到的每一个光子随机选择测量基进行测量。

（3）Bob 通过经典信道告诉 Alice 哪些位置获得确定的测量结果，但是并不公开选用的测量基。

（4）Alice 和 Bob 保留所有获得确定测量结果的量子比特和测量基，其余丢弃。

（5）Alice 和 Bob 从原始密钥中随机选择部分比特公开比较进行窃听检测，误码率小于门限值的情况下，进行下一步；否则认为存在窃听，终止协议。

（6）Alice 和 Bob 对协商后的密钥作进一步纠错和密性放大，最终得到无条件的安全密钥。

B92 协议的实现过程如表 4.2 所示。

表 4.2　B92 协议的实现过程

Alice 准备的比特串	1	0	0	1	1	1	0	1	0	1
Alice 发送的光子序列	↗	→	→	↗	↗	↗	→	↗	→	↗
Bob 选择的测量基	+	×	+	+	×	×	×	+	+	×
Alice 和 Bob 保存的结果	→	↗	→	↑	↗	↗	↘	↑	→	↗
Bob 得到的原始密钥				1			0	1		
Alice 和 Bob 协商				1			0			
最终密钥	10									

在没有攻击者和噪声影响的条件下，Bob 每一次获得确定测量结果为 $|\phi\rangle$ 或 $|\varphi\rangle$ 的概率为

$$p_c = \frac{1 - \|\langle \varphi \mid \phi \rangle\|^2}{2} \tag{4.4}$$

而错误的概率为

$$p_f = 1 - p_c = \frac{1 + \|\langle \varphi \mid \phi \rangle\|^2}{2} \tag{4.5}$$

Hilbert 空间中任意两个非正交量子比特是不可区分的，如果窃听者 Eve 对量子比特 $|\phi\rangle$ 和 $|\varphi\rangle$ 进行操作，必然会引入错误。根据 Alice 和 Bob 的测量结果的关联性，他们能够检测出是否存在窃听。

B92 协议的校验过程与 BB84 协议完全相同，区别在于存在窃听时的量子比特误码率。如果 Alice 发送给 Bob 一串比特，Bob 只可能接收到 25% 的有用比特信息，B92 的效率是 BB84 协议的 1/2。

4.3 基于偏振编码的 QKD 系统的原理与实现

偏振编码较多地用于自由空间和光纤量子通信系统。在光纤系统中，最大的障碍是偏振模色散。所以，需要在接收端进行定时偏振补偿。

4.3.1 发送端的组成

发送端的主要功能是根据计算机产生的随机数，按要求产生不同的偏振态光子，它的组成如图 4.2 所示。

每个支路都由激光器、衰减器、起偏器和偏振控制器构成。首先由激光器产生非极化光，通过衰减器衰减到单光子级别的光子，然后通过起偏器得到线极化光，最后通过偏振控制器得到相应极化态的光子。由四选一的开关控制每次发送哪一个量子态。

4.3.2 接收端的组成

接收端的主要功能是校正光子的偏振态，并随机地选择垂直基或斜基对光子进行测量，它的组成如图 4.3 所示。

光子到达接收端后首先通过偏振控制器进行偏振态的校正，校正光子在光纤中传输时偏振态的变化。然后通过分束器随机地选择垂直基（上支路）或斜基（下支路）进行测量。单光子探测器的测量结果通过采集卡进行采集，通过经典信道和发送端发送的信息进行基对比和后续处理，最终形成密钥。

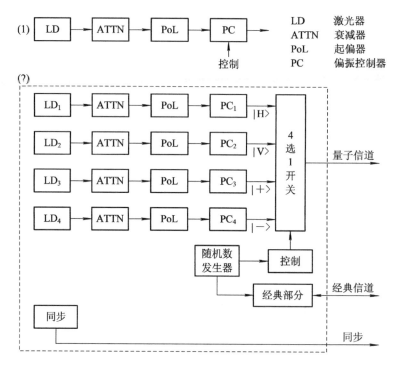

图 4.2　发送端的组成

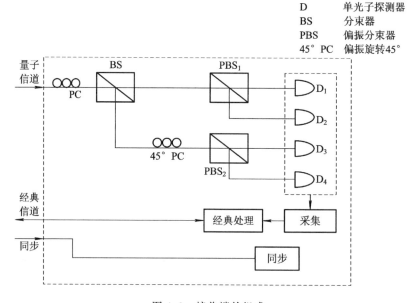

图 4.3　接收端的组成

4.3.3 同步

同步是量子密钥分发能正常工作的保证，在实验室环境下可以采用电信号同步，在实际应用中多采用光同步，可以采用单独的光纤线路进行同步，也可以采用不同的波长通过波分复用器（WDM）在同一路光纤中进行传输，如图 4.4 所示。

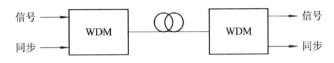

图 4.4　同步部分

同步信号和单光子脉冲通过波分复用器进行复用，到达接收端后解复用，进行光电转换，用作单光子探测器的触发脉冲。

4.3.4 偏振

1. 光的偏振态

偏振是指波在与传播方向垂直的某些方向上振动较强，而在另一些方向上振动较弱，甚至没有振动的现象。发生偏振的根本原因是不同振幅的波相互叠加的结果。

在与光的传播方向垂直的平面内，电矢量可能有各种不同的振动状态，这种振动状态称为偏振态。通常把电矢量振动方向和光传播方向的垂直方向构成的平面称为偏振面或振动面。根据偏振面所呈现的不同形态，可以把偏振态分为完全偏振（线偏振、圆偏振和椭圆偏振）、非偏振（自然光）和部分偏振。线偏振和圆偏振可以看成为椭圆偏振的特殊情况，所以，完全偏振光可以用统一的方法来描述。

2. 偏振态的描述

一般表示偏振态的方法有三角函数表示法、斯托克斯参量表示法、琼斯矢量表示法以及邦加球表示法。

（1）斯托克斯参量表示法。斯托克斯参量表示法是一种最普遍、最全面的描述方法，所谓最普遍是指斯托克斯参量可用于表示完全偏振光、部分偏振光乃至自然光。

它用一组物理量纲完全相同的参量——斯托克斯矢量 (S_1, S_2, S_3, S_4) 来描述偏振态。斯托克斯矢量 (S_1, S_2, S_3, S_4) 的定义如下：

$$\begin{cases} S_1 = E_x^2(t) + E_y^2(t) \\ S_2 = E_x^2(t) - E_y^2(t) \\ S_3 = 2E_x(t)E_y(t)\cos[\delta_y(t) - \delta_x(t)] \\ S_4 = 2E_x(t)E_y(t)\sin[\delta_y(t) - \delta_x(t)] \end{cases} \tag{4.6}$$

其中，$E_x^2(t)$ 是振幅分量 $E_x(t)$ 平方的时间平均值，δ 表示相位。

可见，S_1 给出光波的总强度，S_2，S_3，S_4 分别对应于三对正交方向上的光强之差，三对正交方向分别为：x，y 方向；与 x，y 夹角为 45°的方向和左、右旋圆偏振方向。这使得对光的偏振态的测量可以转化为对 4 个斯托克斯参量的测量。

不同光的斯托克斯参数$(S_1，S_2，S_3，S_4)$满足：

* 全偏振光：$S_1{}^2 = S_2{}^2 + S_3{}^2 + S_4{}^2$
* 部分偏振光：$S_1{}^2 > S_2{}^2 + S_3{}^2 + S_4{}^2$
* 自然光：$S_2{}^2 = S_3{}^2 = S_4{}^2 = 0$

(2) 邦加球作图法。邦加球又称为布卡尔球，其概念于 1982 年由布卡尔提出，它是在斯托克斯空间中 $S_1 = 1$ 的球，球面上的各点与全部的偏振态一一对应。球面上任一点的经度和纬度为 2θ 和 2ξ，这可与斯托克斯参量相结合。邦加球如图 4.5 所示。

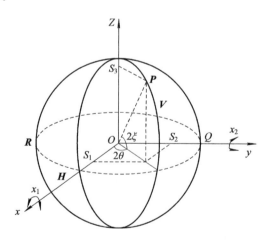

图 4.5　邦加球表示偏振态

① 若 $\xi = 0$，则 P 点在赤道上，表示方位角不同的线偏振光；$\theta = 0$，是水平线偏振光；$\theta = \dfrac{\pi}{2}$，是垂直线偏振光。

② 若点在上半球面，则对应于右旋椭圆偏振光；若点在下半球面，则对应于左旋椭圆偏振光。

③ 若点在北极，则对应于右旋圆偏振光；若点在南极，则对应于左旋圆偏振光。

由上述可知，一个单位强度的平面单色波的每一个偏振态在邦加球面上都有一个点与之一一对应，反之亦然。可见，将斯托克斯参量与邦加球作图法结合起来可以方便地对偏振态进行分析求解，其结果可更直观明了。

4.3.5　偏振控制

偏振控制是基于偏振编码的 QKD 的重要组成部分，可以采用中断的形式来补偿，即先调整，稳定后工作一段时间再调整，也可以采用时分或频分复用的形式来完成，不需要中断 QKD 的产生。

1. 时分复用（TDM）偏振控制

时分复用偏振控制的原理如图 4.6 所示[3]。

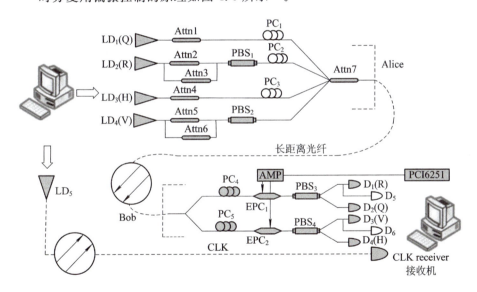

图 4.6　基于 TDM 偏振控制的 QKD 实验系统

在发送端，$LD_1 \sim LD_5$ 为重复频率为 1 MHz、波长为 1550 nm 的分布式反馈激光器，LD_5 用来做同步信号，Attn1～Attn7 为可调衰减器。LD_2 和 LD_4 的输出分为两路，分别经过短臂（经过衰减器 Attn2 和 Attn5）和长臂（经过衰减器 Attn3 和 Attn6），短臂用做信号光，长臂用做参考光，用来进行极化控制。其长短臂差为 10 m，从而使得两臂输出光子之间的时间差为 50 ns。在接收端，单光子探测器 D_5 和 D_6 的开启时间要比其余的单光子探测器滞后 50 ns，由 D_5 和 D_6 的计数监视偏振态的变化，进行极化控制。

2. 频分复用偏振控制

频分复用偏振控制的原理图如图 4.7 所示[4]。

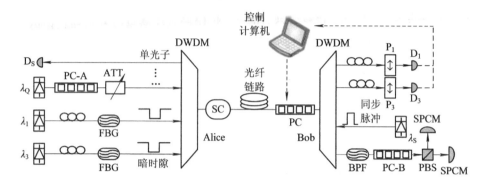

图 4.7　基于频分偏振控制的 QKD 实验系统

其中实线代表光纤，虚线代表电缆。D_s 为同步经典探测，ATT 为光衰减器，FBG 为环行器和光纤布拉格光栅，D_1 和 D_3 为边信道经典探测，PC 为极化控制器，DWDM 为密集波分复用器，P_1 和 P_3 为线极化器，SC 为光纤极化扰乱器，SPCM 为单光子计数模块，BPF 为带通光纤。

实验开始时，Bob 首先发送波长 $\lambda_S = 1547.72$ nm，重复频率为 5 MHz，脉冲宽度为 1 ns 的长脉冲给 Alice，Alice 利用 Ds 探测。然后 Alice 发送两个经典控制光(波长分别为 $\lambda_1 = 1545.32$ nm 和 $\lambda_3 = 1546.92$ nm)，以及一路量子通信光，波长为 $\lambda_Q = 1546.12$ nm，两路经典信道光分别通过中心波长为 1546.12 nm 的布拉格光栅环行器，来过滤掉波长为 1546.12 nm 的光，以避免对接收端造成影响。三路光在 Alice 端通过密集波分复用进入同一根光纤。接收端通过 D_1 和 D_3 的计数来进行极化控制，通过 SPCM 的计数来进行量子通信。接收方量子信道中的 BPF 是为了过滤经典信道的光子，以免对量子信道造成影响。

4.4　基于相位编码的 QKD 系统的原理与实现

相位编码的 QKD 是目前光纤量子密钥分发广泛采用的方案。由于偏振模色散会影响光子的偏振态，在偏振编码 QKD 中会带来错误，而在相位编码的 QKD 中只会影响效率，不会带来错误，所以对偏振补偿的要求低一些，因此被广泛采用。

4.4.1　相位编码 QKD 的原理

相位编码的量子密钥分发可以采用等臂长或不等臂长的 MZ(Mach – Zehnder)

干涉仪来实现,下面分别进行介绍。

1. 等臂长 MZ 干涉仪

等臂长 MZ 干涉仪的原理如图 4.8 所示。

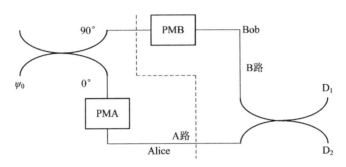

图 4.8 等臂长 MZ 干涉仪

发送端光子首先经过 90°定向耦合器分成两个支路,这两个支路之间有 90°的相位差。假设 B 支路的相位超前 A 支路 90°。相位调制器 A 将 A 支路光子的相位增加 φ_A,相位调制器 B 将 B 支路光子的相位增加 φ_B。两束光子到达接收端的定向耦合器进行合路,B 支路离开耦合器相位不变进入探测器 D_1,A 支路相位增加 90°进入探测器 D_1,令 l_A 与 l_B 分别为 A、B 支路的长度,则进入探测器 D_1 的两支路光之间的相位差为

$$\Delta\varphi = \psi_0 + \varphi_A + kl_A + \frac{\pi}{2} - \left(\psi_0 + \frac{\pi}{2} + \varphi_B + kl_B\right)$$
$$= \varphi_A - \varphi_B + k(l_A - l_B) \tag{4.7}$$

其中 k 为相位传输函数。通过调节 A、B 支路的长度,使其满足 $k(l_A - l_B)$ 为 2π 的整数倍,则可以得到

当 $\varphi_A - \varphi_B = 0$ 时,探测器 D_1 得到极大值,探测器 D_2 得到极小值;

当 $\varphi_A - \varphi_B = \pi$ 时,探测器 D_1 得到极小值,探测器 D_2 得到极大值;

当 $\varphi_A - \varphi_B = \frac{\pi}{2}$ 或 $\frac{3\pi}{2}$ 时,探测器 D_1 和 D_2 光强相等。

根据这样的原理就可以实现相位编码的 QKD。Alice 取 0 和 π 组成一组正交基,接收方用 0 和它匹配;取 $\frac{\pi}{2}$ 和 $\frac{3\pi}{2}$ 组成另外一组正交基,接收方用 $\frac{\pi}{2}$ 和它匹配。

对于 Alice,如果发送 0,则随机地选择 0 和 $\frac{\pi}{2}$ 对 A 支路进行相位调制;如果发送 1,则随机地选择 π 和 $\frac{3\pi}{2}$ 对 A 支路进行相位调制;Bob 随机地选择 0 和 $\frac{\pi}{2}$ 对 B 支

路进行相位调制，则 φ_A 和 φ_B 的各种组合及探测器的结果如表 4.3 所示。

表 4.3　相位编码的 BB84 协议

发方信息	φ_A	φ_B	$\Delta\varphi$	D_1	D_2	接收方信息
0	0	0	0	1	0	0
0	0	$\frac{\pi}{2}$	$\frac{\pi}{2}$	?	?	
0	$\frac{\pi}{2}$	0	$\frac{\pi}{2}$	?	?	
0	$\frac{\pi}{2}$	$\frac{\pi}{2}$	0	1	0	0
1	π	0	π	0	1	1
1	π	$\frac{\pi}{2}$	$\frac{\pi}{2}$	?	?	
1	$\frac{3\pi}{2}$	0	$\frac{3\pi}{2}$	?	?	
1	$\frac{3\pi}{2}$	$\frac{\pi}{2}$	π	0	1	1

表 4.3 中"?"项表示 Alice 和 Bob 选择的测量基不匹配。根据表 4.3 可以看出，双方选择测量基不匹配的概率为 1/2，协议效率和偏振编码的效率是一致的。通信过程结束后，Bob 公布自己选用的测量基，Alice 告诉 Bob 哪些测量基的选择是正确的，双方保留测量基正确的结果。接下来和 BB84 协议一样，进行纠错和密性放大就可以得到最终的密钥。

基于等臂长 Mach-Zehnder 干涉仪的 QKD 方案如图 4.9 所示，发送方通过激光器产生激光脉冲，通过衰减器衰减到单光子的级别。MZ 干涉仪的定向耦合器可以用 PBS 代替。

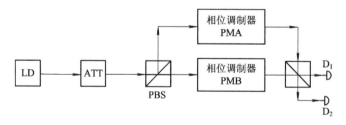

图 4.9　基于等臂长 MZ 干涉仪的 QKD 方案

在实际实现中，要求 A 和 B 支路的相位差为 0 或 2π 的整数倍，即 $k(l_A - l_B)$ 为 0 或 2π 的整数倍，而在长距离通信中，受环境影响，臂长差不稳定，很难满足要求，因此提出了双 MZ 干涉仪。

2. 双不等臂 MZ 干涉仪

双不等臂 MZ 干涉仪的原理图如图 4.10 所示。

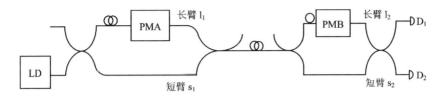

图 4.10　双不等臂 MZ 干涉仪原理图

发送端和接收端分别有一个不等臂干涉仪，两个不等臂干涉仪的臂长满足 $l_1 + s_2 = s_1 + l_2$。经过发送端长臂和接收端短臂的光与经过发送端短臂和接收端长臂的光所经历的距离相等，从而会在接收端的单光子探测器处产生干涉。当然，除此以外还有经历发送端长臂和接收端长臂以及发送端短臂和接收端短臂的光路，可以利用时间选通窗口排除它们的影响。

要实现相位编码的 QKD，就是在发送端和接收端 MZ 干涉仪的长臂上分别放置一个相位调制器，这样产生干涉的两路光分别经历了一个相位调制器。其情景就和单 MZ 干涉仪完全一致，相位的选择和工作原理分析也完全一致。其优点有两个：一是两路干涉光在中间经过的是公共光纤，环境等对光子状态的影响可以认为是一致的，会互相抵消；二是收发端干涉仪臂长相等的条件比较容易满足，比较容易调整。

3. 即插即用（plug - play）系统

即插即用的量子密钥分发基于双 MZ 干涉仪的基本原理，但是由于利用了法拉第镜，可以使激光脉冲偏振态的变化在往返过程中自动补偿。其原理如图 4.11 所示。

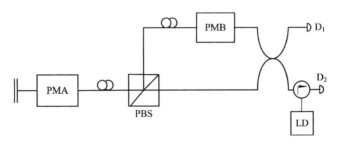

图 4.11　自动补偿偏振效应的相位编码的 QKD 系统

首先看一下法拉第镜的作用：假设发送端没有 MZ 干涉仪，光路经过长光纤到达法拉第镜，经其反射后再沿长光纤回到发送端。法拉第镜会带来 $\pi/2$ 的相位反转，因此单程所引起的偏振态的变化在返回过程中被自动补偿了，只是使得偏振态旋转 $\pi/2$。

在接收端由激光器发送光脉冲，经过 MZ 干涉仪和相位调制器（PMA）后到达发送端，在此过程中相位调制器（PMA 或 A）不工作。光脉冲通过法拉第镜反射后，发送端利用相位调制器（PMA）对经过长臂的光脉冲进行调制。由于法拉第镜带来的 $\pi/2$ 的相位反转，这个光脉冲在返回接收端的过程中会走 MZ 干涉仪的短臂。MZ 干涉仪长臂的相位调制器（PMB）对从法拉第镜返回的光子进行调制，这个光路在前往发送端的过程中走的是短支路。最终使得两路光同时到达单光子探测器，形成干涉，其后面的分析过程与相位编码的 QKD 一致。

即插即用方案的优点有二：一是不用调整干涉仪的臂长来满足干涉条件，只要它们的臂差大于一定的值，易于区分长短臂的光子即可；二是偏振态的改变会在往返过程中自动补偿。

4.4.2 相位编码 QKD 的实现

1997 年，Gisin 小组用实验验证了即插即用的量子密钥分发，2002 年，他们将通信距离扩展到了 67 km，实现方案如图 4.12 所示[5]。

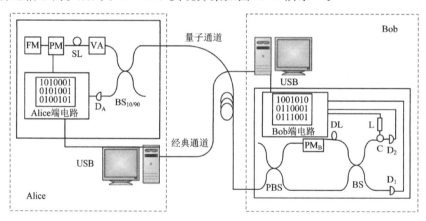

图 4.12 Gisin 小组即插即用量子密钥分发的实现方案

Bob 端所有的器件和光纤都是保偏的，激光脉冲通过环行器接入 MZ 干涉仪，通过 MZ 干涉仪和长光纤到达发送方。到达发送方后，首先通过 BS 分出大部分光子进入探测器 D_A，用于产生相位调制器的同步信号和监测信号的强度，通过调节可调衰减器衰减到单光子的级别。之后通过法拉第镜（FM）进行反射，反射后，Alice 根据自己要发送的信息对返回的之前经过长臂的光子进行相位调制。Bob 根据自己随机选取的序列对返回时经过长臂的光子进行调制。两路光子在 Bob 端的 MZ 干涉仪的出口进行干涉，结果通过单光子探测器进行记录。最终双方通过基矢对比和纠错以及密性放大协商出密钥。对于即插即用系统，缺点就是安全性欠佳，本实验利用 D_A 来检测信号的强度以抵御木马攻击。

实验采用的单光子探测器的暗计数的概率为 10^{-5}，单脉冲平均光子数目为

0.2，误码率为 5.6%，最终的密钥速率为 50 b/s。

　　2008 年，中国科学技术大学潘建伟小组组建了 3 个节点的基于诱骗态方案的量子局域网，每两个节点之间的距离大约为 20 km，产生的量子密钥即时对语音进行加密，从而实现了两点之间的安全电话传输[6]。该网络中端到端的系统框图如图 4.13 所示。

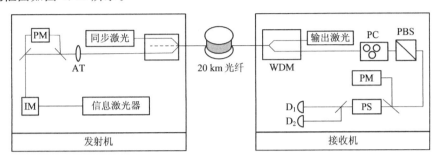

图 4.13　中国科学技术大学诱骗态双 MZ 干涉仪 QKD 原理图

　　该系统中，光源由分布式激光二极管产生，频率为 4 MHz，脉宽为 1.2 ns，中心波长为 1550.12 nm。通过强度调制器进行随机衰减产生信号脉冲、诱骗脉冲和空脉冲，这三个脉冲的数目比为 6∶1∶1。经过发送端的不等臂干涉仪后，通过衰减使得信号脉冲的平均光子数目为 0.6/脉冲，诱骗脉冲的平均光子数目为 0.2/脉冲。同步信号波长为 1310 nm，通过波分复用器和信号脉冲合路后通过 20 km 的光纤到达接收端。到达接收端后，先通过波分复用解出同步信号，这个同步信号一方面驱动相位调制器进行调相，另一方面也用做探测器的触发信号。探测器工作在门模式，门宽为 2 nm，死时间为 15 μs，平均暗计数率为 1.5×10^{-5}/脉冲，探测效率约为 10%。信号通过解复用后，先通过极化控制器进行偏振补偿，然后再通过 MZ 干涉仪和检测器进行检测。接收端 MZ 干涉仪中的移相器用来补偿系统的相位浮动，通过对移相器的控制，可以使得收发两端的 MZ 干涉仪长度相等，产生好的干涉效果。

　　系统运行 5 分钟的量子比特错误率分别为 4% 和 3.5%，通过测量基筛选产生的原始密钥速率分别为 5 kb/s 和 4.8 kb/s，通过纠错和密性放大后，两个连接均可产生大于 1.2 kb/s 的密钥。由于采用压缩技术后，语音可以压缩到 0.6 kb/s，因此这个系统可以支持双向语音通信。实验验证了点到点电话以及一点到两点的广播，均能够达到较好的实时通话效果。

　　2010 年，东芝公司剑桥研究所在 50 km 的光纤中进行了量子密钥分发的实验，密钥产生率达到 1 Mb/s，该系统可以连续稳定工作 36 小时[7]。系统实现框图如图 4.14 所示。

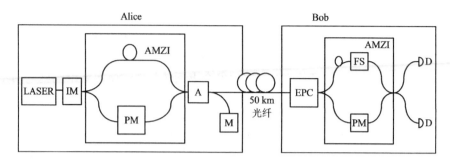

图 4.14　东芝超快相位编码 QKD 实验原理框图

该系统也采用了诱骗态的思想，诱骗态的产生与上述中国科学技术大学的实验方案一致，都采用激光器和强度调制器来产生不同强度的光脉冲。实验采用的是双 MZ 干涉仪方案，光信号通过 MZ 干涉仪后再通过衰减器达到单光子的水平，然后通过 50 km 的光纤，其中 M 用来监视光脉冲的强度。在接收端首先通过 EPC 补偿传输过程中偏振态的变化，然后通过 MZ 干涉仪到达单光子探测器进行测量。接收端 MZ 干涉仪的长臂由光纤和光纤挤压器(FS)构成，通过调节光纤挤压器来改变光纤长度，从而实现 MZ 干涉仪臂长的相等。Bob 端仍然采用雪崩二极管进行探测，但频率是 1 GHz，效率为 16.5%，暗计数率为 9×10^{-6}。

试验中，由于采用了诱骗态的思想，因此信号脉冲强度为 0.5，概率为 98.83%，诱骗脉冲强度分别为 0.1 和 0.0007，概率分别为 0.78% 和 0.39%。最终在 50 km 的光纤中实现了连续 36 小时 1 Mb/s 的量子密钥分发。

4.4.3　差分相移系统

差分相位编码是利用相邻脉冲的相位差来携带信息的，脉冲在光纤传输过程中经历相同的相位、偏振变化，因此光纤中的起伏对相邻脉冲的相位差和相对偏振影响很小，这样就保证了差分相位编码量子密钥分发系统的干涉稳定性。差分相位编码继承了相位编码方案编码的速度快、抗干扰能力强、单程传输不受木马攻击、极限传输距离远的优点，对密钥生成率有很大的提高。

2005 年，NTT 公司和斯坦福大学联合进行了差分相位编码的量子密钥分发，实验框图如图 4.15 所示[8]。

Alice 端由激光器产生弱相干光，通过衰减器进行衰减达到单光子的级别，然后相位调制器对光脉冲进行随机的 0 或 π 的相位调制。通过光纤传输到接收端后，先通过 MZ 干涉仪，长短臂的差为一个周期，于是相邻的两个脉冲就会同时到达 MZ 干涉仪的出口，产生干涉现象。通信完成后，接收方公布探测器有效计数的时刻，则 Alice 就可以根据自己的编码信息知道哪个探测器有计数，双方由此协商出密钥。

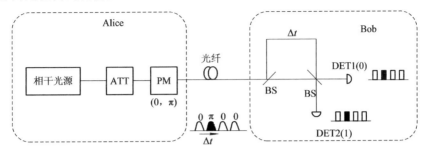

图 4.15 差分相移系统

实验的最远距离为 105 km,原始密钥速率为 209 b/s,比特错误率为 7.95%。

4.5 基于纠缠的 QKD 系统的原理与实现

4.5.1 E91 协议

1991 年,英国牛津大学的 Ekert 发表了文章《基于 Bell 理论的量子密码术》(Quantum cryptography on Bell's theory),首次采用 EPR 纠缠比特的性质设计了量子密钥分发协议——E91 协议[9],如图 4.16 所示。

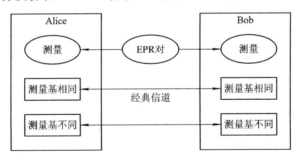

图 4.16 E91 协议

协议流程描述如下:

(1) 由 EPR 纠缠源产生纠缠态 $|\psi^-\rangle_{AB} = \frac{1}{\sqrt{2}}(|01\rangle_{AB} - |10\rangle_{AB})$,并将粒子 A 发送给 Alice,粒子 B 发送给 Bob。

(2) Alice 和 Bob 分别随机地选择测量基进行测量,Alice 的测量基为(0°、22.5°和45°),Bob 的测量基为(22.5°、45°和67.5°),如图 4.17 所示。

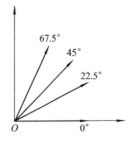

图 4.17 E91 协议选取的测量基

定义 $a_i(i=1, 2, 3)$，$b_j(j=1, 2, 3)$ 分别为 Alice 和 Bob 的测量基，则其偏振相关系数为

$$E(a_i, b_j) = P_{00}(a_i, b_j) + P_{11}(a_i, b_j) - P_{01}(a_i, b_j) - P_{10}(a_i, b_j)$$

$$(4.8)$$

其中，$P_{mn}(a_i, b_j)(m, n = 0, 1)$ 表示 Alice 和 Bob 测量结果分别为 m 和 n 的概率。

（3）Alice 和 Bob 通过经典信道公布自己测量所使用的测量基。丢弃掉双方或者任一方没有测量到光子的部分，然后将剩余结果分为两类：使用相同测量基得到的结果和使用不同测量基得到的结果。

（4）利用使用不同测量基的结果验证通信过程的安全性。定义

$$S = E(a_1, b_1) - E(a_1, b_3) + E(a_3, b_1) + E(a_3, b_3)$$ (4.9)

如果 $S < 2\sqrt{2}$，则判断为有窃听者存在，放弃通信过程。

此协议中，通信的双方随机选择 3 种测量方向中的一种，这样就会产生 9 种组合，而其中 2 种组合的结果用来建立密钥，4 种组合的结果用来检验有没有窃听者，还剩 3 种组合的结果就直接丢弃，这样比特利用率就比较低。

（5）如果判断信道安全，则使用第（3）步中使用相同测量基得到的结果来生成密钥。

4.5.2　基于纠缠的 QKD 的实现

基于纠缠源可以实现 BB84 协议、B92 协议，除源的制备外，测量基对比等后续处理均相同。2004 年，Zeilinger 小组利用纠缠光子实现了 BB84 协议[10]，其原理如图 4.18 所示。

Alice 端由激光管驱动 BBo 晶体产生纠缠光子对，其中一个光子就在本地随机地选择测量基进行测量，另外一个光子通过 1.45 km 的单模光纤传输给远端的 Bob。收发端的测量设备是一致的，都是通过 BS 随机地选择垂直基或斜基进行测量。如果 Alice 端有单光子探测器探测到结果，则产生一个同步脉冲通过另外一根光纤传送给 Bob 用做同步脉冲。通信完成后，双方通过以太网进行密钥协商。初始密钥的速率为 80 b/s，量子比特错误率小于 8%。

上面一个实验采用的波长为 810 nm，在光纤中传输的时候损耗比较大，通信距离受到限制。2009 年，他们利用波长为 1550 nm 的纠缠光子对实现了 BBM92 协议[11]，其原理如图 4.19 所示。

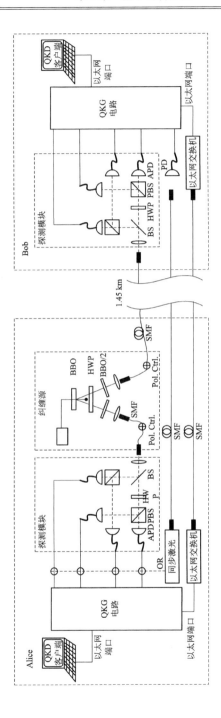

图 4.18　基于纠缠的 BB84 协议

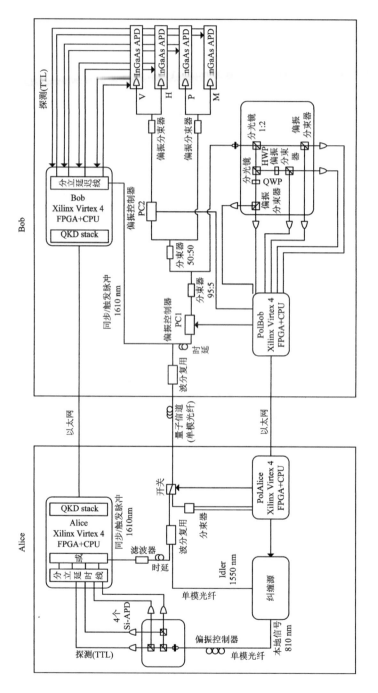

图 4.19 基于纠缠的 B92 协议

在这个实验中，纠缠源产生纠缠光子对，波长分别为 810 nm 和 1550 nm，810 nm 用做本地信号光，在本地随机地选择测量基进行测量。如果任何一个探测器探测到光子，则产生波长为 1610 nm 的同步信号和 1550 nm 的光路波分复用后传输到接收端。到达接收端后首先解波分复用，1610 nm 的光路经过光电转换用做单光子探测器的触发脉冲。1510 nm 的光路通过 32 m 的光纤进行延迟，之后分出一小部分用做功率监测和极化控制，大部分随机地选择测量基进行探测。通过偏振(极化)控制器 1 来补偿传输过程中偏振态的变化，通过偏振(极化)控制器 2 来选择两个测量基之间的夹角。最终通信双方通过基矢对比和后续的处理来协商出密钥。

该网络能够连续工作两周而不需要人为调整，实验的通信距离为 50 km，初始密钥的速率为 550 b/s，量子比特错误率小于 8%。

2008 年，新加坡国立大学实验实现了 E91 协议[12]，其原理如图 4.20 所示。

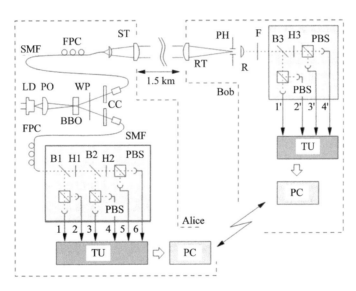

图 4.20　E91 协议的实验原理图

首先由激光二极管驱动 BBO 晶体产生纠缠光子对，通过单模光纤将其中的一个分发给 Alice，随机地在三种测量基中选择一个进行测量；另外一个通过望远镜传给 1.5 km 远处的 Bob，Bob 随机地在两个测量基中选择一个进行测量。最终双方通过测量结果来检验是否存在窃听，如果没有窃听，则通过纠错和密性放大协商出密钥。

根据实验结果计算 CHSH 型 Bell 不等式的判决量 $S = 2.5$，比特错误率约为

4%，以每 12 秒收到的数据块来进行纠错，最终协商出的密钥速率为 200 b/s。

4.6　基于诱骗态的 QKD 系统的原理与实现

量子密钥分发由于其无条件的安全性而引起了广泛的重视，得到了快速的发展。但是在实际应用中，仍会受到一些技术上的限制：目前还没有完美的单光子源；信道的损失率比较高；探测器的效率比较低等。即使在这些不完美条件的限制下，Inamori Hitoshi 等仍然在理论上证明了可以产生安全密钥，Gottesman 等推导了安全密钥产生率的公式（GLLP），不过这些技术上的缺陷限制了安全密钥的传输距离。Hwang 首先提出利用诱骗态的思想来判断是否存在 PNS 攻击，提高了量子密钥分发的安全距离。本节主要讲述 PNS 攻击、诱骗态量子密钥分发的思想、相干光源的诱骗态量子密钥分发以及采用诱骗态的量子密钥分发实验。

4.6.1　诱骗态量子密钥分发的由来

由于在量子密钥分发协议中理想情况下，要求的是精确的单光子源，但在现实中还没有理想的单光子源，通常都是用衰减器对激光进行衰减来近似地得到单光子源（比如可以将平均光子数目衰减成为 0.1，即平均每 10 个脉冲含有一个光子）。但是衰减后的弱激光源的光子数目仍然服从泊松分布，因此在目前的高丢失率信道情况下对光子数目分割攻击就是不安全的。

存在 PNS（光子数目分割）攻击是由于现在还没有单光子源，所以在发送端 Alice 处就存在多个光子的情况，而且是突发的，不知道什么情况下是多光子。窃听者（Eve）可以采用这样一种攻击策略：首先测试所有脉冲的光子数，但是并不损害脉冲所携带的比特信息。如果只有 1 个光子，则阻止它；否则，从多个光子中分出一个进行保存，将其余的光子通过一个理想的无丢失信道发送给 Bob。

Eve 可以通过监听 Alice 和 Bob 后面的通信过程，然后采用合适的基对其保存的光子进行测量。假设信道的丢失率是 L，通过率是 $y=1-L$；假设 Alice 端产生的单光子的概率是 90%，多光子的概率是 10%，在 PNS 攻击的情况下 Bob 收到的脉冲数目是发送的脉冲数目的 10%。我们可以发现，如果信道的通过率 y 小于多光子的概率，那么这个信道就是极其不安全的。所以，如果希望信道对 PNS 攻击是安全的，则要求 $y>p_{multi}$，其中 p_{multi} 是多光子的概率，当通过率 y 很低的时候，要求 p_{multi} 很小，几乎应该是完全的单光子源。由于单光子源的不可能性，所以就产生了诱骗态密钥分发的方法。

4.6.2　诱骗态量子密钥分发的基本原理

在 PNS 攻击中，由于 Eve 将含有多个光子的脉冲传送给 Bob，所以，多光子脉冲的通过率比单光子脉冲高。Alice 可以随机地故意地用多光子脉冲（诱骗态）来代替部分信号脉冲。由于窃听者无法区分哪些是诱骗态，所以诱骗态的通过率和信号多光子脉冲的通过率是一致的，这样就可以通过测量诱骗态的通过率来判断 PNS 攻击是否存在。

Won-Young Hwang 是诱骗态量子密钥分发方法的发明者，他所提出的方法如下[13]：Alice 有一个信号源 S 和一个诱骗源 S'，信号源的平均光子数目 $\mu < 1$，大多数时间发送单光子，诱骗源的平均光子数目 $\mu' \geqslant 1$，大多数时间发送多个光子。诱骗源的光子极化也是随机选择的，所以窃听者无法区分诱骗源和信号源。

Alice 从信号源 S 发送脉冲执行 BB84 协议，但是以概率 α 随机地用诱骗源 S' 来代替信号源。在 Bob 收到所有的脉冲后，Alice 告诉 Bob 哪些脉冲来自诱骗源，通过公开协商，他们估计出信号源和诱骗源的通过率 Y_s 和 Y_d，如果 Y_d 比 Y_s 大很多，则认为有攻击的存在。否则，用下面的方法根据诱骗态的通过率 Y_d 来估计信号源多光子的通过率 Y_s^m。

假设 Bob 采用的探测器对光子数目不敏感，y_n，y_n' 分别是 Bob 探测到的信号源和诱骗源 n 光子脉冲的通过率，$0 \leqslant y_n$，$y_n' \leqslant 1$。信号源和诱骗源的通过率分别是：

$$Y_s = \sum_n P_n(u) y_n \tag{4.10}$$

$$Y_d = \sum_n P_n(u') y_n' \tag{4.11}$$

Y_s、Y_d 都可以由 Bob 直接探测。信号源多光子脉冲的通过率为

$$Y_s^m = \sum_{n=2}^{\infty} P_n(\mu) y_n \tag{4.12}$$

这个量不能直接测量，但是可以通过其他量给出界限。信号源的归一化的多光子脉冲通过率为

$$\widetilde{Y}_s^m = \frac{\displaystyle\sum_{n=2}^{\infty} P_n(\mu) y_n}{\displaystyle\sum_{n=2}^{\infty} P_n(\mu)} \tag{4.13}$$

首先，对于含有一定数目的光脉冲 Eve 除了从 Bayes's 定理外，得不到更多的信息来判断这个光脉冲属于哪一个源，所以 $y_n = y_n'$。很容易看出

$$\sum_{n=2}^{\infty} P_n(\mu') y_n \leqslant Y_d \tag{4.14}$$

问题的关键是如何根据上式，得出信号的多光子的通过率 $Y_s^m = \sum_{n=2}^{\infty} P_n(\mu) y_n$ 的界限。窃听者 Eve 的目的就是使得 $A \equiv \sum_{n=2}^{\infty} P_n(\mu) y_n / \sum_{n=2}^{\infty} P_n(\mu') y_n$ 尽可能的大。又 $P_n(\mu)/P_n(\mu')$ 为 n 的减函数，所以

$$A \equiv \frac{\sum_{n=2}^{\infty} P_n(\mu) y_n}{\sum_{n=2}^{\infty} P_n(\mu') y_n} \leqslant \frac{P_2(\mu)}{P_2(\mu')}$$

当 $y_2 > 0$ 且 $y_i = 0$，$i = 3, 4, 5 \cdots$ 时等号成立。

因此攻击者 Eve 最好的选择就是当光子数目多于 2 时全部阻止。

通过上面的分析可得：

$$Y_s^m = \sum_{n=2}^{\infty} P_n(\mu) y_n \leqslant \frac{P_2(\mu)}{P_2(\mu')} \times \sum_{n=2}^{\infty} P_n(\mu') y_n \leqslant \frac{P_2(\mu)}{P_2(\mu')} Y_d \tag{4.15}$$

$$\widetilde{Y}_s^m = \frac{\sum_{n=2}^{\infty} P_n(\mu) y_n}{\sum_{n=2}^{\infty} P_n(\mu)} \leqslant \frac{1}{P_2(\mu')} \frac{P_2(\mu)}{\sum_{n=2}^{\infty} P_n(\mu)} Y_d \tag{4.16}$$

如果取值合理，$\widetilde{Y}_s^m$ 和 Y_d 可以得到同一数量级的数值。由于安全性要求信道的通过率大于多光子数目的概率，即 $Y_s > \max\left\{\left[\sum_{n=2}^{\infty} P_n(\mu)\right] \widetilde{Y}_s^m\right\}$，由此可以推出

$$Y_s > \frac{P_2(\mu)}{P_2(\mu')} Y_d \tag{4.17}$$

当 Eve 不进行窃听时，$Y_d/Y_s = \mu'/\mu$，安全条件变为

$$\frac{Y_d}{Y_s} \frac{P_2(\mu)}{P_2(\mu')} = \frac{P_2(\mu)}{P_2(\mu')} \frac{\mu'}{\mu} = \frac{e^{\mu'}}{\mu'} \frac{\mu}{e^{\mu}} < 1 \tag{4.18}$$

可以根据(4.18)式来选择信号源和诱骗源的强度，然后根据(4.17)式来判断是否存在攻击。

4.6.3　弱相干光诱骗态量子密钥分发

诱骗态量子密钥分发可以采用弱相干光源来实现。一个平均强度为 μ 的相干光源，其光子数目分布概率为

$$p_n(\mu) = \frac{\mathrm{e}^{-\mu}}{n!}\mu^n \mid n\rangle\langle n \mid \tag{4.19}$$

增益和比特错误率可以表示为

$$Q_\mu = \sum_n Y_n p_n(\mu)$$

$$= Y_0\mathrm{e}^{-\mu} + Y_1\mathrm{e}^{-\mu}\mu + Y_2\mathrm{e}^{-\mu}\frac{\mu^2}{2} + \cdots + Y_n\mathrm{e}^{-\mu}\frac{\mu^n}{n!} + \cdots \tag{4.20}$$

$$Q_\mu E_u = \sum_n Y_n p_n(\mu)e_n$$

$$= Y_0\mathrm{e}^{-\mu}e_0 + Y_1\mathrm{e}^{-\mu}\mu e_1 + Y_2\mathrm{e}^{-\mu}\frac{\mu^2}{2}e_2 + \cdots + Y_n\mathrm{e}^{-\mu}\frac{\mu^n}{n!}e_n + \cdots \tag{4.21}$$

式中 Y_n 是 Alice 发送 n 光子脉冲时 Bob 的探测概率，e_n 是 Alice 发送 n 光子脉冲时 Bob 的错误探测概率。设信道的总的传输率为 η，它可以表示为 Alice 到 Bob 之间的传输率和 Bob 端探测率的乘积，即 $\eta = 10^{-aL/10} \cdot \eta_B$。那么当 Alice 发送 n 光子脉冲时，Bob 端至少可收到一个光子的概率为 $\eta_n = 1 - (1-\eta)^n$。Y_n 和 e_n 分别可表示为

$$Y_n = \eta_n + Y_0 - \eta_n Y_0 \approx \eta_n + Y_0 \tag{4.22}$$

$$e_n = \frac{e_d\eta_n + \frac{1}{2}Y_0}{Y_n} \tag{4.23}$$

其中 Y_0 是 Bob 端探测器的暗计数概率，e_d 是光子到达错误探测器的概率。

马雄峰等研究表明当有一个不同强度的脉冲和空脉冲作诱骗态进行量子密钥分发时，几乎可以达到诱骗态理论的极限值，所以我们选择三态协议分析诱骗态的性能。设信号强度为 μ，诱骗态脉冲强度为 0 和 $\mu'(0<\mu'<\mu<1)$。他们同样给出了单光子增益 Q_1 下限的估计和单光子错误率 e_1 上限的估计[14]，分别为

$$Q_1 \geqslant \frac{u^2\mathrm{e}^{-u}}{uu' - u'^2}\Big[Q_{u'}\mathrm{e}^{u'} - Y_0 - \frac{u'^2}{u^2}(Q_u\mathrm{e}^u - Y_0) \Big] \tag{4.24}$$

$$e_1 \leqslant \frac{E_u Q_u\mathrm{e}^u - E_{u'} Q_{u'}\mathrm{e}^{u'}}{(u-u')Y_1} \tag{4.25}$$

其中

$$Y_1 \geqslant \frac{u}{uu' - u'^2}\Big[Q_{u'}\mathrm{e}^{u'} - Y_0 - \frac{u'^2}{u^2}(Q_u\mathrm{e}^u - Y_0) \Big] \tag{4.26}$$

将(4.24)式和(4.25)式带入 GLLP 公式得：

$$R \geqslant q\{-Q_u f(E_u) H_2(E_u) + Q_1[1 - H_2(e_1)]\} \tag{4.27}$$

可计算出量子密钥产生率 R。其中 $q = 1/2$，$H_2(x) = -x \, \text{lb}(x) - (1-x) \text{lb}(1-x)$ 是二元熵；$f(x)$ 是双向纠错的效率，其取值如表 4.4 所示。

表 4.4　双向纠错效率表（x 是误码率）

x	0.01	0.05	0.1	0.15
$f(x)$	1.16	1.16	1.22	1.35

我们利用 GYS 的实验结果作为参数来进行性能仿真[15]，参数如表 4.5 所示，$f(x) = 1.22$。

表 4.5　量子密钥分发性能仿真参数

实验	波长 λ	衰减 α	检测错误率	检测效率	暗计数率	频率
GYS	1550 nm	0.2 db/km	0.033	0.045	1.7×10^{-6}	2 MHz

由(4.20)式和(4.21)式可得强度为 u 的弱相干光信号的增益和错误率可以分别表示为

$$Q_u = Y_0 + 1 - e^{-\eta u} \tag{4.28}$$

$$E_u Q_u = \frac{1}{2} Y_0 + e_d(1 - e^{-\eta u}) \tag{4.29}$$

1. 弱相干光量子密钥分发性能分析

对于没有采用诱骗态协议的量子密钥分发，我们在性能分析时，为了保证不存在 PNS 攻击，只有假设所有的多光子脉冲都通过了信道，所有其单光子的通过率就可以表示为

$$Q_1 = Q_u - P_{\text{multi}} \tag{4.30}$$

所以密钥产生率为

$$R_{\text{GLLP}} = \frac{1}{2}\left\{-Q_u f(E_u) H_2(E_u) + (Q_u - P_{\text{multi}})\left[1 - H_2\left(\frac{Q_u E_u}{Q_u - P_{\text{multi}}}\right)\right]\right\} \tag{4.31}$$

其中

$$P_{\text{multi}} = 1 - (1 + u)e^{-u} \tag{4.32}$$

将公式(4.28)和(4.29)代入公式(4.31)，利用 Matlab 求出使得 R_{GLLP} 取得最大值的强度，它与通信距离的关系如图 4.21 中 WCP 曲线所示，弱相干光量子密钥分发的最优强度很小。R_{GLLP} 与通信距离的关系如图 4.22 中 WCP 曲线所示，可以看出弱相干光通信的安全距离只有 43 km。这里给出完美单光子源的密钥

产生率，如 PSPS 所示，以作对比。

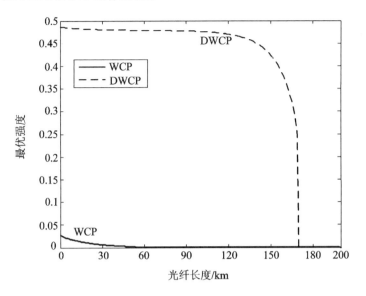

图 4.21　弱相干光量子密钥分发的最优强度与通信距离的关系

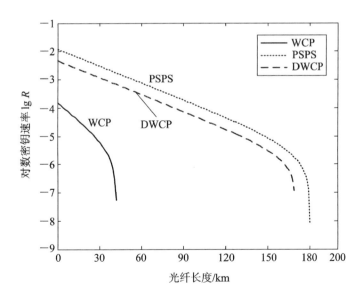

图 4.22　弱相干光量子密钥分发的密钥产生率与通信距离的关系

2. 弱相干光诱骗态量子密钥分发性能分析

将公式(4.22)、(4.23)、(4.28)和(4.29)代入公式(4.27)，可以得到

$$R_{\text{decoy}} \geqslant q\{-Q_u f(E_u) H_2(E_u) + Q_1[1 - H_2(e_1)]\}$$

$$= q\left\{-1.22 \times (Y_0 + 1 - e^{-\eta u}) H_2\left(\frac{e_0 Y_0 + e_d(1 - e^{-\eta u})}{Y_0 + 1 - e^{-\eta u}}\right)\right.$$

$$\left. + (Y_0 + \eta) u e^{-u}\left[1 - H_2\left(\frac{0.5 \times Y_0 + e_d \eta}{Y_0 + \eta}\right)\right]\right\} \quad (4.33)$$

利用 Matlab 求出使得 R_{decoy} 取得最大值的强度, 它与通信距离的关系如图 4.21 中 DWCP 曲线所示, 与马雄峰等的计算所得结果 $u_{\text{optimal}}^{\text{GYS}} \approx 0.48$ 一致。将公式 (4.28)、(4.29)、(4.24)、(4.25) 和 (4.26) 代入公式 (4.27), 利用 Matlab 求出使得 R_{decoy} 取得最大值的诱骗态强度, 再代入公式 (4.27) 可以得到 R_{decoy} 与通信距离的关系如图 4.22 中 DWCP 曲线所示, 可以看出弱相干光诱骗态通信的安全距离达到了 170 km。

4.6.4 预报单光子源诱骗态量子密钥分发

预报单光子源是指利用自发参量下变换产生光子对, 用其中一个的探测结果来预报另一个光子的到达, 控制另一个探测器的开启时间。这样就可以大大减少长距离量子密钥分发过程中暗计数的影响, 从而增大量子密钥分发的安全距离。

自发参量下变换的光子数目分布概率为

$$p_n(u) = \frac{u^n}{(1+u)^{n+1}} \mid n\rangle\langle n \mid \quad (4.34)$$

假设 Alice 端探测器的效率是 η_A, 暗计数为 d_A, 则增益和比特错误率可以表示为

$$Q_\mu = \sum_n Y_n \eta_{An} p_n(\mu)$$

$$= Y_0 d_A \frac{1}{1+u} + Y_1 \eta_A \frac{u}{(1+u)^2}$$

$$+ \sum_{n=2}^{\infty} Y_n[1 - (1 - \eta_A)^n] \frac{\mu^n}{(1+u)^{n+1}} \quad (4.35)$$

$$E_u Q_\mu = \sum_n e_n Y_n \eta_{An} p_n(\mu)$$

$$= \frac{1}{2} Y_0 d_A \frac{1}{1+u} + e_1 Y_1 \eta_A \frac{u}{(1+u)^2}$$

$$+ \sum_{n=2}^{\infty} e_n Y_n[1 - (1 - \eta_A)^n] \frac{\mu^n}{(1+u)^{n+1}} \quad (4.36)$$

其中 Y_n, e_n 的定义和前面一致, 表达式如式 (4.22) 和 (4.23) 所示。同样也采用三态协议进行分析, 设信号强度为 μ, 诱骗态脉冲强度为 0 和 μ' ($0 < \mu' < \mu < 1$), 则

$$(1+u)Q_u - (1+u')Q_{u'}$$

$$= Y_1 \eta_A \left(\frac{u}{1+u} - \frac{u'}{1+u'} \right) + \sum_{n=2}^{\infty} Y_n [1 - (1-\eta_A)^n] \left[\frac{u^n}{(1+u)^n} - \frac{u'^n}{(1+u')^n} \right]$$

$$> Y_1 \eta_A \frac{(u-u')}{(1+u)(1+u')} + \left[1 - \frac{u'^2}{u^2} \frac{(1+u)^2}{(1+u')^2} \right] (1+u) \sum_{n=2}^{\infty} Y_n [1-(1-\eta_A)^n] \frac{u^n}{(1+u)^{n+1}}$$

$$= Y_1 \eta_A \frac{(u-u')}{(1+u)(1+u')} + \left[1 - \frac{u'^2}{u^2} \frac{(1+u)^2}{(1+u')^2} \right] (1+u)$$

$$\cdot \left(Q_u - Y_0 d_A \frac{1}{1+u} - Y_1 \eta_A \frac{u}{(1+u)^2} \right) \tag{4.37}$$

在上面的推导过程中，我们利用了当 $n \geqslant 2$ 时

$$\frac{u^n}{(1+u)^n} - \frac{u'^n}{(1+u')^n} \geqslant \left[1 - \frac{u'^2}{u^2} \frac{(1+u)^2}{(1+u')^2} \right] \frac{u^n}{(1+u)^n}$$

$$= (1+u) \left[1 - \frac{u'^2}{u^2} \frac{(1+u)^2}{(1+u')^2} \right] \frac{u^n}{(1+u)^{n+1}} \tag{4.38}$$

从不等式(4.37)我们可以推导出

$$Y_1 \geqslant \frac{1}{\eta_A \left[\frac{u'}{1+u'} - \frac{u'^2}{u} \frac{(1+u)}{(1+u')^2} \right]}$$

$$\cdot \left\{ (1+u')Q_{u'} - (1+u)Q_u + (1+u) \left[1 - \frac{u'^2}{u^2} \frac{(1+u)^2}{(1+u')^2} \right] \left[Q_u - Y_0 d_A \frac{1}{(1+u)} \right] \right\}$$

$$\tag{4.39}$$

由此得出：

$$Q_1 = Y_1 \eta_A \frac{u}{(1+u)^2}$$

$$\geqslant \frac{u}{\left[\frac{u'}{1+u'} - \frac{u'^2}{u} \frac{(1+u)}{(1+u')^2} \right] (1+u)^2}$$

$$\cdot \left\{ (1+u')Q_{u'} - (1+u)Q_u + (1+u) \left[1 - \frac{u'^2}{u^2} \frac{(1+u)^2}{(1+u')^2} \right] \left[Q_u - Y_0 d_A \frac{1}{(1+u)} \right] \right\}$$

$$\tag{4.40}$$

又因为：

$$(1+u)E_u Q_u - (1+u')E_{u'} Q_{u'}$$

$$= \left(\frac{u}{1+u} - \frac{u'}{1+u'} \right) e_1 \eta_A Y_1 + \sum_{n=2}^{\infty} e_n Y_n [1-(1-\eta_A)^n] \left(\frac{u^n}{(1+u)^n} - \frac{u'^n}{(1+u')^n} \right)$$

$$\geqslant \left(\frac{u}{1+u} - \frac{u'}{1+u'} \right) e_1 \eta_A Y_1 \tag{4.41}$$

可计算出：

$$e_1 \leqslant \frac{(1+u)E_u Q_u - (1+u')E_{u'}Q_{u'}}{\left(\dfrac{u}{1+u} - \dfrac{u'}{1+u'}\right)\eta_A Y_1} \tag{4.42}$$

将公式(4.40)、(4.42)代入公式(4.27)，就可以计算出预报单光子源的量子密钥产生率 R。同样利用 GYS 的实验结果作为参数来进行性能仿真，参数也如表 4.5 所示，$f(x)=1.22$。强度为 u 的预报单光子源的增益和错误率分别为：

$$\begin{aligned}
Q_u &= \sum_{i=1}^{\infty} Y_i[1-(1-\eta_A)^i]\frac{u^i}{(1+u)^i} + Y_0 d_A \frac{1}{1+u} \\
&= \sum_{i=1}^{\infty}[Y_0+1-(1-\eta)^i][1-(1-\eta_A)^i]\frac{u^i}{(1+u)^i} + Y_0 d_A \frac{1}{1+u} \\
&= \frac{(Y_0+1)u\eta_A}{1+u\eta_A} - \frac{1}{1+u\eta} + \frac{1}{1+u\eta_A+u\eta-u\eta\eta_A} + Y_0 d_A \frac{1}{1+u}
\end{aligned} \tag{4.43}$$

$$\begin{aligned}
E_u Q_u &= \sum_{i=1}^{\infty} e_i Y_i[1-(1-\eta_A)^i]\frac{u^i}{(1+u)^i} + \frac{1}{2}Y_0 d_A \frac{1}{1+u} \\
&= \sum_{i=1}^{\infty}\{e_0 Y_0 + e_d[1-(1-\eta)^i]\}[1-(1-\eta_A)^i]\frac{u^i}{(1+u)^i} + \frac{1}{2}Y_0 d_A \frac{1}{1+u} \\
&= \frac{(e_0 Y_0 + e_d)u\eta_A}{1+u\eta_A} - \frac{e_d}{1+u\eta} + \frac{e_d}{1+u\eta_A+u\eta-u\eta\eta_A} + \frac{1}{2}Y_0 d_A \frac{1}{1+u}
\end{aligned} \tag{4.44}$$

1. 预报单光子源量子密钥分发性能分析

其量子密钥产生率公式亦为(4.31)式。多光子的概率为

$$P_{\text{multi}} = 1 - \frac{1}{1+u} - \frac{u}{(1+u)^2} \tag{4.45}$$

将公式(4.43)、(4.44)、(4.45)代入(4.31)式，进行 Matlab 数值计算，求出使得 R_{GLLP} 取得最大值的强度，它与通信距离的关系如图 4.23 中 HSPS 曲线所示，最优强度的取值比相干光更小。R_{GLLP} 与通信距离的关系如图 4.24 中 HSPS 曲线所示，安全通信距离达到 161 km。

2. 预报单光子源诱骗态量子密钥分发性能分析

预报单光子源 Alice 端的暗计数率 $d_A=5\times10^{-8}$，取 Alice 端的探测效率为 0.6。密钥产生率公式如(4.27)式所示，其中 Q_u、$E_u Q_u$ 的表达式如(4.43)式和

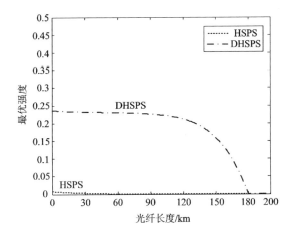

图 4.23　预报单光子源量子密钥分发最优强度与通信距离的关系

(4.44)式所示，Q_1 和 e_1 可以分别表示为

$$Q_1 = (Y_0 + \eta)\eta_A \frac{u}{(1+u)^2} \tag{4.46}$$

$$e_1 = \frac{0.5 \times Y_0 + e_d\eta}{Y_0 + \eta} \tag{4.47}$$

将(4.43)式、(4.44)式、(4.46)式、(4.47)式代入(4.27)式，利用 Matlab 计算，求出使得 R 取得最大值的强度，它与通信距离的关系如图 4.23 中 DHSPS 曲线所示。将(4.43)式、(4.44)式、(4.40)式、(4.42)式代入(4.27)式，利用 Matlab 求出使得 R 取得最大值的诱骗态强度，再代入(4.27)式可以得到 R 与通信距离的关系如图 4.24 中 DHSPS 曲线所示，安全通信距离和完美单光子源的通信距离一致。PSPS 是完美单光子源的密钥产生率。

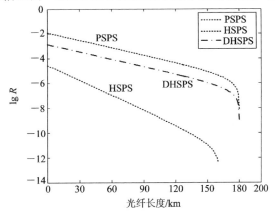

图 4.24　预报单光子源量子密钥分发的密钥产生率与通信距离的关系

通过图 4.21 至图 4.24 可以看出：

（1）预报单光子源与弱相干光相比，由于它可以减小暗计数的影响，所以其安全通信距离得到很大的提高。

（2）预报单光子源与弱相干光这两种光源的诱骗态量子密钥分发由于都可以更好地估计出单光子的通过率和错误率，所以都可以提高安全通信距离。

（3）弱相干光的最优强度均大于预报单光子源的最优强度，因此密钥产生率也比较大。

（4）诱骗态量子密钥分发的最优强度都比非诱骗态有很大的提高，所以密钥产生率也有很大的提高。

因此在没有完美单光子源的情况下，诱骗态量子密钥分发是一种有效的量子密钥分发方案，可以实现绝对安全的通信，并且其安通信距离与完美单光子源的通信距离基本相当。

4.6.5 诱骗态 QKD 的实现

诱骗态量子密钥分发可以克服光源的不完美性，提高通信的安全距离，在实现上还是基于偏振编码和相位编码来实现。2007 年初，清华—中科大联合团队，Tobias Schmitt-Manderbach 小组和 Danna Rosenberg 小组分别用实验实现了诱骗态量子密钥分发。清华—中科大联合团队分别利用双探测器在 102 km 的光纤中和单探测器在 75 km 的光纤中实现了三强度诱骗态量子密钥分发[16]，他们采用的是极化编码，实现框图如图 4.25 所示。

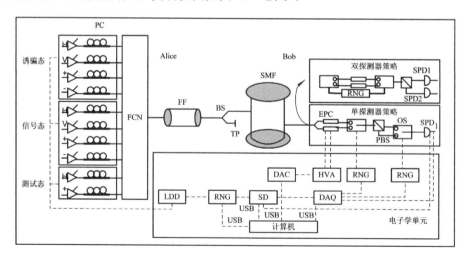

图 4.25　清华—中科大联合团队诱骗态量子密钥分发

图中实线代表光纤，虚线代表电线。在发送端由 FPGA 产生同步脉冲，分别驱动随机数产生器(RNG)、数据获取器(DAQ)和单光子探测器。1 ns 的窄脉冲驱动 10 个激光二极管来产生信号态、诱骗态和测试态，这些光子通过光纤耦合网络(FCN)接入光纤信道。光纤耦合网络由多个分束器、极化分束器和衰减器构成，并且要精心设计，使得每个支路的路径长度一致，从而可以保证不同支路的光子到达接收端的时间抖动小于 100 ps。光纤滤波器(FF)一方面保证每个支路的波长一致，另一方面减小带宽，降低色散的影响。

在接收端，通过自动偏振补偿系统修正光子在传输过程中的偏振态变化，这个过程平均需要 3 分钟。达到稳定后进行量子通信，20 多分钟后重新进行偏振自动控制调整。在接收端，采用两种探测方案，单探测器方案和双探测器方案。单探测器方案可以克服由于双探测器效率不一致带来的安全漏洞。

可以看出，实验中光子是单向传输的，能够克服木马攻击，并且加入了诱骗态的思想，能够克服光子数目分割攻击，理论上保证了量子通信的无条件安全性。实验实现的是三态协议，三个强度分别是 0、0.2 和 0.6，脉冲频率为 2.5 MHz，使用了自动偏振补偿系统补偿光子在单模光纤传输过程中的偏振变化。通信距离为 75 km 时，使用的是单探测器方案，最终密钥生成率为 11.668 Hz；通信距离为 102 km 时，使用的是双探测器方案，密钥生成率为 8.09 Hz。

Tobias Schmitt-Manderbach 小组采用的也是极化编码的方案，在 144 km 的自由空间实现了三强度诱骗态量子密钥分发[17]，实现框图如图 4.26 所示。

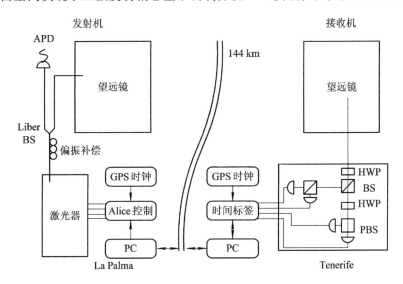

图 4.26　极化编码的自由空间诱骗态量子密钥分发

此实验利用了偏振编码的自由空间量子密钥分发，通信距离为 144 km，采用了四个单光子探测器进行探测，实现的是 BB84 协议。Alice 端包括四个激光二极管，每两个二极管发出的光子偏振态之间的夹角为 45°，工作频率为 10 MHz，脉宽为 2 ns，波长为 810 nm，适合在自由空间传输。极化光子通过单模光纤耦合，经过分束器分出一部分光子进行功率监测，另一部分进入望远镜，然后通过 144 km 的自由空间到达接收端的望远镜，然后随机地选择测量基进行测量。这个实验与大多数实验的一个不同在于，它的极化补偿是在发送端进行的。

实验采用的信号态的平均光子数目为 0.27，诱骗态的平均光子数目分别为 0.39 和 0，三者的比例为 87%、9% 和 4%。初始的密钥错误率为 6.48%，最终的密钥生成率为 12.8 b/s。

洛斯阿拉莫斯国家实验室的 Danna Rosenberg 小组采用相位编码，分别在 85 km 和 100 km 的光纤中实现了三强度诱骗态量子密钥分发[18]，其原理如图 4.27 所示。

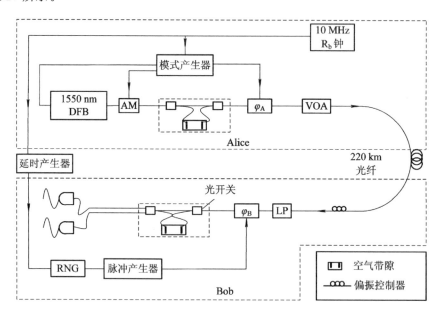

图 4.27　相位编码的诱骗态量子密钥分发

此实验采用的是双 MZ 干涉仪的相位编码，与基本的相位编码的不同在于多了一个模式控制，控制随机地产生信号脉冲和诱骗脉冲以及空脉冲，实验中采用的比例分别为 83.1%、12.3% 和 4.6%。当通信距离为 85 km 时，选取的三个信号的强度分别为 0.487、0.0639 和 1.05×10^{-3}，在 351 秒内得到 $2.2 \times$

10^5 个筛后数据，比特错误率为 3.3%，最终协商出 9.9×10^3 个密钥。当通信距离为 100 km 时，选取的三个信号的强度分别为 0.297、0.099 和 2.75×10^{-3}，在 828 秒内得到 1.9×10^5 个筛后数据，比特错误率为 4%，最终协商出 1.2×10^4 个密钥。

本章参考文献

[1] Bennett C H, Brassard G. Quantum cryptography：Public key distribution and coin tossing[A]. Proceedings of the IEEE International Conference on Computers，Systems，and Signal Processing[C]. Bangalore：IEEE，1984. 175 – 179

[2] Bennett C. Quantum cryptography using any two non-orthogonal states. Phys. Rev. Lett. 1992，68：3121 – 3124

[3] J Chen，G Wu，L Xu，X Gu，E Wu，H Zeng. Stable Quantum key distribution with actine polarization control based on time-division Multiplexing. New Journal of Physics，11(2009)，065004.

[4] G B Xavier，N Walenta，G Vilela de Faria，G P Temporão，N Gisin，H Zbinden and J P von der Weid. Experimental polarization encoded quantum key distribution over optical fibres with real-time continuous birefringence compensation. New Journal of Physics，11(2009)，045015.

[5] Stucki G，Gisin N，Guinnard O et al. Quantum key distribution over 67 km with a plug & play system. New J. Phys. 2002，4：41

[6] Teng-Yun Chen，Yang Liu，Wen-Qi，Lei Ju，Hao Liang，Wei-Yue Liu，Jian Wang，Hao Yin，Kai Chen，Zeng-Bing Chen，Cheng-Zhi Peng，Jian-Wei Pan. Field test of a practical secure communication network with decoy-state quantum cryptography. Optics Express 6540 Vol. 17，No. 8 (2009)

[7] A R Dixon，Z L Yuan，J F Dynes，A W Sharpe，and A J Shields. Continuous operation of high bit rate quantum key distribution. APPLIED PHYSICS LETTERS，2010(96)：161102

[8] H Takesue，E Diamanti，T Honjo，C Langrock，M M Fejer，K Inoue and Y Yamamoto，Differential phase shift quantum key distribution experiment over 105 km fibre. New Journal of Physics7 (2005) 232

[9] Ekert A. Quantum cryptography based on Bell's theorem. Phys. Rev.

Lett. 1991, 67: 661 - 663

[10] A Poppe, A Fedrizzi, T Loruenser, O Maurhardt, R Ursin, H R Boehm, M Peev, M Suda, C Kurtsiefer, H Weinfurter, T Jennewein, A Zeilinger. Practical Quantum Key Distribution with Polarization-Entangled Photons. Optics Expression, 2004, vol. 12, No. 16: 3856

[11] Alexander Treiber, Andreas Poppe, Michael Hentschel, Daniele Ferrini, Thomas Lorünser, Edwin Querasser, Thomas Matyus, Hannes Hübel and Anton Zeilinger. A fully automated entanglement-based quantum cryptography system for telecom fiber networks, New Journal of Physics11 (2009) 045013

[12] Alexander Ling , Matt Peloso, Ivan Marcikic, Ant'la Lamas-Linares and Christian Kurtsiefer. Experimental E91 quantum key distribution. Proc. of SPIE Vol. 6903 69030U

[13] Hwang W Y. Quantum key distribution with high loss: toward global secure communication. Phys. Rev. Lett. 2003, 91: 057901

[14] Ma X F, Qi B , Y Zh et al . Practical decoy state for quantum key distribution. Phys. Rev. A. 2005, 72: 012326

[15] Gobby C, Yuan Z L, Shields A J. Quantum key distribution over 122 km of standard telecom fiber. Applied Physics Letters. 2004, 84: 3762 - 3764

[16] Peng C Zh, Zh J Y D et al. Experimental long-distance decoy-state quantum key distribution based on polarization encoding. Phys. Rev. Lett. 2007, 98: 010505

[17] Schmitt-Manderbach T, Weier H, Furst M et al. Experimental demonstration of free-space decoy-state quantum key distribution over 144 km. Phys. Rev. Lett. 2007, 98: 010504

[18] Rosenberg D, Harrington Jim W, Rice Patrick R et al. Long-distance decoy-state quantum key distribution in optical fiber. Phys. Rev. Lett. 2007, 98: 010503

第 5 章　量子安全直接通信

本章首先介绍量子安全直接通信的概念、原理，然后通过 Ping-Pong 协议对量子安全直接通信进行具体的分析，最后介绍几种典型的量子安全直接通信协议，具体包括：基于纠缠对的两步的量子安全直接通信协议和基于单光子的量子安全直接通信协议。

5.1　量子安全直接通信概述

通常把通信双方以量子态为信息载体，利用量子力学原理和各种量子特性，通过量子信道，在通信双方之间安全地、无泄漏地直接传输有效信息，特别是传输机密信息的方法，称为量子安全直接通信（Quantum Secure Direct Communication，QSDC)[1]。

Beige，Englert，Kurtsiefer 和 Weinfurter 首先提出量子安全直接通信的思想[2]。2002 年，Bostrom 和 Felbinger 借鉴量子密集编码的思想提出了"Ping-Pong"协议[3]，该协议利用纠缠对作为信息载体，但是这只是一个准安全的量子安全直接通信协议[4,5]。2003 年，邓富国等利用块传输的思想，提出了基于纠缠对的两步的 QSDC 方案[6]和基于单光子的 QSDC 方案[7]。2005 年，王川等利用量子密集编码的思想提出了高维度的 QSDC 方案[8]。王剑等分别在 2006 年和 2007 年提出了基于单光子顺序重排的 QSDC 协议[9]和多方控制的 QSDC 协议[10]。满忠晓等提出了基于 GHZ 态和纠缠交换的 QSDC 协议[11]。邓富国等又在 2007 年提出了利用纯纠缠态进行 QSDC 的方案[12]和利用单光子实现的经济的量子安全直接通信网络[13]。

到目前为止，还没有量子安全直接通信的实验报道。不过随着量子存储技术的发展，量子安全直接通信可以很快得到验证并最终走向实用化。

1. 量子安全直接通信的基本概念

量子安全直接通信是指通信双方以量子态为信息载体，利用量子力学原理和各种量子特性，通过量子信道在通信双方之间安全无泄漏地直接传输有效信息,特别是传输机密信息的方法。量子安全直接通信无需产生量子密钥,可以直接安全地传输机密信息,提高了通信效率。与量子密码通信类似,量子安全直接通信的安全性也是由量子力学中的不确定性关系和非克隆定理以及纠缠粒子的关联性和非定域性等量子特性来保证的,其安全性体现在窃听者得不到任何机密信息。与量子密钥分发的不同在于,量子密钥分发要求能够检测出窃听者,放弃通信过程就可以了。但量子安全直接通信传递的是信息,要求在检测到窃听者之前没有泄露信息。这样,量子安全直接通信的要求就要比量子密钥分发的要求高。可以说,能用于量子安全直接通信的方法一定能用于量子密钥分发,反之不然。

2. 量子安全直接通信的条件

量子安全直接通信作为一个安全的直接通信方式,它具有直接通信和安全通信两大特点,因而它需要满足两个基本要求:

(1) 作为合法的接收者 Bob,当他接收到作为信息载体的量子态后,应该能直接读出发送者 Alice 发来的机密信息而不需要与 Alice 交换额外的经典辅助信息。

(2) 即使窃听者 Eve 监听了量子信道,她也得不到任何机密信息。

量子密钥分发之所以是一种安全的密钥产生方式,其本质在于通信的双方 Alice 和 Bob 能够判断是否有人监听了量子信道,而不是窃听者不能监听量子信道。事实上,窃听者是否监听量子信道不是量子力学原理所能束缚的。量子力学原理只能保证窃听者不能得到量子信号的完备信息,使窃听行为会在接收者 Bob 的测量结果中有所表现,即会留下痕迹。由此 Alice 和 Bob 可以判断他们通过量子信道传输得到的量子数据是否是可信的。量子密钥分发正是利用了这一特点来达到安全分配密钥的目的。而量子密钥分发的安全性分析是一种基于概率统计理论的分析,为此通信双方需要做随机抽样统计分析。量子密钥分发的另一个特征在于 Alice 和 Bob 如果发现有人监听量子信道,那么它们可以抛弃已经传输的结果,再从头开始传输量子比特,直到他们得到没有人窃听量子信道的传输结果的信息,这样,它们就不会泄漏机密信息。

既然量子安全直接通信传输的是机密信息本身,Alice 和 Bob 就不能简单地采用当发现有人窃听时抛弃传输结果的办法来保障机密信息不会泄漏给 Eve。由此,量子安全直接通信的要求要比量子密钥分发的要高,Alice 和 Bob 必须在机密信息泄漏前就能判断窃听者 Eve 是否监听了量子信道,即能判断量子信道的安全性。量子通信的安全性分析都是基于抽样统计分析的,因此,在安全分析前 Alice 和 Bob 需要有一批随机抽样数据,这就要求量子安全直接通信中的量子数据必需以块状传输。只有这样,Alice 和 Bob 才能从块传输的量子数据中做抽样分析,以此来判断量子信道的安全性。

综合量子安全直接通信的基本要求可以看出,判断一个量子通信方案是否是一个真正的量子安全直接通信方案的四个基本依据是[14]:

(1) 除因安全检测的需要而相对于整个通信可以忽略的少量的经典信息交流外,接收者 Bob 接收到传输的所有量子态后可以直接读出机密信息,原则上对携带机密信息的量子比特不再需要辅助的经典信息交换;

(2) 即使窃听者监听了量子信道他也得不到机密信息,他得到的只是一个随机的结果,不包含任何机密信息;

(3) 通信双方在机密信息泄漏前能够准确判断是否有人监听了量子信道;

(4) 以量子态作为信息载体的量子数据必须以块状传输。

5.2　Ping-Pong 量子安全直接通信协议

本节首先结合"Ping-Pong"协议(也称乒乓协议)介绍 QSDC 的基本原理,对此协议的性能和安全性进行了分析,最后给出相应的改进措施。

5.2.1　Ping-Pong 协议描述

Ping-Pong 协议是由 Bostrom 和 Felbinger 在 2002 年提出的直接通信协议,它是以纠缠粒子为信息载体,利用了局域编码的非局域性进行安全通信。假设 Alice 为通信的发送方,Bob 为通信的接收方,则每次 Bob 制备一个两光子的最大纠缠态 $|\psi^+\rangle_{AB} = (|01\rangle_{AB} + |10\rangle_{AB})/\sqrt{2}$,并将 A 粒子(travel qubit)发送给 Alice,自己保留 B 粒子(home qubit)。Alice 在收到 A 粒子后,以一定的概率随机地选择控制模式或消息传输模式,并对 A 粒子进行相应操作,如图5.1 所示。

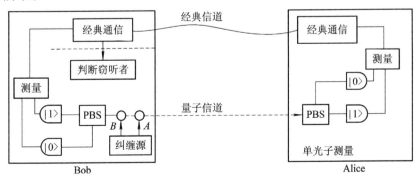

图 5.1　乒乓协议的控制模式

如果 Alice 选择控制模式，如图 5.1 所示，则 Alice 对粒子 A 在 $B_z = \{|0\rangle, |1\rangle\}$ 基下进行测量，并通过经典信道将测量结果告诉 Bob。Bob 在接收到 Alice 的通知后，对自己保留的粒子 B 也在 B_z 基下进行测量，并将测量结果和 Alice 的测量结果进行比较。如果 Alice 和 Bob 的测量结果不相同，则说明不存在窃听者，继续通信；如果 Alice 和 Bob 的测量结果相同，则说明存在窃听，此次通信无效，如图 5.2 所示。

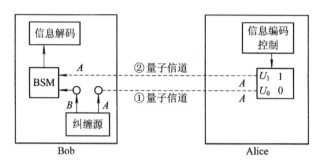

图 5.2　乒乓协议的消息传输模式

如果 Alice 选择的是消息传输模式，如图 5.2 所示，Alice 根据要传递的信息比特是"0"或"1"对粒子 A 进行相应的编码操作，并将编码后的 A 粒子返回给 Bob。如果信息比特是"0"则对粒子 A 进行 $U_0 = |0\rangle\langle0| + |1\rangle\langle1|$ 操作；如果信息比特是"1"，则对粒子 A 进行 $U_1 = |0\rangle\langle0| - |1\rangle\langle1|$ 操作。经过 Alice 对粒子 A 的编码操作后，可得

$$(U_0 \otimes I)|\psi^+\rangle_{AB} = |\psi^+\rangle_{AB}, \quad (U_1 \otimes I)|\psi^+\rangle_{AB} = |\psi^-\rangle_{AB} \qquad (5.1)$$

其中 $I = |0\rangle\langle0| + |1\rangle\langle1|$，$|\psi^-\rangle_{AB} = (|01\rangle_{AB} - |10\rangle_{AB})/\sqrt{2}$。

Bob 收到 Alice 返回的粒子 A 后，对其和本地保留的粒子 B 进行 Bell 基联合测量。如果测量结果为 $|\psi^+\rangle_{AB}$，则可断定 Alice 发送的信息为"0"；如果测量结果为 $|\psi^-\rangle_{AB}$，则可断定 Alice 发送的信息为"1"。Ping-Pong 协议的流程图如图 5.3 所示。

流程的详细描述如下：

（1）协议初始化：$n = 0$。要发送的信息表示为：$x^N = (x_1, x_2, \cdots, x_N)$，其中 $x_n \in \{0, 1\}$。

（2）$n = n + 1$。Alice 和 Bob 设置为信息模式，Bob 准备两粒子纠缠态 $|\psi^+\rangle = \dfrac{1}{\sqrt{2}}(|01\rangle_{AB} + |10\rangle_{AB})$。

（3）Bob 自己保留粒子 B（home qubit），将粒子 A（travel qubit）通过量子信

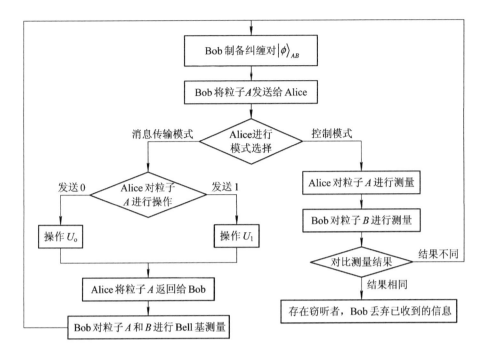

图 5.3　Ping-Pong 协议流程图[15]

道发送给 Alice。

（4）Alice 接收到粒子 A 后，以概率 c 进入控制模式，进入步骤 c.1，否则跳转至步骤 m.1。

c.1　Alice 对 travel qubit A 在 $B_z = \{|0\rangle, |1\rangle\}$ 基下进行测量，以 $1/2$ 的概率得到 0 或 1，将结果记为 i。

c.2　Alice 通过经典信道告诉 Bob 他的测量结果。

c.3　Bob 接收到测量结果后，也转入控制模式，对 home qubit B 在 B_z 基下进行测量，结果记为 j。

c.4　如果 $i = j$，则说明有窃听存在，终止通信。否则，$n = n-1$，返回步骤（2）。

m.1　定义 $\hat{C}_0 := I$，$\hat{C}_1 := \sigma_z$。对于 $x_n \in \{0, 1\}$，Alice 对 travel qubit A 执行编码操作 $\hat{C}_{x_n}$，然后将编码后的粒子发送给 Bob。

m.2　Bob 接收到 travel qubit 后，将它和 home qubit 进行联合测量，得到 $|\psi'\rangle \in \{|\psi^+\rangle, |\psi^-\rangle\}$。然后按如下规则解码：

$$|\psi'\rangle = \begin{cases} |\psi^+\rangle \Rightarrow x_n = 0 \\ |\psi^-\rangle \Rightarrow x_n = 1 \end{cases} \tag{5.2}$$

m.3 如果 $n<N$，则返回步骤(2)，当 $n=N$ 时，进入步骤(5)。

(5) 信息 x^N 从 Alice 传输到了 Bob，通信过程结束。

5.2.2 Ping-Pong 协议信息泄漏分析

由于纠缠态的特性使得 Eve 直接窃听 Alice 编码后的粒子得不到任何信息，为了获得信息，必须在粒子由 B 到 A 的过程中进行纠缠攻击，然后在编码之后进行信息提取。

假定 Eve 借助辅助粒子 $|0\rangle_E$ 来进行攻击。图 5.4(a)是 Eve 的纠缠攻击量子线路，图 5.4(b)是 Eve 信息提取攻击量子线路，其中

$$U = \begin{bmatrix} \alpha & \beta \\ \beta & -\alpha \end{bmatrix}, \ |\alpha|^2 + |\beta|^2 = 1 \tag{5.3}$$

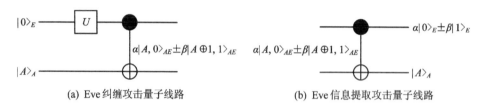

(a) Eve 纠缠攻击量子线路　　　　　(b) Eve 信息提取攻击量子线路

图 5.4　Eve 的攻击量子线路

在 Eve 进行纠缠攻击后，粒子 A、B 以及 E 组成的系统的状态为

$$\frac{|0\rangle_B(\alpha|10\rangle_{AE} + \beta|01\rangle_{AE})}{\sqrt{2}} + \frac{|1\rangle_B(\alpha|00\rangle_{AE} + \beta|11\rangle_{AE})}{\sqrt{2}} \tag{5.4}$$

在控制模式下，Alice 在基 $\{|0\rangle, |1\rangle\}$ 下对粒子 A 进行测量，Alice 测量结果为"0"和"1"的概率都是 0.5。在 Alice 测量结果为"1"时，Bob 的测量结果为"0"的概率是 $|\alpha|^2$，因此发现 Eve 窃听的概率为

$$\eta = 1 - |\alpha|^2 = |\beta|^2 \tag{5.5}$$

同理，在 Alice 测量结果为"0"时，Bob 测量结果"1"的概率也是 $|\alpha|^2$。因此在一次控制模式下发现 Eve 窃听的概率为

$$\eta = |\beta|^2 \tag{5.6}$$

所以此类攻击会带来错误率，能够被发现。下面分析此类攻击窃取的信息量。在消息模式下，Alice 以概率 p_0 对粒子 A 进行 U_0 操作，以概率 p_1 对粒子 A 进行 U_1 操作。假定 Alice 发送的信息为"1"，则式(5.4)将变为

$$\frac{|0\rangle_B(\beta|01\rangle_{AE} - \alpha|10\rangle_{AE})}{\sqrt{2}} + \frac{|1\rangle_B(\alpha|00\rangle_{AE} - \beta|11\rangle_{AE})}{\sqrt{2}} \tag{5.7}$$

Eve 对 Alice 编码后的粒子 A 进行信息提取攻击，则式(5.7)将变为

$$\frac{(\mid 1\rangle_B \mid 0\rangle_A - \mid 0\rangle_B \mid 1\rangle_A)(\alpha \mid 0\rangle_E - \beta \mid 1\rangle_E)}{\sqrt{2}} \tag{5.8}$$

Eve 在基 $\{\alpha|0\rangle_E + \beta|1\rangle_E,\ \alpha|0\rangle_E - \beta|1\rangle_E\}$ 下对粒子 E 进行测量，如果测量结果为 $\alpha|0\rangle_E - \beta|1\rangle_E$，则可以确定 Alice 发送的信息为"1"，如果 Eve 的测量结果为 $\alpha|0\rangle_E + \beta|1\rangle_E$，则可以确定 Alice 发送的信息为"0"。同时 Eve 将截获的粒子 A 返回给 Bob，Bob 收到粒子 A 后在基 $\{\mid\phi^+\rangle_{AB},\ \mid\phi^-\rangle_{AB}\}$ 下进行测量，也能准确获得信息。

下面对 Eve 能获取的信息进行分析。在 Eve 进行纠缠攻击后，由式(5.4)可知 Alice 每次以 0.5 的概率得到 $|0\rangle_A$ 或者 $|1\rangle_A$。假定 Alice 收到的是 $|0\rangle_A$，则 A 粒子和 Eve 的辅助粒子 E 的密度矩阵为

$$\rho_{0AE} = \mid\alpha\mid^2 \mid 00\rangle_{AE}\ {}_{EA}\langle 00\mid + \alpha\beta^* \mid 00\rangle_{AE}\ {}_{EA}\langle 11\mid \\ + \alpha^*\beta \mid 11\rangle_{AE}\ {}_{EA}\langle 00\mid + \mid\beta\mid^2 \mid 11\rangle_{AE}\ {}_{EA}\langle 11\mid \tag{5.9}$$

其中"$*$"表示共轭。以 $\{\mid 00\rangle_{AE},\ \mid 11\rangle_{AE}\}$ 为基，(5.9)式可写为

$$\rho_{0AE} = \begin{bmatrix} \mid\alpha\mid^2 & \alpha\beta^* \\ \alpha^*\beta & \mid\beta\mid^2 \end{bmatrix} \tag{5.10}$$

Alice 对粒子 A 编码后，则 ρ_{0AE} 以概率 p_0 演化为 ρ_{0AE0} 或者以概率 p_1 演化为 ρ_{0AE1}，其中

$$\rho_{0AE0} = \begin{bmatrix} \mid\alpha\mid^2 & \alpha\beta^* \\ \alpha^*\beta & \mid\beta\mid^2 \end{bmatrix},\quad \rho_{0AE1} = \begin{bmatrix} \mid\alpha\mid^2 & -\alpha\beta^* \\ -\alpha^*\beta & \mid\beta\mid^2 \end{bmatrix} \tag{5.11}$$

于是 Alice 编码后粒子 A 和 E 组成的系统的状态可以由集合 $X = \{(p_0,\ \rho_{0AE0}),\ (p_1,\ \rho_{0AE1})\}$ 表示。

Holevo 定理给出了 Eve 能从该集合 X 中获取的最大信息的上界为

$$I \leqslant \chi(X) \tag{5.12}$$

其中 $\chi(X) = S\left(\sum_i p_i\rho_i\right) - \sum_i p_i S(\rho_i)$。合理假设 $p_0 = p_1 = 1/2$。ρ_{0AE0} 特征值为

$$\lambda_{00} = 0,\ \lambda_{01} = 1 \tag{5.13}$$

从而 $S(\rho_{0AE0}) = S(\rho_{0AE1}) = 0$。于是

$$I \leqslant \chi(X) = -\mid\alpha\mid^2 \text{lb}(\mid\alpha\mid^2) - \mid\beta\mid^2 \text{lb}(\mid\beta\mid^2) \tag{5.14}$$

将(5.6)式代入上式可得

$$I_{\max} = \chi(X) = -(1-\eta)\text{lb}(1-\eta) - \eta\,\text{lb}(\eta) \tag{5.15}$$

图 5.5 给出了 Eve 在一次窃听中窃听到的信息量和被发现的概率的关系。

从图 5.5 可以看出，在 $\eta = 0.5$ 处，Eve 可以获取最大信息量 $I(\eta) = 1$，此时 Eve 可以完全确定 Alice 发送的信息，因为此时 $\alpha|0\rangle_E + \beta|1\rangle_E$ 和 $\alpha|0\rangle_E - \beta|1\rangle_E$ 相互正交。从 Eve 的角度看，Eve 希望 η 尽可能的小，从图 5.5 还可以看出，当

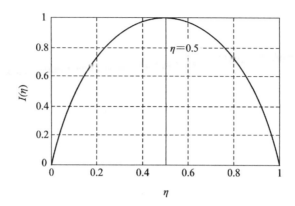

图 5.5　Eve 每次窃听的信息量和被发现的概率的关系曲线

$\eta=0$ 时，$I(\eta)=0$，这表明当 Eve 选择操作使自己被发现的概率为 0 的同时，她也将窃听不到任何信息。Eve 的任何有效攻击都有可能被发现，窃听者获取的信息量和被发现的概率是相互制约的。

文献[3]给出了 Eve 成功窃听 $I=nI(\eta)$ 比特信息而不被发现的概率为

$$s(I,\ c,\ \eta)=\left(\frac{1-c}{1-c(1-\eta)}\right)^{I/I(\eta)} \tag{5.16}$$

图 5.6 给出了 $c=0.5$，η 取不同值时，$I-s$ 的函数关系曲线。

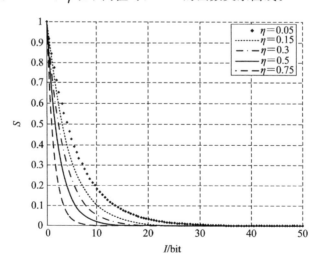

图 5.6　$I-s$ 的函数关系图

由图可看出，η 越小，虽然 Eve 成功的概率有所提高，但是 Eve 只能获取部分信息，在 $c=0.5$，$\eta=0.5$ 时，Eve 成功获取 10 bit 和 20 bit 的信息的可能

性分别为 $s \approx 0.017\ 34$ 和 $s = 0.000\ 300\ 7$。

图 5.7 给出了 $\eta = 0.5$ 时, 在不同 c 下, $I-s$ 的函数关系曲线。由图可看出, 显然增大控制模式的概率 c, Eve 成功窃听的概率会大大下降, 信道安全性增强, 但这将以降低传输效率为代价; 在 $\eta = 0.5$, $c = 0.7$ 时, Eve 成功获取 10 bit 和 20 bit 的信息的可能性分别为 $s \approx 0.000\ 438\ 6$ 和 $s = 1.924 \times 10^{-7}$。

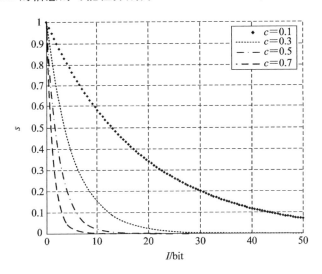

图 5.7　$I-s$ 的函数关系曲线

5.2.3　Ping-Pong 协议的安全性分析

(1) 读者不难发现, 此协议在利用两粒子的纠缠特性判断量子信道的安全性时存在缺陷。假设在光子由 Bob 到 Alice 的传输过程中, 窃听者 Eve 对光子在 $B_z = \{|0\rangle, |1\rangle\}$ 基下进行测量, 然后根据测量结果制备相同的量子态发送给 Alice。这样 Alice 在 $B_z = \{|0\rangle, |1\rangle\}$ 基下的测量结果就是 Eve 制备的量子态, Bob 在 $B_z = \{|0\rangle, |1\rangle\}$ 基下的测量结果和 Alice 的测量结果相反, 因此不能发现窃听者。为了防止此类攻击, Alice 需要在接收到光子后随机地选择 Z 基或者 X 基对 travel qubit 进行测量, 这样 Eve 的窃听肯定会带来错误, 从而被发现。

(2) 由于 Alice 过早地公布是信息模式还是控制模式, 因此 Eve 可以采取如下的攻击策略: 在光子由 Bob 到 Alice 的传输过程中, Eve 不采取任何攻击措施。在信息模式下, Alice 编码之后, 光子要由 Alice 再传送给 Bob。在这个过程中, Eve 可以进行任意的操作来改变量子态。这样, Bob 对两个粒子的联合测量只能得到一串随机数, 不能得到任何有用的信息。这种攻击策略被称为拒绝服务攻击，窃听者不试图获取任何信息，只是使得接收者不能正确地读出发送者发送的信息。

为了防止此类攻击，Alice 可以在信息比特串中插入部分校验比特。接收方收到光子并测量之后，发送者公布校验比特的信息，接收方判断粒子在 Alice 到 Bob 的传输过程中是否存在攻击。如果存在攻击，则丢弃信息即可，窃听者也只是扰乱了信息，不能获得任何有用信息。

（3）为了防止木马攻击，发送者要在接收装置前端用滤波片滤除不可见光子，并且随机地选取部分光脉冲进行光子数目检测，以排除木马攻击。

（4）文献[16]给出了一种攻击策略，采用两个辅助粒子 $|vac\rangle_x |0\rangle_y$，在粒子由 Bob 到 Alice 的传输过程中，通过如下操作：

$$Q_{txy} = \text{SWAP}_{tx} \text{CPBS}_{txy} H_y \qquad (5.17)$$

（其中，Hadamard 门改变编码基，SWAP 门交换粒子 t 和 x 的状态，CPBS 由控制非门和极化分束器构成，极化分束器能够通过 $|0\rangle$，反射 $|1\rangle$）将这个四个粒子构成的系统转变成

$$|B-A\rangle = \frac{1}{2} |0\rangle_h (|vac\rangle_t |1\rangle_x |0\rangle_y + |1\rangle_t |1\rangle_x |vac\rangle_y)$$

$$+ \frac{1}{2} |1\rangle_h (|vac\rangle_t |0\rangle_x |1\rangle_y + |0\rangle_t |0\rangle_x |vac\rangle_y)$$

$$(5.18)$$

如果是控制模式，Alice 对粒子 t 进行测量，可以看出，Alice 有一半的概率得不到测量结果。在有测量结果的情况下，其结果永远与 Bob 的测量结果相反。也就是说，通过 Q 操作，只会使得信道的丢失率增大，而不会带来错误。因此仅仅通过测量结果的相关性不能判断此类攻击的存在。

如果是信息模式，用 j 代表 Alice 要发送的信息，在 Alice 执行过编码操作后，光子在由 Alice 到 Bob 的传输过程中，Eve 执行 Q_{txy}^{-1} 操作，可以得到

$$|A-B\rangle = \frac{1}{\sqrt{2}} (|0\rangle_h |1\rangle_t |j\rangle_y + |1\rangle_h |0\rangle_t |0\rangle_y) |vac\rangle_x \qquad (5.19)$$

由于 Alice 是对两个粒子进行联合测量，上式又可以写成

$$|A-B\rangle = \frac{1}{2} (|\psi^+\rangle_{ht} |j\rangle_y + |\psi^-\rangle_{ht} |j\rangle_y + |\psi^+\rangle_{ht} |0\rangle_y - |\psi^-\rangle_{ht} |0\rangle_y)$$

$$(5.20)$$

通过计算可以得到 Eve，Alice 和 Bob 之间的互信息分别为

$$I_{AE} = I_{AB} = 0.311 \qquad I_{BE} = 0.074 \qquad (5.21)$$

Alice 和 Bob 之间的错误率为 25%。可以看出 Eve 和 Alice 的互信息与 Alice 和 Bob 的互信息相等，造成了信息的泄露。通过采取额外的 U 操作，可以改变

结果的不对称性，但是会降低 A、B 之间的互信息。

可以看出，通过这种攻击，在控制模式下不会带来错误，因此不能发现窃听；在信息模式下，Eve 和 Alice 之间的互信息在通信效率较低的情况下，会大于 Alice 和 Bob 之间的互信息，造成信息泄露。但是这种攻击在信息模式下会带来 25% 的错误率。可以在要发送的信息中随机地加入部分校验序列，通过校验序列的错误率来判断是否存在攻击。但是采取这一措施只能判断攻击的存在，不能阻止信息的泄露，因此这是一个准安全的通信协议。

5.2.4　Ping-Pong 协议的改进

通过以上分析，对乒乓协议作如下改进：

在控制模式下，双方随机地选择 Z 基或 X 基对量子态进行测量，以判断粒子在从 Bob 到 Alice 的传输过程的安全性；在 Alice 的接收装置前端添加滤波片滤除不可见光子，然后以一定概率随机地选取部分光脉冲进行光子数目检测以排除木马攻击；在信息序列中添加部分校验序列，通信完成以后，通过校验序列的错误率判断粒子从 Alice 到 Bob 的传输过程中是否存在攻击；Alice 采用四个幺正操作来提高编码效率。

改进后的协议只能增强乒乓协议的安全性，本质上讲乒乓协议是一个准安全的量子安全直接通信协议。由于乒乓协议是以单个粒子为单位进行传输的，统计错误率需要传输一定数目的光子。如果我们通过一定数目的光子判断出有攻击存在，但是此前已经传输了部分信息，就将造成信息的泄露。因此这只是一个准安全的量子安全直接通信协议。

5.3　基于纠缠光子对的量子安全直接通信

通过前面介绍的 Ping-Pong 协议，读者可以理解量子安全直接通信的原理，但是 Ping-Pong 协议是准安全的量子安全直接通信协议，要保证通信的安全性必须采用块传输的思想。两步量子安全直接通信协议（Two-Step QSDC）也是基于纠缠光子对来实现直接通信的，但是它采用了块传输的思想，能够保证通信的安全性。

5.3.1　两步量子安全直接通信协议

2003 年，邓富国等利用块传输的思想，提出了基于纠缠对的两步的 QSDC 方案[17]。该方案的原理如图 5.8 所示。

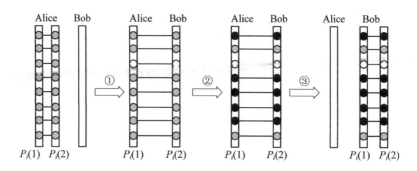

图 5.8　两步的 QSDC 原理示意图

协议详细描述如下：

(1) Alice 和 Bob 将四个 Bell 态 $|\psi^-\rangle$、$|\psi^+\rangle$、$|\phi^-\rangle$ 和 $|\phi^+\rangle$ 分别编码为经典比特 00、01、10 和 11。

(2) Alice 产生 N 个纠缠光子对，均处于 $|\psi^-\rangle_{AB}=\dfrac{1}{\sqrt{2}}(|0\rangle_A|1\rangle_B-|1\rangle_A|0\rangle_B)$，将这 N 个纠缠对表示为 $[(P_1(A)，P_1(B))，(P_2(A)，P_2(B))\cdots(P_N(A)，P_N(B))]$，下标表示光子的顺序，$A$，$B$ 分别代表每个纠缠对的两个粒子。

(3) Alice 从每个纠缠对中拿出一个粒子，比如 $[P_1(A)，P_2(A)\cdots P_N(A)]$ 组成 A 序列，其余的粒子 $[P_1(B)，P_2(B)\cdots P_N(B)]$ 组成 B 序列。将 A 序列称为信息序列，B 序列称为检测序列。

(4) Alice 将检测序列发送给信息接收方 Bob，但她仍然控制信息序列 A。Bob 接收到光子后，随机地选取部分光子在 Z 基或 X 基下对光子进行测量，并将结果和所用的测量基告诉 Alice，Alice 也在同样的测量基下对相应的粒子 A 进行测量，通过测量结果的相关性判断是否存在攻击。如果错误率大于门限值，则返回步骤(1)，否则进入下一步。

(5) Alice 在信息序列中加入部分校验序列，校验序列的数目不用太大，能够统计出量子态传输过程的错误率即可。然后按照如下规则对粒子 A 进行编码操作：

$$\left.\begin{aligned}
U_{00} &= I = |0\rangle\langle0|+|1\rangle\langle1| \\
U_{01} &= \sigma_z = |0\rangle\langle0|-|1\rangle\langle1| \\
U_{10} &= \sigma_x = |1\rangle\langle0|+|0\rangle\langle1| \\
U_{11} &= i\sigma_y = |0\rangle\langle1|-|1\rangle\langle0|
\end{aligned}\right\} \tag{5.22}$$

其中：

$$\left.\begin{array}{l} U_{00} \mid \psi^{-} \rangle = I \mid \psi^{-} \rangle = \mid \psi^{-} \rangle \\ U_{01} \mid \psi^{-} \rangle = \sigma_{z} \mid \psi^{-} \rangle = \mid \psi^{+} \rangle \\ U_{10} \mid \psi^{-} \rangle = \sigma_{x} \parallel \psi^{-} \rangle = \mid \phi^{-} \rangle \\ U_{11} \mid \psi^{-} \rangle = i\sigma_{y} \parallel \psi^{-} \rangle = \mid \phi^{+} \rangle \end{array}\right\} \tag{5.23}$$

并将 A 序列发送给 Bob。

(6) Bob 接收到 A 序列后，Alice 告诉 Bob 校验序列的位置和数值，Bob 对相应位置的光子对进行联合 Bell 态测量，根据结果判断粒子 A 传输过程中量子信道的安全性。

(7) 如果信道不安全，则由于窃听者只能截取纠缠对中的一个粒子，因此她只能扰乱通信，不能得到有用的信息，只要放弃通信就可以了，仍然能够保证信息序列的安全性。如果信道是安全的，则可以对其他的纠缠对进行联合测量，得到 Alice 传递的信息。

(8) Alice 和 Bob 对获得的消息进行纠错。

5.3.2　协议分析

此协议中，在通过第一次安全分析的情况下，由于 Eve 不能同时得到纠缠对的两个光子 A 和 B，因此她已经无法得到机密信息。这是纠缠系统的量子比特性质局限了她对机密信息的窃听，纠缠量子系统的特性要求 Eve 只有对整个纠缠体系做联合测量才能够读出 Alice 所做的幺正操作。第二次安全性分析主要是为了判断窃听者是否在 A 序列的传输过程中破坏了 A 与 B 的量子关联性，从而判断所得到的结果是否正确[14]。

此协议和乒乓协议相比，具有以下优点：① 采用四种量子幺正操作进行编码，这样对纠缠的量子信号而言，使得编码容量达到最大。② 它采用了块传输的思想，在分析出整块量子态安全传输以后才进行编码操作。在 A 序列的传输过程中窃听者不能区分出信息比特和校验比特，她的攻击肯定会扰乱校验比特，通过错误率就能够发现攻击的存在。因此这是一个安全的量子直接通信协议。

5.3.3　实现框图

在实现上，发送端和接收端都需要对量子态做存储，考虑到目前量子态的存储技术在实际应用中还不是很成熟，可以用光学延迟的办法来实现两步的量子安全直接通信协议[18]。原理如图 5.9 所示，其中 SR 代表光学延迟线圈，W 代表开关，CE 代表为安全检测而设计的设备。纠缠序列产生后，信息序列通过延迟线进行延迟，检测序列通过上行信道传输。当检测序列到达接收端后，通信双方通过安全检测设备 CE1 和 CE2 进行安全性检测，其余的通过延迟线进行延迟。在通过一组纠缠光子的传输并判断信道安全后，发送端 W1 闭合，通过 CM 对信息序列进行编码操作，之后信息序列沿下行信道发送给信息接收方。接收方 W2 闭合，对纠缠粒子对进行联合测量，判断 Alice 发送的信息。

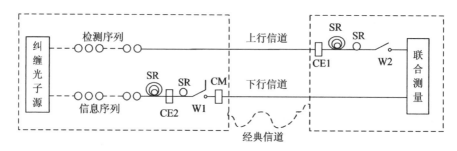

图 5.9 利用光学延迟方法来实现两步 QSDC 的原理图

5.4 基于单光子的量子安全直接通信

上面介绍的是基于纠缠光子对的量子安全直接通信协议，在实际应用中，单光子也可以用来进行直接通信，且相比于纠缠光子对更易于测量。Lucamarini M 等借鉴乒乓协议和 BB84 协议的思想，在 2004 年提出了基于单光子的 PP84 协议[19]，但是这个协议没有采用块传输的思想，不能保证通信的安全性。邓富国等提出了基于单光子的量子安全直接通信协议[20]。

5.4.1 基于单光子的 QSDC 协议

邓富国等利用块传输的思想于 2004 年提出了基于单光子的量子安全直接通信协议[20]，假设 Alice 要将信息传输给 Bob，其协议详细描述如下：

（1）Bob 准备 N 个单光子，这些单光子随机地处于下列 4 个量子态之一：

$$\left.\begin{aligned}
|H\rangle &= |0\rangle \\
|V\rangle &= |1\rangle \\
|+\rangle &= \frac{1}{\sqrt{2}}(|0\rangle + |1\rangle) \\
|-\rangle &= \frac{1}{\sqrt{2}}(|0\rangle - |1\rangle)
\end{aligned}\right\} \tag{5.24}$$

然后将这 N 个光子依次发送给 Alice。

（2）Alice 接收到光子后，随机地选择部分光子在 Z 基或 X 基下对光子进行测量，然后将这些光子的位置，测量基和测量结果告诉 Bob。Bob 通过这些光子的错误率判断信道的安全性，如果信道安全则进入下一步，否则终止通信。

（3）Alice 在信息序列中加入部分校验比特，然后按如下规则进行编码操作：

$$
\left.
\begin{array}{l}
U_0 = I = \mid 0\rangle\langle 0\mid + \mid 1\rangle\langle 1\mid \\
U_1 = \mathrm{i}\sigma_y = \mid 0\rangle\langle 1\mid - \mid 1\rangle\langle 0\mid
\end{array}
\right\}
\tag{5.25}
$$

其中：

$$
\left.
\begin{array}{l}
U_1 \mid 0\rangle = -\mid 1\rangle, \ U_1 \mid 1\rangle = \mid 0\rangle \\
U_1 \mid +\rangle = \mid -\rangle, \ U_1 \mid -\rangle = -\mid +\rangle
\end{array}
\right\}
\tag{5.26}
$$

U 操作不改变编码基。然后，Alice 将这些光子再依次发送给 Bob。

（4）由于 U 操作不改变光子的编码基，因此 Bob 接收到光子后，在自己的编码基下对接收到的光子进行测量。然后 Alice 公布检验序列的位置和数值，Bob 根据自己的测量结果判断信道的安全性。如果信道安全，则 Bob 可以根据光子的初始信息得到 Alice 传递的信息。即使信道不安全，由于不知道光子的编码基和初始状态，因此 Eve 只能得到随机的测量结果，信息序列仍然是安全的。

5.4.2　协议分析

此协议采用了块传输的思想。光子序列由 Bob 传送给 Alice 的过程中并没有携带信息，Eve 无法对量子态进行窃听且不被发现。这个过程的安全性分析与 BB84 协议一致。在通过安全性检测后，实际上在 Alice 和 Bob 之间已经形成了密钥，只是没有进行测量转换成经典比特而已。Alice 对量子态所进行的编码操作相当于经典密钥形成后利用经典密钥对信息进行一次一密。此时的安全性比利用经典密钥进行一次一密的安全性更好，因为经典通信过程中，Eve 可以获得全部密文，而在 QSDC 中，Eve 无法获得密文的信息。

这个协议在实现的过程中没有考虑木马光子攻击，应该在接收装置前端添加滤波片滤除不可见光子，然后以一定概率随机地选取部分光脉冲进行光子数目检测以排除木马攻击，保证信息的安全性。

5.4.3　实现框图

文献[20]还给出了利用延迟实现此协议的示意图，如图 5.10 所示。其中，CE 代表第一次窃听检测，SR 代表延迟，W 是光开关。首先光子序列通过量子信道传送给 Alice，Alice 接收到光子后随机地选取部分光子进行窃听检测，其余的光子进行延迟。如果通过一块光子序列的传输判断信道安全后，则合上开关，Alice 进行编码操作，然后通过反射镜将光子返回给 Bob，Bob 接收到光子后在自己的发送基下对光子进行测量，根据测量结果和自己制备的初始态判断 Alice 发送的信息。

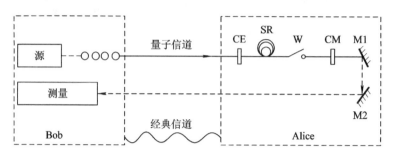

图 5.10　利用延迟实现的基于单光子的量子安全直接通信示意图

本章参考文献

[1] 邓富国，周萍，李熙涵，等. 量子安全直接通信研究进展. 原子核物理评论. 2005，22(4)：382 - 386.

[2] Almut Beige，Berthold-Georg Englert，Christian Kurtsiefer，Harald Weinfurter. Secure communication with a publicly known key. Acta Phys. Pol. A. 2002. 101，357.

[3] Bostrom K，Felbinger T. Deterministic secure direct communication using entanglement. Phys. Rev. Lett. 2002，89：187902.

[4] Wojcik A. Eavesdropping on the "Ping-Pong" quantum communication protocol. Phys. Rev. Lett. 2003，90：157901.

[5] Cai Q Y. The "Ping-Pong" protocol can be attacked without eavesdropping. Phys. Rev. Lett. 2003，91：109801.

[6] Deng F G，Long G L，Liu X Sh. Two-step quantum direct communication protocol using the Einstein-Podolsky-Rosen pair block. Phys. Rev. A. 2003，68：042317.

[7] Deng F G，Long G L. Secure direct communication with a quantum one-time pad. Phys. Rev. A. 2004，69：052319.

[8] Wang C，Deng F G，Li Y S, et al. Quantum secure direct communication with high-dimension quantum superdense coding. Phys. Rev. A. 2005，71：044305.

[9]　Wang J, Zhang Q, Tang Ch J. Quantum secure direct communication based on order rearrangement of single photons. Phys. Lett. A. 2006, 358: 256.

[10]　王剑，陈皇卿，张权，等. 多方控制的量子安全直接通信协议. 物理学报. 2007, 56(02): 673 - 677.

[11]　Man Z X, Xia Y J, Nguyen B A. Quantum secure direct communication by using GHZ states and entanglement swapping. J Phys B - At Mol Opt Phys. 2006, 39: 3855 - 3863.

[12]　Li X H, Li C Y, Deng F G, et al. Quantum secure direct communication with quantum encryption based on pure entangled states. Chin Phys. 2007, 16: 2149 - 2153.

[13]　Deng F G, Li X H, Li Ch Y, et al. Economical quantum secure direct communication network with single photons. Chinese Physics. 2007, 16 (12): 3553 - 3559.

[14]　龙桂鲁，裴寿镛，曾谨言. 量子力学新进展(第四辑). 北京：清华大学出版社，2007.

[15]　张天鹏. 量子安全直接通信及 QTDMC 技术研究. 西安电子科技大学硕士学位论文(指导教师：裴昌幸). 2009.

[16]　Wojcik A. Eavesdropping on the "Ping-Pong" quantum communication protocol. Phys. Rev. Lett. 2003, 90: 157901.

[17]　Deng F G, Long G L, Liu X Sh. Two-step quantum direct communication protocol using the Einstein-Podolsky-Rosen pair block. Phys. Rev. A. 2003, 68: 042317.

[18]　Wang Kaige, Zhu Shiyao. Storage states in ultracold collective atoms. Eur. Phys. J. D. , 2002, 20: 281 - 292.

[19]　Lucamarini M, Mancini S. Secure deterministic communication without entanglement. Phys. Rev. Lett. 2005, 94: 140501.

[20]　Deng F G, Long G L. Secure direct communication with a quantum one-time pad. Phys. Rev. A. 2004, 69: 052319.

第6章　量子信道

　　本章在讨论量子信道特点的基础上，介绍了描述量子信道的方法，重点介绍了量子信道的算子和描述，并给出了比特翻转信道、相位翻转信道、退极化信道、幅值阻尼信道、相位阻尼信道和玻色高斯信道等几种典型的量子信道的算子和表述。对实际应用较多的光纤量子信道的损耗、偏振模色散，以及量子信号和数据在单根光纤中的传播进行了详细介绍。最后，介绍了自由空间量子信道的特点和传输特性。

6.1　量子信道概述

　　从传输媒质上讲，量子信道和经典通信系统中的信道没有大的区别。如光量子信道，包括光纤量子信道和自由空间量子信道。但是量子通信系统中采用微观粒子的量子态作为信息载体，那么这些量子态在信道中的传播服从量子力学的规律，必须借鉴量子力学的方法来研究。对于光量子来说大多依据量子光学中的分析方法。

　　以光量子的传输为例，可以采用偏振、相位或频率携载量子信息。单光子波包在信道中传输时，光纤损耗、频率色散、光纤双折射引起的偏振模色散等都影响了量子态的保真度，更严重的是使量子态退相干，或使纠缠特性丧失。

　　关于量子噪声与主系统相互作用的分析已经发展起来了许多方法，如描述系统和谐振子热库（heat bath）交互的量子朗之万方程（quantum Langevin equation）方法、相空间（phase space）方法、主方程（master equation）法、量子随机差分方程方法和量子马尔科夫过程等（Gardiner，2004）。在量子信息领域，也相应发展起来了多种方法，应用较广的包括超算子表示，也称为算子和表示（operation-sum representation）。本章重点介绍算子和表示及其应用。

6.1.1　量子信道的酉变换表示和测量算子表示

　　若输入量子态的密度算子为 ρ，输出量子态的密度算子为 ρ'，则量子信道可表述为映射：

$$\rho' = \varepsilon(\rho) \tag{6.1}$$

即经过信道后，ρ 映射为 ρ'。

1. 量子信道的酉变换表示

若信道对量子态的变换可用酉算子 U 表示，则称 $\varepsilon(\rho) = U\rho U^{\dagger}$ 为信道的酉变换表示形式，经过信道后状态 $|\varphi\rangle$ 变为 $U|\varphi\rangle$。输入输出过程如图 6.1 所示，其中酉变化可以用一个量子线路来实现。

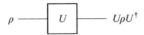

图 6.1　封闭量子系统的酉变换

这里的酉变换表示适合于封闭量子系统。实际上，主系统一般处于开放环境，为开放量子系统，系统往往受到环境的影响。对于开放量子系统，可以将携带信息的主系统与环境构成一个封闭量子系统，进而研究主系统与环境的交互作用。如图 6.2 所示，主系统密度算子为 ρ，环境用 ρ_{env} 表示，输出为 $\varepsilon(\rho)$。

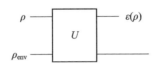

图 6.2　开放量子系统的组成

系统与环境复合系统的输入状态为直积 $\rho \otimes \rho_{\mathrm{env}}$，经过变化 U 后，通过对环境做偏迹，可得到主系统的状态，即

$$\varepsilon(\rho) = \mathrm{tr}_{\mathrm{env}}[U(\rho \otimes \rho_{\mathrm{env}})U^{\dagger}] \tag{6.2}$$

这种方法虽然便于理解信道与环境的交互过程，但数学表达式比较复杂，不易应用。

2. 量子信道的测量算子描述

若将信道对量子态的作用看做测量，且测量算子为 M_m，则 $\varepsilon_m(\rho) = M_m\rho M_m^{\dagger}$ 为用测量算子描述的信道模型。系统在测量后的状态为 $\dfrac{\varepsilon_m(\rho)}{\mathrm{tr}(\varepsilon_m(\rho))}$，获得这个结果的概率为 $p(m) = \mathrm{tr}(\varepsilon_m(\rho))$。

6.1.2　量子信道的公理化表示

量子信道的公理化表示，与前述方法相比较为抽象，但适用范围更广[1]。

如前所述，量子信道 ε 定义为从输入空间 Q_1 的密度算子集合到输出空间 Q_2 的密度算子集合的一个映射，该映射具有如下性质：

公理 1 当初始状态为 ρ 时，$\mathrm{tr}[\varepsilon_m(\rho)]$ 表示由 ε 表征的过程出现的概率，$0 \leqslant \mathrm{u}[\varepsilon_m(\rho)] \leqslant 1$；

公理 2 若 ε 为密度矩阵集合上的一个凸线性映射，即对概率 $\{P_i\}$，有

$$\varepsilon(\sum_i \rho_i p_i) = \sum_i p_i \varepsilon(\rho_i)$$

公理 3 若 ε 为完全正定映射，即如果 ε 将 Q_1 上的密度算子映射到 Q_2 上的密度算子，则 $\varepsilon(A)$ 对任意半正定算子 A 必定是半正定的。进而，引入一个任意维的附加系统 R，则有下述结果：$(I \otimes \varepsilon)(A)$ 对复合系统 RQ_1 上的任意半正定算子 A 必为半正定的，其中 I 表示系统 R 上的单位映射。

公理 1 说明 ε 不一定是保迹的量子运算。$\mathrm{tr}[\varepsilon(\rho)]$ 为由 ε 描述的映射对应结果出现的概率。例如，设在单量子比特的计算基上进行投影测量，测量算子为 $|0\rangle\langle 0|$ 和 $|1\rangle\langle 1|$，则测量可由两个量子运算来描述，即 $\varepsilon_0(\rho) \equiv |0\rangle\langle 0|\rho|0\rangle\langle 0|$，$\varepsilon_1(\rho) \equiv |1\rangle\langle 1|\rho|1\rangle\langle 1|$。得到各自结果的概率分别是 $\mathrm{tr}[\varepsilon_0(\rho)]$ 和 $\mathrm{tr}[\varepsilon_1(\rho)]$，测量后量子态表示为 $\dfrac{\varepsilon(\rho)}{\mathrm{tr}[\varepsilon(\rho)]}$。

如果映射的结果为确定值，量子运算为保迹量子运算，$\mathrm{tr}[\varepsilon(\rho)] = \mathrm{tr}[\rho] = 1$，即 ε 自身提供了量子信道的完整描述。另一方面，如果存在 ρ 使 $\mathrm{tr}[\varepsilon(\rho)] < 1$ 成立，则量子运算是非保迹的，即仅 ε 自身不能提供系统中可能出现的过程的完整描述。

公理 2 起源于对量子信道的物理要求。设加到量子信道的输入 ρ 是量子系统 $\{p_i, \rho_i\}$ 中信道的一个状态，也即 $\rho = \sum_i p_i \rho_i$。然后，期望的输出状态为 $\varepsilon(\rho)/\mathrm{tr}[\varepsilon(\rho)] = \varepsilon(\rho)/p(\varepsilon)$，对应于系综 $\{p(i|\varepsilon), \varepsilon(\rho_i)/\mathrm{tr}[\varepsilon(\rho_i)]\}$ 中的一个态，其中 $\{p(i|\varepsilon)$ 是信道映射为 ε 时输入端制备的状态为 ρ_i 的概率。因此，要求

$$\varepsilon(\rho) = P(\varepsilon) \sum_i (i \mid \varepsilon) \frac{\varepsilon(\rho_i)}{\mathrm{tr}[\varepsilon(\rho_i)]} \tag{6.3}$$

式中，$p(\varepsilon) = \mathrm{tr}[\varepsilon(\rho)]$ 是由 ε 描述的过程作用在输入 ρ 上的概率。根据 Bayes 定理，有

$$p(i \mid \varepsilon) = p(\varepsilon \mid i) \frac{p_i}{p(\varepsilon)} = \frac{\mathrm{tr}[\varepsilon(\rho_i)]p_i}{p(\varepsilon)} \tag{6.4}$$

即得到公理 2 的结论。

公理 3 也是起源于一个重要的物理要求。它不仅要求若 ρ 是有效的，则 $\varepsilon(\rho)$ 就必须是有效的密度矩阵（除去归一化考虑）。而且，若 $\rho = \rho_{RQ}$ 是 R 和 Q 复

合系统的密度矩阵，并且若 ε 仅作用在 Q 上，则 $\varepsilon(\rho_{RQ})$ 仍然是符合系统有效的密度矩阵(除去归一化考虑)。

这三个公理等价于系统–环境相互作用模型，参见下述定理[1]。

定理：映射 ε 满足公理 1、2 和 3，当且仅当对某个将输入 Hilibert 空间映射到输出 Hilibert 空间的算子 $\{E_i\}$ 满足

$$\varepsilon(\rho) = \sum_i E_i \rho E_i^\dagger \quad 且 \quad \sum_i E_i^\dagger E_i \leqslant I$$

证明：设 $\varepsilon(\rho) = \sum_i E_i \rho E_i^\dagger$。ε 显然是线性的，所以为检验 ε 是一个量子信道，只需证明它是完全正定的。令 A 为作用于复合系统 RQ 的状态空间上的任一半正定算子，令 $|\psi\rangle$ 为 RQ 的某个状态。定义 $|\psi_i\rangle \equiv (I_R \otimes E_i^\dagger)|\psi\rangle$，同时，应用算子 A 的半正定性，有

$$\langle \psi | (I_R \otimes E_i) A (I_R \otimes E_i^\dagger) | \psi \rangle = \langle \varphi_i | A | \varphi_i \rangle \geqslant 0$$

由此导出

$$\langle \psi | (I \otimes \varepsilon)(A) | \psi \rangle = \sum_i \langle \varphi_i | A | \varphi_i \rangle \geqslant 0$$

因此，对任一半正定算子 A，算子 $(I \otimes \varepsilon)(A)$ 如所要求那样也是半正定的。而要求 $\sum_i E_i^\dagger E_i \leqslant I$ 保证概率均小于或等于 1。这就完成了第一部分的证明。

进而，设 ε 满足公理 1、2 和 3，目标是为 ε 找到一个算子和表示。引入一个具有与原量子系统 Q 相同维数的系统 R。令 $|i_R\rangle$ 和 $|i_Q\rangle$ 分别为 R 和 Q 的正交基。为方便起见，对两个基采用同一下标 i，这在 R 和 Q 具有相同的维数肯定是可以做到的。定义系统 RQ 的联合状态 $|\alpha\rangle$ 为

$$|\alpha\rangle \equiv \sum_i |i_R\rangle |i_Q\rangle$$

状态 $|\alpha\rangle$ 为系统 R 和 Q 的一个最大纠缠状态。把 $|\alpha\rangle$ 作为最大纠缠状态的这种解释对于理解下面的构造会是有帮助的。进而，在 RQ 的状态空间上定义一个算子 σ 为

$$\sigma \equiv (I_R \otimes \varepsilon)(|\alpha\rangle\langle\alpha|)$$

可以认为 σ 是量子运算 ε 作用到系统 RQ 的最大纠缠状态的一半上的结果。这里，算子 σ 可用来完全表征量子运算 ε。也即，为了弄清楚 ε 是如何作用于 Q 的任意状态上，只要弄清楚 ε 是如何作用于 Q 与其他系统的最大纠缠状态上的即可。

下面看看如何从 σ 来恢复 ε。令 $|\psi\rangle = \sum_j \psi_j |j_Q\rangle$ 为系统 Q 的任一状态，再根据等式

$$| \bar{\psi} \rangle \equiv \sum_j \psi_j^* | j_R \rangle$$

来定义系统 R 的对应状态 $|\bar{\psi}\rangle$。注意到

$$\langle \bar{\psi} | \sigma | \bar{\psi} \rangle = \langle \bar{\psi} | \Big(\sum_{ij} | i_R \rangle \langle j_R | \bigotimes \varepsilon(| i_Q \rangle \langle j_Q |) \Big) | \bar{\psi} \rangle$$

$$= \sum_{ij} \psi_i \psi_j^* \varepsilon(| i_Q \rangle \langle j_Q |) = \varepsilon(| \psi \rangle \langle \psi |)$$

令 $\sigma = \sum_i | s_i \rangle \langle s_i |$ 为 σ 的某个分解，其中向量 $|s_i\rangle$ 不必为归一化的。定义映射

$$E_i(| \psi \rangle) \equiv \langle \bar{\psi} | s_i \rangle$$

稍加思考就可以证明，这个映射是一个线性映射，所以 E_i 是 Q 的状态空间上的一个线性算子。进而，有

$$\sum_i E_i | \psi \rangle \langle \psi | E_i^\dagger = \sum_i \langle \bar{\psi} | s_i \rangle \langle s_i | \bar{\psi} \rangle$$

$$= \langle \bar{\psi} | \sigma | \bar{\psi} \rangle = \varepsilon(| \psi \rangle \langle \psi |)$$

因此，对 Q 的所有纯态 $|\varphi\rangle$，

$$\varepsilon(| \psi \rangle \langle \psi |) = \sum_i E_i | \psi \rangle \langle \psi | E_i^\dagger$$

应用凸线性属性，一般可以导出

$$\varepsilon(\rho) = \sum_i E_i \rho E_i^\dagger$$

于是，由公理 1，可以立即导出 $\sum_i E_i^\dagger E_i \leqslant I$。

证毕

6.2　量子信道的算子和模型

本节介绍算子和表示的基本概念和量子信道的算子和表示。

6.2.1　量子信道的算子和表示

令 $|e_k\rangle$ 为环境的有限维状态空间上的一个标准正交基，密度算子 $\rho_{\text{env}} = |e_0\rangle \langle e_0|$ 为环境的初始状态，且为纯态，则式(6.2)可写为

$$\varepsilon(\rho) = \sum_k \langle e_k | U[\rho \otimes | e_0 \rangle \langle e_0 |] U^\dagger | e_k \rangle$$

$$= \sum_k E_k \rho E_k^\dagger \tag{6.5}$$

式中，$E_k = \langle e_k | U | e_0 \rangle$ 为主系统状态空间上的一个算子，式(6.5)称为信道映射 ε 的算子和表示。算子 $\{E_k\}$ 称为 ε 的运算元，满足完备性关系(completeness relation)，即

$$\mathrm{tr}(\varepsilon(\rho)) = \mathrm{tr}\Big(\sum_k E_k \rho E_k^{\dagger}\Big) = \mathrm{tr}\Big(\sum_k E_k^{\dagger} E_k \rho\Big) = 1$$

完备性关系对所有 ρ 都成立，故

$$\sum_k E_k^{\dagger} E_k = I \tag{6.6}$$

满足这个约束的量子信道称为保迹(trace preserving)的量子信道。但在非保迹的量子信道，有 $\sum_k E_k^{\dagger} E_k \leqslant I$。这里在推导(6.5)式时假定映射的输入和输出空间相同，若复合系统 AB 初始处于未知量子态 ρ 与初始处于标准状态 $|0\rangle$ 的复合系统 CD 相交互，根据酉作用 U 进行交互作用，在交互作用后，丢弃系统 A 和 D，留下系统 BC 的状态 ρ'，则可以证明[1]，对从系统 AB 的状态空间到系统 CD 的状态空间的某组现行算子 E_k，若 $\sum_k E_k^{\dagger} E_k = I$ 成立，则映射 $\varepsilon(\rho) = \rho'$ 满足

$$\varepsilon(\rho) = \sum_k E_k \rho E_k^{\dagger} \tag{6.7}$$

可见算子和表示可以方便地表示系统的动力学演化过程，不需考虑环境的具体表达式。

接下来看看式(6.5)的物理含义，设在酉变换 U 以后，在基 $|e_k\rangle$ 下对环境进行测量，这一测量仅影响环境的状态，而不改变主系统的状态。令 ρ_k 为结果 k 出现时的主系统状态，于是

$$\rho_k \varpropto \mathrm{tr}_E(|e_k\rangle\langle e_k| U(\rho \otimes |e_0\rangle))U^{\dagger}|e_k\rangle\langle e_k|)$$
$$= \langle e_k | U(\rho \otimes |e_0\rangle\langle e_0|)U^{\dagger}|e_k\rangle$$
$$= E_k \rho E_k^{\dagger} \tag{6.8}$$

归一化 ρ_k，有

$$\rho_k = \frac{E_k \rho E_k^{\dagger}}{\mathrm{tr}(E_k \rho E_k^{\dagger})} \tag{6.9}$$

可见，得出结果 k 的概率为

$$P(k) = \mathrm{tr}(|e_k\rangle\langle e_k| U(\rho \otimes |e_0\rangle\langle e_0|)U^{\dagger}|e_k\rangle\langle e_k|)$$
$$= \mathrm{tr}(E_k \rho E_k^{\dagger}) \tag{6.10}$$

所以

$$\varepsilon(\rho) = \sum_k p(k)\rho_k = \sum_k E_k \rho E_k^{\dagger} \tag{6.11}$$

由(6.10)式可见，量子信道映射的作用等价于给定输入 ρ，输出随机地以概率 $\mathrm{tr}(E_k \rho E_k^{\dagger})$ 变为 $E_k \rho E_k^{\dagger}/\mathrm{tr}(E_k \rho E_k^{\dagger})$。

6.2.2 量子信道的算子和模型

给定开放量子系统的描述，即可确定其动力学过程的算子和表示[1]。若系统-环境变换运算用 U 表示，设环境的一组基矢为 $|e_k\rangle$，则运算元为

$$E_k \equiv \langle e_k \mid U \mid e_0 \rangle \tag{6.12}$$

如果可以获得量子状态的信息，同时在酉交互作用后在系统-环境复合系统上可以执行测量，有可能进一步来扩展这个结果。因此，这种物理上的可能性与非保迹量子运算存在自然联系，也即映射 $\varepsilon(\rho) = \sum_k E_k \rho E_k^\dagger$ 使得 $\sum_k E_k^\dagger E_k \leqslant I$。

设主系统初始处于状态 ρ，用 Q 表示主系统，用 E 表示环境。假设 Q 和 E 初始时独立且 E 开始时处于某个标准状态 σ，则系统复合态的初态为 $\rho^{QE} = \rho \otimes \sigma$。假设系统依据酉算子 U 来交互作用，在酉交互后，在复合系统上执行投影测量 P_m。一个特例是不进行测量时，对应于投影算子 $P_0 \equiv I$ 的单个测量结果为 $m = 0$。如图 6.3 所示，对应于测量结果 m，QE 的最终状态为

$$\frac{P_m U(\rho \otimes \sigma) U^\dagger P_m}{\mathrm{tr}(P_m U(\rho \otimes \sigma) U^\dagger P_m)} \tag{6.13}$$

对环境 E 取迹，则 Q 的最终状态为

$$\frac{\mathrm{tr}_E(P_m U(\rho \otimes \sigma) U^\dagger P_m)}{\mathrm{tr}(P_m U(\rho \otimes \sigma) U^\dagger P_m)} \tag{6.14}$$

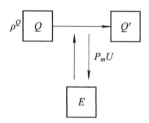

图 6.3 量子运算的环境模型

定义映射

$$\varepsilon_m(\rho) \equiv \mathrm{tr}_E(P_m U(\rho \otimes \sigma) U^\dagger P_m) \tag{6.15}$$

于是 Q 的最终状态为 $\varepsilon_m(\rho)/\mathrm{tr}(\varepsilon_m(\rho))$，其中 $\mathrm{tr}(\varepsilon_m(\rho))$ 是出现测量结果为 m 的概率。令 $\sigma = \sum_j q_j \mid j\rangle\langle j \mid$ 为对 σ 的一个分解，对系统 E 引入一个正交基 $|e_k\rangle$，由于

$$\varepsilon_m(\rho) = \sum_{jk} q_j \mathrm{tr}_E(\mid e_k\rangle\langle e_k \mid P_m U(\rho \otimes \mid j\rangle\langle j \mid) U^\dagger P_m \mid e_k\rangle\langle e_k \mid)$$

$$= \sum_{jk} E_{jk} \rho E_{jk}^\dagger \tag{6.16}$$

其中 $E_{jk} \equiv \sqrt{q_j} \langle e_k | P_m U | j \rangle$，该方程是(6.5)式的推广。它在确知 E 的初始状态 σ 和 Q 与 E 之间动力学过程的条件下，为计算 ε_m 的算子和表示中的算子提供了一种可行的方法。

前面已经看到，交互量子系统可以用算子和表示。相反，给定一组算子 $\{E_k\}$，存在一种酉演化或投影测量对应的环境-系统的动力学过程，即对任一具有运算元 $\{E_k\}$ 的保迹或非保迹的量子运算 ε，必存在起始于纯态 $|e_0\rangle$ 的一个环境 E，以及由酉算子 U 和 E 上的投影算子 P 所表征的动力学过程，使得有

$$\varepsilon(\rho) = \mathrm{tr}_E(PU(\rho \otimes | e_0 \rangle \langle e_0 |)U^\dagger P) \tag{6.17}$$

这里仅说明当 $\varepsilon(\rho)$ 为保迹量子运算时，目的是寻找合适的 U 算子模拟这一过程，其中，$\varepsilon(\rho)$ 的算子和表示中的算子元 E_k 满足完备性关系 $\sum_k E_k^\dagger E_k = I$。

对于非保迹运算，可采用基于测量的模型。令 $|e_k\rangle$ 为 E 的一个正交基，且与算子 E_k 一一对应。定义算子 U，它对形如 $|\psi\rangle |e_k\rangle$ 的状态具有如下作用：

$$U | \psi \rangle | e_0 \rangle \equiv \sum_k E_k | \psi \rangle | e_k \rangle \tag{6.18}$$

其中，$|e_0\rangle$ 是环境的某个标准状态。对于主系统的任意状态 $|\psi\rangle$ 和 $|\varphi\rangle$，根据完备性关系，有

$$\langle \psi | \langle e_0 | U^\dagger U | \varphi \rangle | e_0 \rangle = \sum_k \langle \psi | E_k^\dagger E_k | \varphi \rangle = \langle \psi | \varphi \rangle \tag{6.19}$$

因此，算子 U 可被扩展为作用于复合系统的整个状态空间的酉算子。容易验证

$$\mathrm{tr}_E(U(\rho) \otimes | e_0 \rangle \langle e_0 | U^\dagger) = \sum_k E_k \rho E_k^\dagger \tag{6.20}$$

所以，这个模型即是具有算子元 E_k 的量子运算 ε 的一个实现。

对于非保迹量子运算的系统-环境模型，也可构造酉算子，详见参考文献 [1]。给定量子运算 $\{\varepsilon_m\}$ 使得 $\sum_m \varepsilon_m$ 是保迹的，即 $1 = \sum_m p(m) = \mathrm{tr}\left[\left(\sum_m \varepsilon_m\right)(\rho)\right]$，则可构造一个测量模型对应于这组量子运算。对每个 m，令 E_{mk} 为 ε_m 的一组运算元。现引入环境系统 E，其标准正交基 $|m, k\rangle$ 一一对应于运算元。与前面构造方法类似，定义算子 U，使下式成立

$$U | \psi \rangle | e_0 \rangle = \sum_{mk} E_{mk} | \psi \rangle | m, k \rangle \tag{6.21}$$

再定义环境 E 上的投影算子 $P_m \equiv \sum_k | m, k \rangle \langle m, k |$，在 $\rho \otimes | e_0 \rangle \langle e_0 |$ 上执行 U，则测量 P_m 将以概率 $\mathrm{tr}(\varepsilon_m(\rho))$ 得到结果 m，且主系统相应的测量之后的状态必为 $\varepsilon_m(\rho)/\mathrm{tr}(\varepsilon_m(\rho))$。

6.3　特定量子信道的模型

本节给出几个具体的量子噪声信道模型，包括比特翻转信道、相位翻转信道、退极化信道、幅值阻尼信道、相位阻尼信道[1-3]。

6.3.1　比特翻转信道

比特翻转信道将量子比特的状态以概率 $1-p$ 从 $|0\rangle$ 变换到 $|1\rangle$（或者相反），其运算元为

$$E_0 = \sqrt{p}I = \sqrt{p}\begin{bmatrix} 1 & 0 \\ 0 & 1 \end{bmatrix}, E_1 = \sqrt{1-p}\sigma_x = \sqrt{1-p}\begin{bmatrix} 0 & 1 \\ 1 & 0 \end{bmatrix}$$

代入(6.5)式，则比特翻转信道为

$$\varepsilon(\rho) = p\rho + (1-p)\hat{\sigma}_x \rho \hat{\sigma}_x \tag{6.22}$$

6.3.2　相位翻转信道

相位翻转信道具有运算元

$$E_0 = \sqrt{p}I = \sqrt{p}\begin{bmatrix} 1 & 0 \\ 0 & 1 \end{bmatrix}, E_1 = \sqrt{1-p}\sigma_z = \sqrt{1-p}\begin{bmatrix} 1 & 0 \\ 0 & -1 \end{bmatrix}$$

代入(6.5)式，相位翻转信道可写为

$$\varepsilon(\rho) = p\rho + (1-p)\hat{\sigma}_z \rho \hat{\sigma}_z \tag{6.23}$$

相位反转信道的作用体现在 Bloch 球面上，使得球面沿 $x-y$ 平面收缩，而比特翻转信道使得 Bloch 球面沿 $y-z$ 平面收缩。

比特-相位翻转信道具有运算元

$$E_0 = \sqrt{p}I = \sqrt{p}\begin{bmatrix} 1 & 0 \\ 0 & 1 \end{bmatrix}, E_1 = \sqrt{1-p}\sigma_Y = \sqrt{1-p}\begin{bmatrix} 0 & -i \\ i & 0 \end{bmatrix}$$

比特-相位翻转信道使得 Bloch 球面沿 $x-z$ 平面收缩，信道映射为

$$\varepsilon(\rho) = p\rho + (1-p)\hat{\sigma}_Y \rho \hat{\sigma}_Y \tag{6.24}$$

6.3.3　退极化信道

退极化信道是指量子位以概率 p 退极化，即被完全混态 $I/2$ 所代替，以概率 $1-p$ 保持不变。则量子系统经过退极化信道后的状态可表示为

$$\varepsilon(\rho) = \frac{pI}{2} + (1-p)\rho \tag{6.25}$$

对于任意 ρ，有

$$\frac{I}{2} = \frac{\rho + \sigma_X \rho \sigma_X + \sigma_Y \rho \sigma_Y + \sigma_Z \rho \sigma_Z}{4} \tag{6.26}$$

将 $I/2$ 关系式带入式(6.25)，得

$$\varepsilon(\rho) = \left(1 - \frac{3p}{4}\right) + \frac{p}{4}(\sigma_X \rho \sigma_X + \sigma_Y \rho \sigma_Y + \sigma_Z \rho \sigma_Z) \tag{6.27}$$

即退极化信道具有运算元 $\{\sqrt{1-3p/4}\, I, \sqrt{p}\,\sigma_X/2, \sqrt{p}\,\sigma_Y/2, \sqrt{p}\,\sigma_Z/2\}$。式(6.27)也可以写为

$$\varepsilon(\rho) = (1-p)\rho + \frac{p}{3}(\sigma_X \rho \sigma_X + \sigma_Y \rho \sigma_Y + \sigma_Z \rho \sigma_Z) \tag{6.28}$$

即状态 ρ 以概率 $1-p$ 保持不变，以概率 $p/3$ 分别被算子 σ_X、σ_Y 和 σ_Z 作用。

退极化信道可以推广到维数大于 2 的量子系统。对于 d 维量子系统，退极化信道以概率 p 用完全混合态 I/d 代替，否则就保持不变。相应的量子信道模型为

$$\varepsilon(\rho) = \frac{pI}{d} + (1-p)\rho \tag{6.29}$$

6.3.4　幅值阻尼信道

幅值阻尼信道的运算元为

$$E_0 = \begin{bmatrix} 1 & 0 \\ 0 & \sqrt{1-\gamma} \end{bmatrix}, \ E_1 = \begin{bmatrix} 0 & \sqrt{\gamma} \\ 0 & 0 \end{bmatrix} \tag{6.30}$$

其中参数 γ 是指丢失一个光子的概率。

E_1 把 $|1\rangle$ 状态变到 $|0\rangle$ 状态，对应于丢失一个能量量子到环境的物理过程。E_0 运算保持 $|0\rangle$ 状态不变，但 $|1\rangle$ 状态的幅值减小。若主系统为一个谐波振荡器，Hamilton 量为

$$H = \chi(a^\dagger b + b^\dagger a) \tag{6.31}$$

环境为另一谐波振荡器主系统与环境产生交互作用，其中 a 和 b 分别为谐波振荡器的湮没算子。令 $U = \exp(-iH\Delta t)$，令 $b^\dagger b$ 的本征态为 $|k_b\rangle$，同时选取真空状态 $|0_b\rangle$ 为环境的初态，则运算元 $E_k = \langle k_b | U | 0_b \rangle$ 为

$$E_k = \sum_n \sqrt{\binom{n}{k}} \sqrt{(1-\gamma)^{n-k}\gamma^k} \ |n-k\rangle\langle n| \tag{6.32}$$

其中 $\gamma = 1 - \cos^2(\chi\Delta t)$ 为丢失单个量子能量的概率，而形如 $|n\rangle$ 的状态为 $a^\dagger a$ 的本征态。可以证明运算元 E_k 可定义一个保迹量子运算。对于一个单量子比特状态

$$\rho = \begin{pmatrix} a & b \\ b^* & c \end{pmatrix} \tag{6.33}$$

经过幅值阻尼信道后，状态变为

$$\varepsilon(\rho) = \begin{vmatrix} 1 - (1-\gamma)(1-a) & b\sqrt{1-\gamma} \\ b^*\sqrt{1-\gamma} & c(1-\gamma) \end{vmatrix} \tag{6.34}$$

6.3.5　相位阻尼信道

设量子比特 $|\varphi\rangle = a|0\rangle + b|1\rangle$，在其上作用旋转运算 $R_z(\theta)$，其中旋转角 θ 随机，为由环境的确定性交互作用所引起。R_z 运算称为相位振动（phase kick）。假定 θ 服从均值为 0、方差为 2λ 的高斯分布，则相位阻尼信道输出密度算子为[1]

$$\rho = \frac{1}{\sqrt{4\pi\lambda}} \int_{-\infty}^{\infty} R_z(\theta) |\psi\rangle\langle\psi| R_z^\dagger(\theta) e^{-\theta^2/4\lambda} d\theta = \begin{bmatrix} |a|^2 & ab^* e^{-\lambda} \\ a^* b e^{-\lambda} & |b|^2 \end{bmatrix} \tag{6.35}$$

随机相位振动会使密度矩阵的非对角元的期望值随时间指数地衰减。考虑两个谐波振荡器的交互作用，其交互 Hamilton 量为

$$H = \chi a^\dagger a (b + b^\dagger) \tag{6.36}$$

令 $U = \exp(-iH\Delta t)$，仅考虑振荡器 a 的 $|0\rangle$ 和 $|1\rangle$ 状态作为主系统，并取环境振荡器初始时处于 $|0\rangle$ 状态，对环境 b 取迹，得出运算元 $E_k = \langle k_b | U | 0_b \rangle$，分别为

$$E_0 = \begin{bmatrix} 1 & 0 \\ 0 & \sqrt{1-\lambda} \end{bmatrix}, \quad E_1 = \begin{bmatrix} 0 & 0 \\ 0 & \sqrt{\lambda} \end{bmatrix} \tag{6.37}$$

其中，$\lambda = 1 - \cos^2(\chi\Delta t)$ 为系统中的光子被散射的概率（没有能量损失），与幅值阻尼的效果类似，E_0 保持 $|0\rangle$ 状态不变，但会减小 $|1\rangle$ 状态的幅值；然而，不像幅值阻尼，运算元 E_1 会破坏 $|0\rangle$ 状态，并会减小 $|1\rangle$ 状态的幅值但不会将其改变为 $|1\rangle$ 状态。

可以证明，退极化信道和相位阻尼信道是酉的，而幅值阻尼信道不是酉的[1]。

6.3.6　玻色高斯信道

玻色量子高斯信道是一类重要的量子信道，可见于量子密码通信、量子信息处理等领域，有效建立信道模型对于系统的设计和优化具有重要意义。令 ρ_{in} 表示输入态的密度算子，则信道可看做一种映射，将输入态映射为输出态 ρ_{out}：

$$\rho_{in} \mid \rightarrow \rho_{out} = C[\rho_{in}] \tag{6.38}$$

若信道输入为相干态 $|\alpha\rangle$，则 $\rho_{in} = |\alpha\rangle\langle\alpha|$。

A. Holevo 给出了玻色量子高斯信道的表达式[4]：

$$\rho_{out} = C[\rho_{in}] = \int_C D(z)\rho_{in}D^\dagger(z)p(z)\mathrm{d}^2z \tag{6.39}$$

式中平移算符 $D(z) = e^{za^\dagger - z^* a}$，$a^\dagger$、$a$ 分别为输入态 $|\alpha\rangle$ 的生成算子和湮灭算子，

$p(z) = \dfrac{1}{\pi N_C}e^{-\frac{|z|^2}{N_C}}$，$N_C$ 为信道噪声的方差（即平均光子数）。

量子光学高斯态的密度算子为[5]

$$\rho_{in} = \frac{1}{\pi N}\int_C e^{-\frac{|\alpha|^2}{N}} |\alpha\rangle\langle\alpha| \,\mathrm{d}^2\alpha \tag{6.40}$$

处于高斯态的光脉冲的光子数服从泊松分布，平均光子数为 N。我们有以下定理。

定理　对于玻色量子高斯信道，如果输入为高斯态，其方差为 N，则经过信道映射后的输出态也为高斯态，且其方差（平均光子数）变为 $N + N_C$。

证明：

$$\begin{aligned}
\rho_{out} &= \int_C D(z)\rho_{in}D^\dagger(z)p(z)\mathrm{d}^2z \\
&= \int_C \frac{1}{\pi N}e^{-\frac{|\alpha|^2}{N}}\left[\iint_C D(z) |\alpha\rangle\langle\alpha| D^\dagger(z)p(z)\mathrm{d}^2z\right]\mathrm{d}^2\alpha \\
&= \int_C \frac{1}{\pi N}e^{-\frac{|\alpha|^2}{N}}\left[\iint_C \frac{1}{\pi N_C}e^{-\frac{|z|^2}{N_C}}D(z) :e^{-(a^*-a^\dagger)(\alpha-a)}: D^\dagger(z)\mathrm{d}^2z\right]\mathrm{d}^2\alpha \\
&= \int_C \frac{1}{\pi N}e^{-\frac{|\alpha|^2}{N}}\left[\frac{1}{\pi N_C}\int_C e^{-\frac{|z|^2}{N_C}} :e^{-(z^*+a^*-a^\dagger)(z+\alpha-a)}: \mathrm{d}^2z\right]\mathrm{d}^2\alpha \\
&= \int_C \frac{1}{\pi N}e^{-\frac{|\alpha|^2}{N}}\left[\frac{1}{\pi N_C}\int_C e^{-\frac{|z-\alpha|^2}{N_C}} |z\rangle\langle z| \,\mathrm{d}^2z\right]\mathrm{d}^2\alpha \\
&= \frac{1}{\pi(N+N_C)}\int_C e^{-\frac{|z|^2}{N+N_C}} |z\rangle\langle z| \,\mathrm{d}^2z
\end{aligned}$$

所以，输出态也为高斯态，且其平均光子数变为 $N + N_C$。

证毕

6.4　光纤量子信道

在实际的光纤量子通信系统中，标准的光学元器件，如光分束器、波片、移相器均可看做对量子位做酉变换。但是在长距离光纤中，由于损耗、频率色散和偏振模色散等影响量子特性的因素存在，加之外界环境，如温度、磁场、

应力等因素的影响对量子位表现为非酉变换，限制了单光子脉冲的传输效率和量子通信系统的性能。本节讨论光纤量子信道的特性。

6.4.1 光纤量子信道的损耗

光纤的损耗用衰减常数 α 来表述，单位为 dB/km，即每千米衰减 α dB。若信道长度为 L，则单光子脉冲的通过率 t_f 为

$$t_f = 10^{-\frac{\alpha L}{10}} \tag{6.41}$$

当波长为 1330 nm 时，$\alpha \approx 0.34$ dB/km。当波长为 1550 nm 时，$\alpha \approx 0.2$ dB/km。光纤信道的损耗和接收机探测器的噪声（主要是暗计数）决定了量子通信系统所能达到的距离。

光纤量子信道的损耗也可以用 6.3 节中介绍的幅值阻尼信道模型表示。在分析光纤量子信道时采用 Bloch 向量表示方法在很多场合比较合适，Bloch 向量的定义参见第 2 章。量子态的密度算子用 Bloch 向量和 Pauli 算子可表示如下[1]：

$$\boldsymbol{\rho} = \frac{1}{2}(\boldsymbol{I} + \boldsymbol{\omega} \cdot \boldsymbol{\sigma}) \tag{6.42}$$

式中 $\boldsymbol{I}$ 为单位向量，$\boldsymbol{\omega}$ 为三维实向量，$\boldsymbol{\sigma} = a_x\sigma_x + a_y\sigma_y + a_z\sigma_z$，$a_x$，$a_y$，$a_z$ 为单位向量。量子信道的映射可写为（King, 2001）

$$\varepsilon(\rho) = \omega_0 \boldsymbol{I} + (\boldsymbol{t} + \boldsymbol{T}\boldsymbol{\omega}) \cdot \boldsymbol{\sigma} \tag{6.43}$$

式中，$\boldsymbol{t}$ 为三维列向量，$\boldsymbol{T}$ 为 3×3 矩阵。对于幅值阻尼信道，$\boldsymbol{t} = [00\gamma]^{\mathrm{T}}$，

$$\boldsymbol{T} = \begin{bmatrix} \sqrt{1-\gamma} & & \\ & \sqrt{1-\gamma} & \\ & & 1-\gamma \end{bmatrix}$$

则

$$\varepsilon(\rho) = \frac{1}{2}I + \sqrt{1-\gamma}\,\omega_x\sigma_x + \sqrt{1-\gamma}\,\omega_y\sigma_y + [\gamma + (1-\gamma)\omega_z]\sigma_z \tag{6.44}$$

即 Bloch 向量的影射为

$$(\omega_x, \omega_y, \omega_z) \rightarrow (\sqrt{1-\gamma}\,\omega_x, \sqrt{1-\gamma}\,\omega_y, [\gamma + (1-\gamma)\omega_z])$$

6.4.2 光纤量子信道的偏振模色散

光纤在制造过程中残留应力及外界环境的影响都会引起传输偏振态的慢变，除此外光纤色散、吸收以及其它非线性效应会导致量子信号传输一段距离后消失、量子比特消相干的现象。我们首先介绍光纤对偏振态的影响。

在理想单模情况下，由于光纤的横截面和折射率分布没有变化，沿轴是均匀的，因此基模的一对正交的线偏振模的传输系数相等，彼此同相，偏振态维持不变。但在实际情况下，由于光纤不圆度以及内应力等原因，基模的这一对正交的线偏振模的传输系数不一，相速不同，故而偏振就有了变化，当传输单光子信号时，就表现为单光子偏振方向旋转。

1. 理想情况下 PMD 引起的偏振态慢变

设 Alice 端发送光子偏振角为 θ，则发送量子态 $|\psi\rangle = \cos\theta|0\rangle + \sin\theta|1\rangle$，同时设传输光频率为 f，PMD 系数为 $\xi(ps/\sqrt{km})$，光纤长度为 $L(km)$，偏振角度改变量为 r，那么由于 PMD 引起的偏振分量传输后的相位差改变量为

$$\Delta\varphi = 2\pi f \cdot \xi \cdot \sqrt{L} \cdot 10^{-12} \qquad (6.45)$$

传输后偏振角的改变量为

$$r = \mathrm{arctg}(\cos 2\pi f \cdot \xi \cdot \sqrt{L} \cdot 10^{-12}) \qquad (6.46)$$

从 (6.46) 式可以看出，随着传输距离的变化，偏振态在 PMD 的影响下在不断地发生变化。相应地，传输后的量子态 $|\psi'\rangle = \cos(\theta+r)|0\rangle + \sin(\theta+r)|1\rangle$。以 $|0\rangle$ 为例，经光纤传输后，量子态 $|\psi'\rangle = \cos(r)|0\rangle + \sin(r)|1\rangle$。利用 POVM 测量，可得误判概率为

$$p(1) = 1 - p(0) = \left| \sin\mathrm{arctg}(\cos 2\pi f \cdot \xi \cdot \sqrt{L} \cdot 10^{-12}) \right|^2 \qquad (6.47)$$

如表 6.1 是六盘 25.3 km 单模光纤利用 PK2400 光纤几何参数测试仪测得光纤芯层直径不圆度和用 GAP PMDII 测试光纤 PMD 所得到的数据，同时利用式 (6.54) 可以得出相应的误判概率。

表 6.1　单模光纤芯层不圆度和 PMD 数据 QBER

样品编号	测试次数	不圆度/%	PMD 系数/(ps/$\sqrt{km}$)	误判概率/%
1	5	1.39	0.07	0.0026
2	5	1.97	0.037	0.2186
3	5	2.21	0.053	0.1624
4	5	2.58	0.194	0.1624
5	5	2.72	0.08	0.4974
6	5	3.83	0.112	0.3654

从表 6.1 中可以看出，随着芯层不圆度的增大，单模光纤 PMD 有增大的趋势，但由于应力双折射的存在，大的芯径不圆度未必对应光纤大的 PMD 延迟。同时，从表 6.1 误判概率列可以看出，由于 PMD 的存在，$|0\rangle$ 在"+"测量基下存在误判为 1 的可能性，尤其是 5 号样品，误判概率已经接近 0.5，但大的

PMD 并不一定对应着较大的误判概率，因为误判概率同时也受波长和光纤长度的影响。需要说明的是表 6.1 是在不圆度的影响下的误判概率，这意味着即使光纤在完全理想的环境中，也会因偏振态的慢变引起量子比特的误判。另外为了分析方便，表中误判概率是在相同测量基的情况下进行的，在实际中，误码率应远大于该值。

2. 应力作用下的偏振态慢变

当光纤受横向压力作用时，光轴会发生变化，进而引起传输偏振态的改变，假设光纤半径为 r，单位长度内受力为 $f(\text{N/mm})$，通过光纤快慢轴建立 (x, y) 坐标系，x 轴为慢轴，y 轴为快轴，作用力和快轴夹角为 α。横向压力的作用长度为 l，光线垂直于 (x, y) 平面沿 z 方向传播，压力引起的偏振角改变量为 θ，有

$$\tan 2\theta = \frac{F \sin 2\alpha}{1 + F \cos 2\alpha} \tag{6.48}$$

其中 F 为归一化力参数，且

$$F = \frac{5.4614 L_{b0}}{r\lambda} f \tag{6.49}$$

假设 Alice 发送量子态 $|\varphi\rangle$，且

$$|\varphi\rangle = \begin{pmatrix} |\cos(\alpha)\rangle \\ |\sin(\alpha)\rangle \end{pmatrix} = R_z(\alpha) \begin{pmatrix} |0\rangle \\ |1\rangle \end{pmatrix} \tag{6.50}$$

其中 $R_z(\alpha) = \begin{pmatrix} \cos\alpha & \sin\alpha \\ -\sin\alpha & \cos\alpha \end{pmatrix}$，$\alpha$ 为光子偏振方向。由于外界压力和光纤的相互作用，导致光纤传输的量子态被隐含地测量，从而引起相位振动，从前面分析可知，相位振动角即为 θ，设传输后量子态为 $|\varphi'\rangle$，则该振动过程可以表示为

$$|\varphi'\rangle = R_z(\theta) |\varphi\rangle = R_z(\alpha + \theta) \begin{pmatrix} |0\rangle \\ |1\rangle \end{pmatrix} \tag{6.51}$$

式中，有

$$R_z(\theta) = \begin{pmatrix} \cos\theta & \sin\theta \\ -\sin\theta & \cos\theta \end{pmatrix}$$

$$R_z(\alpha + \theta) = \begin{pmatrix} \cos(\alpha + \theta) & \sin(\alpha + \theta) \\ -\sin(\alpha + \theta) & \cos(\alpha + \theta) \end{pmatrix}$$

利用 (6.48) 式，可以得出量子态 $|\varphi\rangle$ 经光纤传输后用 "+" 基测量为 0 的概率和归一化力参数间的关系式为

$$p(0) = \cos^2(\alpha + \theta) \tag{6.52}$$

式中：

$$\theta = \frac{1}{2}\arctan\left[\frac{F\sin2\alpha}{1 + F\cos2\alpha}\right]$$

为了能更好地反映密钥分发的实际情况，假设传输光纤为 PM1310G.125 型熊猫光纤，其工作波长为 1310 nm，拍长为 2.6 mm，光纤外径为 125 μm，发送量子态为 $|0\rangle$。由于在外径、拍长和波长确定的情况下，归一化力参数和力的大小成正比，为了分析方便，仿真参数使用归一化力参数 F，力的作用角分别取 $0°$，$15°$，$30°$，$45°$，同时考虑到 Alice 和 Bob 仅保留测量基一致的量子比特，故采用(6.52)式得出如图 6.4 所示曲线。

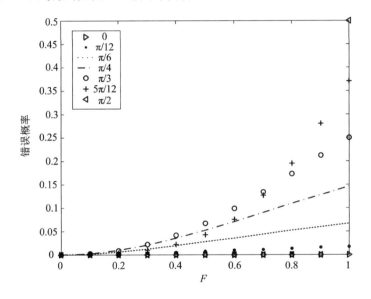

图 6.4　光纤受力下的误判概率

从图 6.4 可以看出，随着作用力的增大，误判的可能性也越来越大，另外，误判概率受作用角的影响也非常明显，图中显示随着作用角的增大，相同的作用力对判决的误码影响越来越大。但在大于 $\pi/4$ 后，小作用力情况下，作用角对量子比特影响不大。

光纤信道中，除了偏振模色散外，还存在频率色散，影响系统性能，特别是对相位编码的 QKD 系统，这可以通过压缩单光子脉冲的线宽、改善系统传输性能，以及增加滤波器来克服。

6.4.3　量子信号和数据在单根光纤中的传播

在目前大多数实验或应用的量子通信系统中，量子信号单独采用一根光纤（即所谓的暗光纤）传输，这样做性能虽好但成本较高。如果将量子信号与数据信号在同一根光纤中传输比较经济，但是强光信号对单光子信号的影响较大。这里介绍 A. J. Shields 团队的实测结果和他们的解决方法[7]。

他们的实验如图 6.5 所示。Alice 端包括量子发射机、数据收发机和同步单元，量子发射机的组成如图 6.5(b)所示，由波长为 1550 nm、重复频率为 1 GHz 的激光器、强度调制器、相位调制器及衰减器等构成。Bob 端由量子接收机、数据收发机、同步单元和衰减器组成。Bob 端的量子接收机由偏振控制器、相位调制器、移相器和探测器组成。量子发射和接收部分分别组成非对称 MZ 干涉仪，采用相位编码的量子密钥分发方案。

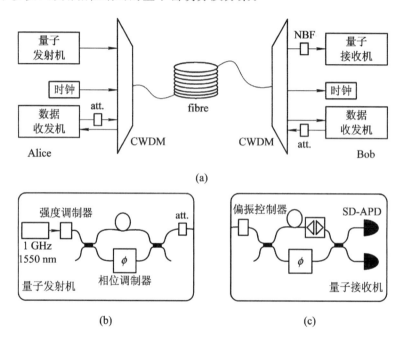

图 6.5 A. J. Shields 团队的实验装置

量子信号、同步和数据采用粗波分复用器复用在一根光纤上传输，数据信道的速率为 1.25 Gb/s，数据光波长为 1611 nm。虽然进行 QKD 的光子和数据传输采用的光波长不同，但是由于拉曼散射和非线性作用导致的光子与量子信号频谱重叠，因而采用滤波不可能完全滤除。图 6.6 显示了后向散射的拉曼噪声谱，光纤长度为 80 km，发射功率为 0 dBm。瑞利散射的光幅度比拉曼散射光幅度约高 4 个数量级，不过瑞利散射光子的波长与激光器波长相同，可由使用 CWDM1551 nm 通带的量子单元所滤除，如图 6.6 所示。

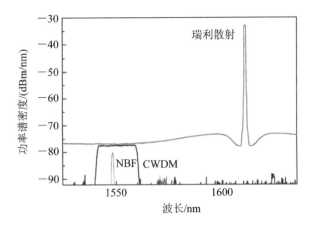

图 6.6　后向散射的拉曼噪声谱

图 6.7 给出了不同波长的光进入到量子信号 1551 nm 通带的功率,图中是在接收端 CWMD 器件之后测量得到的,前向散射是指 Alice 侧发出的光,后向散射是指 Bob 侧发出的光。可见前向散射和后向散射随着距离的增加特性明显不同,在距离较长时后向散射占主要地位。图中实线是理论结果。

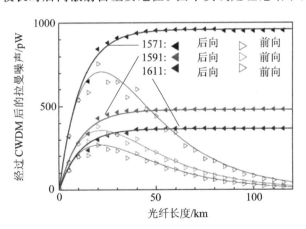

图 6.7　到达量子接收机的拉曼噪声功率

通过分析拉曼光子到达探测器的随机特性,可提高量子信号与拉曼噪声的信噪比,进而采用时间过滤(temporal filtering)技术可使信噪比提高 10 倍。图 6.6 也给出了同时经过 CWDM 滤波和窄带滤波器(Narrow bandwidth filter)滤波后的波谱。最后给出实验得到的密钥生成率和量子误码率,如图 6.8 所示。

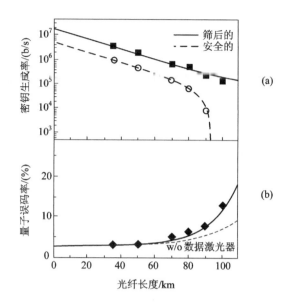

图 6.8　量子密钥分发系统的性能

6.5　自由空间量子信道

　　由第 4 章可知,对于全球化量子通信,基于卫星的平台是一种可行的方式。目前已进行了自由空间 144 km 的量子通信实验[8],且验证了 300 km 量子通信的可行性。同时,又有研究人员进行机载平台与地面的量子通信实验。在大气信道中,受湍流等因素的影响,大气损耗不稳定且一直在起伏,这种影响会使光量子特性丧失。但是在相同损耗数值的情况下,这种损耗起伏对量子纠缠性保持却比预想的(具有相同损耗数值的其他信道)要好些[9, 10]。在经典领域中,对光在自由空间的传输又进行了大量的研究,但其结果不能照搬在光量子的传输特性上。本节首先介绍自由空间量子信道的特点,其次介绍其传输特性,重点是传输系数的概率分布。

6.5.1　自由空间量子信道的特点

　　这里,自由空间信道指大气信道。大气极不稳定,它的温度、压力、密度、水汽含量等都在不断地变化和运动着,包含在大气中的液态水、沙尘、气溶胶等也处于不停的变化和运动状态中,因此对于光量子的传输而言,大气是一个随机媒质[11]。

　　单光子在大气中的传输,会遇到如下影响:

1. 气体分子及气溶胶的吸收效应

大气分子的吸收使得单光子被损耗，气溶胶的吸收使得折射率发生变化，从而影响单光子的传输特性。

2. 浑浊介质的影响

浑浊介质是指大气中的微粒，如雨、雾、沙尘等，它们在大气中分立存在，有明确的边界。浑浊介质对单光子的影响主要体现在损耗上。

3. 湍流介质的影响

湍流介质是指大气本身的运动、温度差、压力差、密度差等引起的折射率随机改变对光脉冲的影响。湍流介质的影响主要表现在接收平面上单光子到达率的起伏和相位的起伏。

对于自由空间量子通信，多采用偏振编码的单光子或纠缠光子对进行通信，大气损耗导致传输率降低，量子特性（如纠缠特性、相干性）丧失，因此研究量子信道的传输特性对设计通信协议和系统非常重要。

6.5.2　自由空间量子信道的传输特性

自由空间量子信道传输特性可采用传输系数（transimission coefficient）的概率分布来表征。对于信道中的随机强度调制可用对数正态分布来表征[12]，

$$P(y) = \frac{1}{\sqrt{2\pi}\sigma y} \exp\left[-\frac{1}{2}\left(\frac{\ln y + \bar{\theta}}{\sigma}\right)^2\right] \tag{6.53}$$

其中，y 为大气传输效率，$\bar{\theta} = -<\ln y>$ 表示大气的平均损耗，σ 为 $\theta = -\ln y$ 的方差，表示大气湍流的影响，这个分布仅用于用户 $\sigma \ll \bar{\theta}$ 的情形。但对于传输系数接近于 1 时的尾部分布描述得不够准确。一般说来，自由空间信道又有湍流和光源不稳定引起的波束漫射，这里重点介绍波束漫射的特性。

1. 起伏损耗信道

若 $\hat{a}_{\text{in}}$ 和 $\hat{a}_{\text{out}}$ 为输入场和输出场的湮灭算子，则它们之间的关系可描述为[10]

$$\hat{a}_{\text{out}} = T\hat{a}_{\text{in}} + \sqrt{1 - T^2}\,\hat{c} \tag{6.54}$$

其中，T 为传输系数，是一正整数，$0 \leqslant T \leqslant 1$，$\hat{c}$ 表示环境模，它处于真空态。这里不考虑相位相消的情形。对于起伏损耗信道，T 为一随机变量。

信道的量子态输入输出关系可写为[10]

$$P_{\text{out}}(\alpha) = \int_0^1 \mathrm{d}T p(T)\frac{1}{T^2}P_{\text{in}}\left(\frac{\alpha}{T}\right) \tag{6.55}$$

式中，$P_{\text{in}}(\alpha)$ 和 $P_{\text{out}}(\alpha)$ 分别为输入输出的 P 函数，或称为 Glauber-Sudarshan P

表示［量子光学］，它与密度算子 ρ 的关系为

$$P(\alpha) = \frac{1}{\pi^2} \int_{-\infty}^{+\infty} \mathrm{d}^2\beta \varPhi(\beta) \mathrm{e}^{\alpha\beta^* - \alpha^*\beta} \tag{6.56}$$

式中

$$\varPhi(\beta) = \mathrm{tr}[\rho \exp(\hat{a}^+ \beta)\exp(-\hat{a}\beta^*)] \tag{6.57}$$

为特征函数。

当然，输入输出函数也可用其他函数表示，如 Wigner 函数。

2. 孔径传输系数

对于吸收较弱的信道，波束漫射损耗起主要作用，这是由于接收端的孔径裁剪导致的。若光脉冲由 n 个不同波束数 k 的高斯波束叠加而成，从源沿 Z 轴传输到距离源为 z_{ap} 的孔径平面，且假设波束偏离由光源调整不准和弱湍流引起，则可以认为波束注入到孔径平面时为正态分布。波束中心偏离孔径中心距离为 r，如图 6.9 所示。

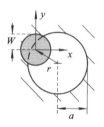

图 6.9　波束中心与孔径中心示意

令传输系数的平方为传输效率，则高斯波束的传输效率为

$$T^2(k) = \int_A \mathrm{d}x\, \mathrm{d}y\, |\, U(x, y, z_{ap}; k)\,|^2 \tag{6.58}$$

式中，A 是孔径开口区域，$U(x, y, z_{ap}; k)$ 是在 XY 平面上归一化的高斯波束。孔径口传输系数 $T(k)$ 近似等于(6.55)式中的脉冲传输系数，即 $T \approx T(k_0)$，k_0 是载波的系数。对于孔径平面上光斑半径为 W 的高斯波束，其传输效率可由不完全 Weber 积分给出，即[10]

$$T^2 = \frac{2}{\pi W^2} \mathrm{e}^{-2\frac{r^2}{w^2}} \int_0^a \mathrm{d}\rho\rho \mathrm{e}^{-2\frac{\rho^2}{w^2}} I_0\left(\frac{4}{w^2}r\rho\right) \tag{6.59}$$

式中，a 是孔径半径，I_n 为修正 Bessel 函数。

不完全 Weber 积分定义为

$$\widetilde{Q}_n(x, z) = (2x)^{-n-1} \mathrm{e}^x \int_0^z \mathrm{d}t t^{n+1} \exp\left(-\frac{x^2}{4x}\right) I_n(t) \tag{6.60}$$

则(6.59)式也可写为

$$T^2 = \mathrm{e}^{-4\frac{r^2}{w^2}} \widetilde{Q}_0 \left(2\,\frac{r^2}{W^2},\ 4\,\frac{ra}{W^2} \right) \tag{6.61}$$

对传输函数的概率分布而言，(6.59)式可近似为如下形式

$$T^2 = T_0^2 \exp\left[-\left(\frac{r}{R} \right)^\lambda \right] \tag{6.62}$$

式中，T_0 是给定波束光斑半径 W 时的最大传输系数，λ 是形状参数，R 是尺度函数。

常数 T_0、λ 和 R 可以按下面步骤获得：将传输函数看做偏离半径 r 的函数，即 $T^2(r)$。对于(6.59)式，可计算出 $T^2(0)$、$T^2(a)$、$\dfrac{\mathrm{d}T^2(r)}{\mathrm{d}r}\Big|_{r=a}$。由条件 $T^2(0)=T_0^2$，可得

$$T_0^2 = 1 - \exp\left(-2\,\frac{a^2}{W^2} \right) \tag{6.63}$$

λ 和 R 可由 T^2 和其在 a 点的微分两个方程得到：

$$\lambda = 8\,\frac{a^2}{W^2} \cdot \frac{\exp\left(-4\,\dfrac{a^2}{W^2}\right) I_1\left(4\,\dfrac{a^2}{W^2}\right)}{1 - \exp\left(-4\,\dfrac{a^2}{W^2}\right) I_0\left(4\,\dfrac{a^2}{W^2}\right)}$$

$$\times \left[\ln\left(\frac{2T_0^2}{1 - \exp\left(-4\,\dfrac{a^2}{W^2}\right) I_0\left(4\,\dfrac{a^2}{W^2}\right)} \right) \right]^{-1} \tag{6.64}$$

$$R = a \left[\ln\left(\frac{2T_0^2}{1 - \exp\left(-4\,\dfrac{a^2}{W^2}\right) I_0\left(4\,\dfrac{a^2}{W^2}\right)} \right) \right]^{-\frac{1}{\lambda}} \tag{6.65}$$

图 6.10 给出了传输系数 $T^2(r)$ 与 r 的关系，当 $W=0.23a$ 时，最大相对均方误差为 1.85%。

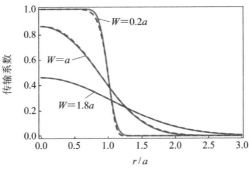

图 6.10　传输系数与 r 的关系

3. 传输系数的概率分布

假定波束中心位置围绕孔径中心偏离为 d 的一点服从方差为 σ^2 的正态分布。当仅考虑辐射源的调整不完美引起的波束漫射时，方差 $\sigma^2 \approx \sigma_v^2 z^2$，$\sigma_v^2$ 为源偏离角的方差；同样，仅考虑弱大气湍流时，$\sigma^2 \approx 1.919 C_n^2 z^3 (2W_0)^{-1/3}$，式中，$C_n^2$ 为折射体结构常数。W_0 为辐射之处的波束光斑半径。

基于以上假定，波束偏离距离 r 的抖动服从参数为 d 和 σ 的 Rice 分布。若传输系数用（6.62）式近似，则其概率分布服从负对数的广义莱斯分布（log-negative generalized Rice distribution）。

$$P(T) = \frac{2R^2}{\sigma^2 \lambda T} \left(2\ln \frac{T_0}{T}\right)^{\frac{2}{\lambda}-1} I_0 \left(\frac{Rd}{\sigma^2}\left[2\ln \frac{T_0}{T}\right]^{\frac{1}{\lambda}}\right)$$

$$\times \exp\left[-\frac{1}{2\sigma^2}\left\{R^2 \left(2\ln \frac{T_0}{T}\right)^{\frac{2}{\lambda}} + d^2\right\}\right] \qquad (6.66)$$

当 $T \in [0, T_0]$ 时，$P(T)=0$。

当波束围绕孔径中心振动时，$d=0$，分布变为负对数（log-negative）Weibull 分布。

$$P(T) = \frac{2R^2}{\sigma^2 \lambda T} \left(2\ln \frac{T_0}{T}\right)^{\frac{2}{\lambda}-1} \exp\left[-\frac{1}{2\sigma^2}R^2 \left(2\ln \frac{T_0}{T}\right)^{\frac{2}{\lambda}}\right] \qquad (6.67)$$

当 $T \in [0, T_0]$ 时，$P(T)=0$。

式（6.66）和式（6.67）表示传输系数分布在 $T=0$ 和 $T=T_0$ 时存在奇点，难以实验观测。因此，定义尾部分布

$$\overline{F}(T) = \int_T^1 \mathrm{d}T' p(T') \qquad (6.68)$$

其表示传输系数超过 T 值的概率。不同光斑半径 W 下的结果如图 6.11 所示，图中实线表示 $d=0$ 时的结果，虚线表示 $d=\sigma$ 时的结果。

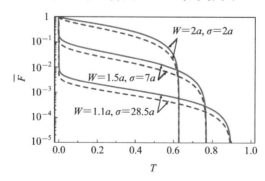

图 6.11　不同波束光斑半径 W 下的尾分布

分析表明：T 较大时的尾部分布对保持光的非经典性非常重要[10]，所以尾部分布可以衡量量子协议的可行性。

本章参考文献

[1] Nielsen M A, Chuang I L. Quantum Computation and Quantum Information, Cambridge University Press. 2000.

[2] 张永德. 量子信息物理原理. 北京：科学出版社，2006.

[3] J Preskill, Physies 219, Quantum Computation, http：//www. theory. caltech. edu/~preskill/ph219/ph219_2011.

[4] Holevo A S Problems of Information Transmission 2007，43(1).

[5] Wang X B, Hiroshima T, Tomita A. Hayashi M 2007 Phys. Rep. 448：1

[6] King C, Ruskai M B, Minimal Entropy of States Emerging from Noisy Quantum Channels. IEEE Transactions on Information Theory. Vol. 47, No. 1, 2001：192 – 209.

[7] Patel K A, Dynes J F, Choi I, Sharpe A W, Dixon A R, Yuan Z L, Penty R V and Shields A J. Coexistence of High-Bit-Rate Quantum Key Distribution and Data on Optical Fiber. PHYSICAL REVIEW X 2, 041010 (2012).

[8] Fedrizzi A, et al. Nature Physics, 2009，5：389.

[9] Semenov A A, Voge C W. Entanglement transfer though the turbulent atmosphere. Physical Review A. 81. 023835.

[10] Yu D, Vasylyev, Semnov A A, Vogel W. Toward Global Quantum Communication：Beam Wandering Preserves Nonclassicality. Physical Review Letters. 108，220501，2012.

[11] 吴健，杨春平，刘建斌. 大气中的光传输理论. 北京：北京邮电大学出版社，2005.

[12] Semenov A A, Vogel W. Physical Review. A. 81，023835，2010.

[13] Nyquist H. 1928，Phys. Rev. 32，110.

[14] Callen H B, Welton T A. 1951，Phys. Rev. 83，34.

[15] Gardiner C W. Zoller P. Quantum Noise：A Handbook of Markovian and Non-Markovian Quantum Stochastic Methods with Applications to Quantum Optics(Third Edition)，Berlin，Springer-Verlag，2004.

第 7 章　量 子 编 码

本章简要回顾了经典信源和信道编码，讲述了量子信源编码、量子信源编码定理和量子信道编码的基本概念，重点讲述了 CSS 码和稳定子码，并给出了量子纠错码的性能限。

7.1　量子信源编码

本节首先介绍了经典信源编码的基本概念和原理，给出了信源编码定理；其次，介绍了 Schumacher 无噪声信道编码定理；最后，举例说明了量子信源编码的方法。

7.1.1　经典信源编码简介

信源包括离散信源和连续信源。信源编码的目的一个是将模拟信号变为数字信号，另一个是压缩信源符号所占用的比特数，提高通信的效率，而信道编码的目的是提高通信的可靠性。

信源编码包括无失真信源编码和有失真信源编码[1]。无失真信源编码是在不损失信息的前提下，压缩信息的冗余度，而有失真编码基于率失真（信息率失真）理论，允许信息有一定损失，或波形失真（对连续信源），从而达到降低信息速率的目的。

1. 无失真信源编码

无失真信源编码，包括等长编码和不等长编码。

（1）等长编码。对于等长编码，如果将长度为 L 的消息序列 $\boldsymbol{u}_L = (u_1, u_2, \cdots, u_L) \in U^L$ 编成长度为 N 的码字 $\boldsymbol{x} = (x_1, x_2, \cdots, x_N)$，其中 u_i 为消息字符，$x_i \in \{0, 1, \cdots, D-1\}$。若码字总数为 M，则编码速率为

$$R = \frac{1}{L} \, \text{lb} M \tag{7.1}$$

将 $M = D^N$ 代入上式，得

$$R = \frac{N}{L} \text{lb}D \tag{7.2}$$

码字 x 经过信道传输后，在接收端译码结果记为 $\hat{\boldsymbol{u}}_L$，译码错误概率记为

$$P_e = P_r\{\hat{\boldsymbol{u}}_L \neq \boldsymbol{u}_L\} \tag{7.3}$$

对于给定的信源和编码速率 R 及任意 $\varepsilon > 0$，若存在 L_0 及编译码方法，使得当码长 $L > L_0$ 时，$P_e < \varepsilon$，称 R 是可达的，否则是不可达的。

无失真信源编码定理 1：对于无噪声信道，若 $R > H(U)$，则 R 是可达的；若 $R < H(U)$，则 R 是不可达的。

其中，$H(U)$ 为每个信源符号包含的平均信息量。编码效率定义为

$$\eta = \frac{H(U)}{R} \tag{7.4}$$

由无失真信源编码定理，当 R 可达时，$\eta \leqslant 1$。

（2）不等长编码。不等长编码是指对信源输出的消息采用不同长度的码字表示。若信源有 k 个符号 $a_1, a_2, \cdots, a_k$，每个符号出现的概率分别为 $P(a_1)$，$P(a_2), \cdots, P(a_k)$，编码时最常出现的消息码长最短，不常出现的消息码长较长。令第 k 个消息对应长为 n_k 的 D 元码，当信源为无记忆时，则每个信源字符所需码符号数为

$$\bar{n} = \sum_k P(a_k) n_k \tag{7.5}$$

对于不等长编码，可以证明存在下述编码定理[1]：

无失真信源编码定理 2：若任一唯一可译码满足

$$\bar{n}\, \text{lb}D \geqslant H(U) \tag{7.6}$$

则存在 D 元唯一可译码，其平均长度满足下述关系

$$\bar{n} < \frac{H(U)}{\text{lb}D} + 1 \tag{7.7}$$

对于 2 元码，即当 $D=2$ 时，有

$$H(U) \leqslant \bar{n} < H(U) + 1 \tag{7.8}$$

若信源输出的消息符号序列长为 L，此时源可写为 $\{U^L, P(\boldsymbol{u}_L)\}$，若 U^L 的熵为 $H(U^L)$，则平均一个消息符号的编码长度为

$$\bar{n} = \frac{\bar{n}(U^L)}{L} \tag{7.9}$$

其中

$$\bar{n}(U^L) = \sum_{\boldsymbol{u}_L} P(\boldsymbol{u}_L) n(\boldsymbol{u}_L) \tag{7.10}$$

而 $n(\boldsymbol{u}_L)$ 是消息序列 $\boldsymbol{u}_L$ 的码组长度。由不等长编码定理可得

$$\bar{n} \geqslant \frac{H(U^L)}{L \, \mathrm{lb}D} \tag{7.11}$$

$$\bar{n} < \frac{H(U^L)}{L \, \mathrm{lb}D} + \frac{1}{L} \tag{7.12}$$

若源 $\{U^L, P(\boldsymbol{u}_L)\}$ 为简单无记忆信源，则有 $H(U^L) = LH(U)$，从而有

$$\frac{H(U)}{\mathrm{lb}D} \leqslant \bar{n} < \frac{H(U)}{\mathrm{lb}D} + \frac{1}{L} \tag{7.13}$$

当 L 增大时，$\bar{n}$ 逐渐趋近于 $\frac{H(U)}{\mathrm{lb}D}$。不等长编码的编码速率为

$$R = \bar{n} \, \mathrm{lb}D \tag{7.14}$$

这样，不等长编码定理可描述为：若 $H(U) \leqslant R < H(U) + \varepsilon$，则存在唯一可译的不等长编码；若 $R < H(U)$，则不存在唯一可译的不等长编码。不等长编码的编码效率仍为式(7.4)所示。

无失真信源编码方法包括 Shannon 编码、Huffman 编码、Fano 编码、算术编码和 LZ 编码。对于有记忆信源编码，请详见本章参考文献[1]。

2. 有失真信源编码

若传输的信息允许一定的失真，则信息速率可进一步降低，这在语音、图像和视频信源的压缩上有很大的应用。

若 U 为信源产生的信息空间，V 为接收方收到(译码后)的信息空间。令信道的失真 $d(u, v)$ 是 U 和 V 的非负函数，若 U, V 为离散变量，且其定义域为 $U = V = \{a_1, a_2, \cdots, a_K\}$，则信道失真的定义域可写为 $d_{ij} = d(u = a_i, v = a_j)$。对于离散变量，具体的失真函数可定义为

$$d_{ij} = \begin{cases} 0 & i = j \\ a > 0 & i \neq j \end{cases} \tag{7.15}$$

或

$$d_{ij} = |i - j| \tag{7.16}$$

对于连续变量，失真函数可定义为

$$d(u, v) = (u - v)^2 \tag{7.17}$$

对于离散变量，其平均失真为

$$\bar{d} = E[d(u, v)] = \sum_i \sum_j Q_i P_{ji} d_{ij} \tag{7.18}$$

对于连续变量，其平均失真为

$$\bar{d} = \iint_{uv} Q(u) P_{V|U}(v \mid u) d(u, v) \mathrm{d}u \, \mathrm{d}v \tag{7.19}$$

若 $\boldsymbol{u}, \boldsymbol{v}$ 是 L 维向量，则向量间的失真可定义为

$$d_L(\boldsymbol{u}, \boldsymbol{v}) = \frac{1}{L} \sum_{l=1}^{L} d(u_l, v_l) \tag{7.20}$$

平均失真为

$$\overline{d}_L = E\big[d_L(\boldsymbol{u}, \boldsymbol{v})\big] = \frac{1}{L} \sum_{l=1}^{L} E\big[d(u_l, v_l)\big] = \frac{1}{L} \sum_{l=1}^{L} \overline{d}_l \tag{7.21}$$

$\overline{d}_l$ 是第 l 个分量的平均失真。如果要求平均失真 $\overline{d} \leqslant D$，在信源特性 $Q(u)$ 及失真函数 $d(\boldsymbol{u}, \boldsymbol{v})$ 已知时，不同的编码相当于 P_{ji} 或 $P_{V|U}(v|u)$ 不同，有失真时的信源编码相当于从满足 $\overline{d} \leqslant D$ 的所有编码方式或 P_{ji} 或 $P_{V|U}(v|u)$ 中选择一种使信息率最小。记 P_D 为满足 $\overline{d} \leqslant D$ 的 P_{ji} 全体，于是引入以下的信息率失真函数（简称率失真函数）

$$R(D) = \min_{P_{ji} \in P_D} I(U; V) \tag{7.22}$$

由上式可见，率失真函数反应了失真不超过 D 时传输所需的最小互信息量。再定义信息率失真函数：

$$D(R) = \min_{D \in D_R} D \tag{7.23}$$

信息率失真函数体现了给定信息率 R，为寻找最小的失真的编码方式。由定义可见，率失真函数的取值范围为 $0 \leqslant R(D) < H(U)$，且 $\lim\limits_{D \to 0} R(D) = H(U)$。基于率失真函数，有如下的信源编码逆定理。

有失真时的信源编码逆定理：当速率 $R < R(D)$ 时，不论采取什么编译码方式，平均失真必大于 D。

对于离散无记忆信源，令 $I(P)$ 为对应于某种编码方式 P 的发送与接收方的互信息，令在参数 ρ 和编码方式 P 下的速率 R 的数学期望为

$$E(R; \rho, P) = -\rho R - \ln \sum_{u} \Big[\sum_{v} \Omega(v) Q(u|v)^{\frac{1}{1+\rho}} \Big]^{1+\rho} \tag{7.24}$$

其中，$Q(u|v)$ 为反向传输时的转移概率，则有如下的编码定理：

有失真时的离散无记忆信源编码定理：给定失真 D，令 P^* 为使 $D(P) \leqslant D$，且 $I(P)$ 达到极小的条件概率，则存在长度为 N 的分组码 C，它的平均失真 $d(C)$ 满足

$$d(C) \leqslant D + d_0 e^{-NE(R, D)}$$

其中，$E(R, D) = \max\limits_{-1 \leqslant \rho \leqslant 0} E(R; \rho, P^*)$，当 $R > R(D)$ 时 $E(R, D)$ 恒大于 0。

该定理表明，随着分组长度 N 的增加，总能找到一种编码方式，它在速率 $R > R(D)$ 时，可使失真任意接近 D。上述定理也可表述为：给定任意 $\varepsilon > 0$，存在一分组码 C，它的速率为 $R(D) < R < R(D) + \varepsilon$，平均失真度满足 $d(C) < D + \varepsilon$。

7.1.2　量子信源编码定理

一个量子信源可由一个 Hilbert 空间 H 和该空间上的密度矩阵 ρ 描述。令 C^n 表示压缩映射，D 表示解压缩映射。设压缩率为 R，则压缩运算（信源编码）C^n 是将 $H^{\otimes n}$ 中的状态映射到 2^{nR} 维的状态空间。

在给出量子信源编码定理之前，先讨论量子版本的典型序列概念。设量子信源输出的量子态的密度算子为 ρ，对其进行正交分解

$$\rho = \sum_x p(x) \mid x \rangle \langle x \mid \qquad (7.25)$$

其中，$\mid x \rangle$ 是标准正交基，$p(x)$ 是 ρ 的特征值。与概率分布相似，ρ 的特征值非负且和为 1，且有 $H[p(x)] = S(\rho)$。与经典的典型序列类似，ε 典型序列 $x_1, x_2, \cdots, x_n$ 满足：

$$\left| \frac{1}{n} \mathrm{lb} \left(\frac{1}{p(x_1) p(x_2) \cdots p(x_n)} \right) - S(\rho) \right| \leqslant \varepsilon \qquad (7.26)$$

定义 ε 典型序列 $x_1, x_2, \cdots, x_n$ 对应的状态 $\mid x_1 \rangle \mid x_2 \rangle \cdots \mid x_n \rangle$ 为 ε 典型状态，ε 典型状态 $\mid x_1 \rangle \mid x_2 \rangle \cdots \mid x_n \rangle$ 张成的子空间称为 ε 典型子空间，记作 $T(n, \varepsilon)$，并把到 ε 典型子空间上的投影算符记做 $P(n, \varepsilon)$，其表达式为

$$P(n, \varepsilon) = \sum_{\varepsilon \text{典型序列} x} \mid x_1 \rangle \langle x_1 \mid \otimes \mid x_2 \rangle \langle x_2 \mid \otimes \cdots \mid x_n \rangle \langle x_n \mid \qquad (7.27)$$

与经典的典型序列定理相对应得到如下的典型子空间定理[2, 3]。

典型子空间定理：

（1）若对任意确定的 $\varepsilon > 0$，则对任意 $\delta > 0$ 和充分大的 n，有

$$\mathrm{tr}[P(n, \varepsilon) \rho^{\otimes n}] \geqslant 1 - \delta \qquad (7.28)$$

（2）对任意确定的 $\varepsilon > 0$ 和 $\delta > 0$，以及充分大的 n，$T(n, \varepsilon)$ 的维数 $|T(n, \varepsilon)| = \mathrm{tr}[P(n, \varepsilon)]$，满足

$$(1 - \delta) 2^{n[S(\rho) - \varepsilon]} \leqslant \mid T(n, \varepsilon) \mid \leqslant 2^{n[S(\rho) + \varepsilon]} \qquad (7.29)$$

（3）令 $S(n)$ 为到 $H^{\otimes n}$ 的任意至多 2^{nR} 维子空间的一个投影，其中 $R < S(\rho)$ 且为固定值，则对任意 $\delta > 0$ 和充分大的 n，有

$$\mathrm{tr}[S(n, \varepsilon) \rho^{\otimes n}] \leqslant \delta \qquad (7.30)$$

证明：（1）由于 $\mathrm{tr}[P(n, \varepsilon) \rho^{\otimes n}] = \sum_{\varepsilon \text{典型序列} x} p(x_1) p(x_2) \cdots p(x_n)$

根据经典典型序列定理（1）即可得到。

（2）可直接由经典典型序列定理得到；

（3）算子的迹可以分为典型子空间上的迹和非典型子空间上的迹，即

$$\mathrm{tr}[S(n) \rho^{\otimes n}] = \mathrm{tr}[S(n) \rho^{\otimes n} P(n, \varepsilon)] + \mathrm{tr}[S(n) \rho^{\otimes n} (I - P(n, \varepsilon))] \qquad (7.31)$$

对(7.31)式中的每项分别估界，对第一项有

$$\rho^{\otimes n}P(n,\varepsilon) = P(n,\varepsilon)\rho^{\otimes n}P(n,\varepsilon) \tag{7.32}$$

因为 $P(n,\varepsilon)$ 是与 $\rho^{\otimes n}$ 可对易的投影算子，且 $P(n,\varepsilon)\rho^{\otimes n}P(n,\varepsilon)$ 的特征值有上界 $2^{-n[S(\rho)-\varepsilon]}$，所以有

$$\mathrm{tr}[S(n)P(n,\varepsilon)\rho^{\otimes n}P(n,\varepsilon)] \leqslant 2^{nR}2^{-n[S(\rho)-\varepsilon]} \tag{7.33}$$

令 $n \to \infty$，可见 (7.31) 式中第一项趋于 0。对 (7.31) 式第二项，注意到有：$S(n) \leqslant I$。由于 $S(n)$ 和 $\rho^{\otimes n}(1-P(n,\varepsilon))$ 都是半正定算子，故当 $n \to \infty$ 时，有 $0 \leqslant \mathrm{tr}[S(n)\rho^{\otimes n}(1-P(n,\varepsilon))] \leqslant \mathrm{tr}[\rho^{\otimes n}(I-P(n,\varepsilon))] \to 0$。于是，第二项当 n 值较大时也趋于 0。所以 (7.30) 式成立。

证毕

基于典型子空间定理，可以得到如下的量子形式的信源编码定理[2, 3]。

Schumacher 无噪声信道编码定理：令 $\{H, \rho\}$ 是独立同分布的量子信源，若 $R > S(\rho)$，则对该 $\{H, \rho\}$ 存在比率为 R 的可靠压缩方案；若 $R < S(\rho)$，则比率 R 的任何压缩方案都不是可靠的。

证明：(1) 设 $R > S(\rho)$ 且取 $\varepsilon > 0$，使其满足 $R \geqslant S(\rho) + \varepsilon$。根据典型子空间定理，对 $\forall \delta > 0$ 和充分大的 n，$\mathrm{tr}[P(n,\varepsilon)\rho^{\otimes n}] \geqslant 1 - \delta$，且 $\dim[T(n,\varepsilon)] \leqslant 2^{nR}$。

令 H_c^n 为包含 $T(n,\varepsilon)$ 的任意 2^{nR} 维 Hilbert 子空间，编码过程如下：首先，进行投影测量，投影算子为 $P(n,\varepsilon)$ 和 $I-P(n,\varepsilon)$，相应的输出结果记为 0 和 1；其次，若测量结果为 0，则状态保留在典型子空间中，如果出现 1 则将状态变为典型子空间中的某个基态 $|0\rangle$。由前述可知，编码是将 $H^{\otimes n}$ 中的状态变到 2^{nR} 维子空间 H_c^n 中的映射，记作 $C^n: H^{\otimes n} \to H_c^n$，其算子和表示为

$$C^n(\sigma) = P(n,\varepsilon)\sigma P(n,\varepsilon) + \sum_i A_i\sigma A_i^+ \tag{7.34}$$

其中，$A_i = |0\rangle\langle i|$，$\langle i|$ 是典型子空间正交补的标准正交基。

译码运算为映射 $D^n: H_c^n \to H^{\otimes n}$，对未编码的状态应能正确译码，即 $D^n(\sigma) = \sigma$。运用典型子空间定理，对应编解码方法 C^n 和 D^n，用 $D^n \circ C^n$ 表示压缩-解压缩运算，保真度为

$$\begin{aligned} F(\rho^{\otimes n}, D^n \circ C^n) &= |\mathrm{tr}[\rho^{\otimes n}P(n,\varepsilon)]|^2 + |\mathrm{tr}[\rho^{\otimes n}A_i]|^2 \\ &\geqslant |\mathrm{tr}[\rho^{\otimes n}P(n,\varepsilon)]|^2 \geqslant |1-\delta|^2 \geqslant 1-2\delta \end{aligned} \tag{7.35}$$

由于 δ 对充分大的 n 可变得任意小，故可知只要 $R > S(\rho)$，总存在一个比率为 R 的可靠压缩方案 $\{C^n, D^n\}$。

(2) 设 $R < S(\rho)$，压缩运算（信源编码）把 $H^{\otimes n}$ 通过算子 $S(n)$ 映射到 2^{nR} 维子空间。令 C_j 为压缩运算 C^n 的运算元，而 D_k 为解压缩运算（译码）D^n 的运算

元，则

$$F(\rho^{\otimes n}, D^n \circ C^n) = \sum_{j,k} | \mathrm{tr}[D_k C_j \rho^{\otimes n}] |^2 \qquad (7.36)$$

每个 C_j 算子都用投影 $S(n)$ 映射到子空间中，故 $C_j = S(n)C_j$。令 $S^k(n)$ 为通过 D_k 将算子 $S(n)$ 映射到子空间上的投影，则有 $S^k(n)D_kS(n) = D_kS(n)$，且 $D_kC_j = D_kS(n)C_j = S^k(n)D_kS(n)C_j = S^k(n)D_kC_j$，其中

$$F(\rho^{\otimes n}, D^n \circ C^n) = \sum_{j,k} | \mathrm{tr}[D_k C_j \rho^{\otimes n} S^k(n)] |^2 \qquad (7.37)$$

由 Cauchy-Schwarz 不等式，可得

$$F(\rho^{\otimes n}, D^n \circ C^n) \leqslant \sum_{j,k} \mathrm{tr}[D_k C_j \rho^{\otimes n} C_j^+ D_k^+] \mathrm{tr}[S^k(n)\rho^{\otimes n}] \qquad (7.38)$$

根据典型子空间定理中的（3）可知，对 $\forall \delta > 0$ 和充分大的 n，有 $\mathrm{tr}[S^k(n)\rho^{\otimes n}] \leqslant \delta$，这个结果对于任何 n 都成立，而不依赖于 k。因为 C^n 和 D^n 是保迹的，所以有

$$F(\rho^{\otimes n}, D^n \circ C^n) \leqslant \delta \sum_{j,k} \mathrm{tr}[D_k C_j \rho^{\otimes n} C_j^+ D_k^+] = \delta \qquad (7.39)$$

由于 δ 是任意的，故当 $n \to \infty$ 时，$F(\rho^{\otimes n}, D^n \circ C^n) \to 0$，从而该压缩方案是不可靠的。

证毕

由 Schumacher 定理可知，信源编码的关键是构造到 2^{nR} 维典型子空间的映射。映射算法的线路必须完全可逆，并且信源压缩过程中要完全擦除原来的状态。这是因为根据不可克隆定理，原状态无法复制，不可能向经典压缩方案那样在压缩后保持状态。

若量子信源以概率 p_i 发送密度算子为 ρ_i 的量子态，ρ 是信源的总的密度算子。如果所有 ρ_i 均限制为纯态，则 Von Neumann 熵确定了精确表示信源发送的信息所需的最小量子位。特别地，当各个 ρ_i 互相正交时，Von Neumann 熵回到经典的 Shannon 信息熵的情形。需要指出的是，以上的定理仅仅是针对信源信号量子态是纯态的情形，如果信源信号量子态是混合态，这样的信源的可压缩性还是一个正在研究的问题。

Holevo 进一步研究了混合态信源，指出对于 ρ_i 为混合态的情形，所需的最少量子位数为 Holevo 信息熵。

7.1.3 量子信源编码实例

若信源产生的序列为 $|M\rangle = |x_1 x_2 \cdots x_n\rangle$，将其看做是 n 位量子位的张量积。（$|x_i\rangle \in \{|a_k\rangle\}_{k=1\cdots N}$，$\{|a_k\rangle\}$ 为一给定的字符表），而不是 n 位量子位组成的时间序列。设信源以概率 p_k 发送每一个信源量子位 $|a_k\rangle$，定义字符密度算

子为

$$\rho = \sum_{k=1}^{N} p_k \mid a_k \rangle \langle a_k \mid \qquad (7.40)$$

信源总的密度算了为

$$\rho_M = \rho \otimes \rho \otimes \cdots \otimes \rho \equiv \rho^{\otimes n} \qquad (7.41)$$

假设在量子通信信道中传输的信息由两个纯态量子位 $\{\mid a \rangle , \mid b \rangle\}$ 组成，定义 $\mid a \rangle$，$\mid b \rangle$ 分别为

$$\begin{cases} \mid a \rangle = \mid 0 \rangle = \begin{pmatrix} 1 \\ 0 \end{pmatrix} \\ \mid b \rangle = \dfrac{1}{\sqrt{2}}(\mid 0 \rangle + \mid 1 \rangle) = \dfrac{1}{\sqrt{2}}\begin{pmatrix} 1 \\ 1 \end{pmatrix} \end{cases} \qquad (7.42)$$

假设信源 X 服从均匀分布，两个纯态的概率相同，为 $p_a = p_b = 1/2$，则字符密度算子为

$$\begin{aligned} \rho &= p_a \mid a \rangle \langle a \mid + p_b \mid b \rangle \langle b \mid \\ &= \frac{1}{2}\begin{bmatrix} 1 & 0 \\ 0 & 0 \end{bmatrix} + \frac{1}{4}\begin{bmatrix} 1 & 1 \\ 1 & 1 \end{bmatrix} = \frac{1}{4}\begin{bmatrix} 3 & 1 \\ 1 & 1 \end{bmatrix} \end{aligned} \qquad (7.43)$$

ρ 的特征值为 $\lambda_a = \dfrac{\left(1 + \dfrac{1}{\sqrt{2}}\right)}{2} \equiv \cos^2\left(\dfrac{\pi}{8}\right)$，$\lambda_b = \dfrac{\left(1 - \dfrac{1}{\sqrt{2}}\right)}{2} \equiv \sin^2\left(\dfrac{\pi}{8}\right)$，特征向量 $\mid \lambda_a \rangle$，$\mid \lambda_b \rangle$ 为

$$\mid \lambda_a \rangle = \begin{pmatrix} \cos \dfrac{\pi}{8} \\ \sin \dfrac{\pi}{8} \end{pmatrix} , \quad \mid \lambda_b \rangle = \begin{pmatrix} \sin \dfrac{\pi}{8} \\ -\cos \dfrac{\pi}{8} \end{pmatrix} \qquad (7.44)$$

密度算子的对角矩阵形式为

$$\rho = \begin{pmatrix} \lambda_a & \\ & \lambda_b \end{pmatrix} = \begin{pmatrix} \cos^2 \dfrac{\pi}{8} & \\ & \sin^2 \dfrac{\pi}{8} \end{pmatrix} \qquad (7.45)$$

所以，任意消息字符（每个量子位）的诺依曼熵为

$$\begin{aligned} S(\rho) &= -\lambda_a \, \mathrm{lb}\lambda_a - \lambda_b \, \mathrm{lb}\lambda_b = -\lambda_a \, \mathrm{lb}\lambda_a - (1 - \lambda_a) \, \mathrm{lb}(1 - \lambda_a) \\ &\equiv f\left[\cos^2\left(\frac{\pi}{8}\right)\right] \equiv 0.6008 \end{aligned} \qquad (7.46)$$

定义保真度为

$$F = \langle \psi \mid \rho \mid \psi \rangle \equiv p_a \mid \langle \psi \mid a \rangle \mid^2 + p_b \mid \langle \psi \mid b \rangle \mid^2 \qquad (7.47)$$

其中，$\mid \psi \rangle$ 为任意的测量态。

由于 $p_a = p_b = 1/2$，所以保真度为 $F = (|\langle \psi|a\rangle|^2 + |\langle \psi|b\rangle|^2)/2$，由上式可知，当 $\{|\psi\rangle\} = \{|a\rangle\}$ 时，无论发送的是 $|a\rangle$ 还是 $|b\rangle$ 测量值达到最大，此时 $F = 0.853$。因此，$\{|\psi\rangle\} = \{|a\rangle\}$ 对应一个一维类子空间(likely subspace)，在这个空间中，任意的信息字符都是强可加的[3]。

将上述类子空间的维数增加为三维，则相应的字符为

$$|M\rangle = |aaa\rangle, |aab\rangle, |aba\rangle, |abb\rangle, |baa\rangle, |bab\rangle, |bba\rangle, |bbb\rangle$$
$$(7.48)$$

令 $|\psi\rangle = |\lambda_i \lambda_j \lambda_k\rangle$ 为一任意的测量状态，其中 $\lambda_i, \lambda_j, \lambda_k = \lambda_a, \lambda_b$。利用性质：

$$|\langle \psi|M\rangle|^2 = |\langle \lambda_i \lambda_j \lambda_k|xyz\rangle|^2 = |\langle \lambda_i|x\rangle|^2 |\langle \lambda_j|y\rangle|^2 |\langle \lambda_k|z\rangle|^2$$
$$(7.49)$$

以及上式的结论可以得到任意信息空间 $|M\rangle$ 的可用叠加态为

$$|\langle \lambda_a \lambda_a \lambda_a|M\rangle|^2 = \lambda_a^3 = \cos^6 \frac{\pi}{8} = 0.6219 \qquad (7.50)$$

$$|\langle \lambda_a \lambda_a \lambda_b|M\rangle|^2 = |\langle \lambda_a \lambda_b \lambda_a|M\rangle|^2 = |\langle \lambda_b \lambda_a \lambda_a|M\rangle|^2$$
$$= \lambda_a^2 \lambda_b = \cos^4 \frac{\pi}{8} \sin^2 \frac{\pi}{8}$$
$$= 0.1067 \qquad (7.51)$$

$$|\langle \lambda_a \lambda_b \lambda_b|M\rangle|^2 = |\langle \lambda_b \lambda_b \lambda_b|M\rangle|^2 = |\langle \lambda_b \lambda_b \lambda_a|M\rangle|^2$$
$$= \lambda_a \lambda_b^2 = \cos^2 \frac{\pi}{8} \sin^4 \frac{\pi}{8}$$
$$= 0.0183 \qquad (7.52)$$

$$|\langle \lambda_b \lambda_b \lambda_b|M\rangle|^2 = \lambda_b^3 = \sin^6 \frac{\pi}{8} = 0.0031 \qquad (7.53)$$

由上式可以看出，$\Omega = \{|\lambda_a \lambda_a \lambda_a\rangle, |\lambda_a \lambda_a \lambda_b\rangle, |\lambda_a \lambda_b \lambda_a\rangle, |\lambda_b \lambda_a \lambda_a\rangle\}$ 定义的子空间是可能的(most likely)，而其正交子空间 $\Omega^\perp = \{|\lambda_a \lambda_b \lambda_b\rangle, |\lambda_b \lambda_a \lambda_b\rangle, |\lambda_b \lambda_b \lambda_a\rangle, |\lambda_b \lambda_b \lambda_b\rangle\}$ 最不可能。所以，用通过特征基 $\Lambda = \{|\lambda_a\rangle, |\lambda_b\rangle\}^{\otimes 3}$ 得到的状态 $|\psi\rangle$ 测量任意信息 $|M\rangle$，所得到的结果更容易落在 Ω 空间，概率为 $p(\Omega) = \lambda_a^3 + 3\lambda_a^2 \lambda_b = 0.6219 + 3 \times 0.1067 = 0.942 \equiv 1 - \delta$，而所得结果落入正交空间的概率为

$$p(\Omega^\perp) = 3\lambda_a \lambda_b^2 + \lambda_b^3 = 3 \times 0.0183 + 0.0031 = 0.0058 \equiv \delta$$

定义 E 为在四维子空间 Ω 上的投影算子，有

$$E = \sum_{|\lambda_i \lambda_j \lambda_k\rangle \in \Omega} |\lambda_i \lambda_j \lambda_k\rangle\langle \lambda_i \lambda_j \lambda_k|$$
$$= |\lambda_a \lambda_a \lambda_a\rangle\langle \lambda_a \lambda_a \lambda_a| + |\lambda_a \lambda_a \lambda_b\rangle\langle \lambda_a \lambda_a \lambda_b|$$
$$+ |\lambda_a \lambda_b \lambda_a\rangle\langle \lambda_a \lambda_b \lambda_a| + |\lambda_b \lambda_a \lambda_a\rangle\langle \lambda_b \lambda_a \lambda_a| \qquad (7.54)$$

在本征态基矢下也可表示为

$$E = \begin{bmatrix} 1 & 0 & 0 & 0 & 0 & 0 & 0 & 0 \\ 0 & 1 & 0 & 0 & 0 & 0 & 0 & 0 \\ 0 & 0 & 1 & 0 & 0 & 0 & 0 & 0 \\ 0 & 0 & 0 & 1 & 0 & 0 & 0 & 0 \\ 0 & 0 & 0 & 0 & 0 & 0 & 0 & 0 \\ 0 & 0 & 0 & 0 & 0 & 0 & 0 & 0 \\ 0 & 0 & 0 & 0 & 0 & 0 & 0 & 0 \\ 0 & 0 & 0 & 0 & 0 & 0 & 0 & 0 \end{bmatrix} \tag{7.55}$$

在相同的本征态基矢下，消息的密度算子的对角形式为

$$\rho_M = \begin{bmatrix} \lambda_a^3 & & & & & & & \\ & \lambda_a^2\lambda_b & & & & & & \\ & & \lambda_a^2\lambda_b & & & 0 & & \\ & & & \lambda_a^2\lambda_b & & & & \\ & & & & \lambda_a\lambda_b^2 & & & \\ & 0 & & & & \lambda_a\lambda_b^2 & & \\ & & & & & & \lambda_a\lambda_b^2 & \\ & & & & & & & \lambda_b^3 \end{bmatrix} \tag{7.56}$$

基于上述定义，可以得到：

$$\mathrm{tr}(\rho_M E) = \rho(\Omega) = 1 - \delta \tag{7.57}$$

若将空间 Ω 看做典型子空间，对于任意类型的信息

$$|\psi_{\mathrm{typ}}\rangle = |\lambda_a\lambda_a\lambda_a\rangle,\ |\lambda_a\lambda_a\lambda_b\rangle,\ |\lambda_a\lambda_b\lambda_a\rangle,\ |\lambda_b\lambda_a\lambda_a\rangle \tag{7.58}$$

可视为对经典信息序列的量子化模拟。此处，我们认为随着信息长度的增加，典型子空间的概率会渐渐增大，不确定性 δ 会任意小，可以近似认为 $\mathrm{tr}(\rho_M E)$ 约为 1。

下面介绍对信源消息 $|\psi\rangle$ 压缩和解压缩的具体过程[3]。

1. 压缩过程

首先，对信源进行 U 变换，将四个典型态转换为态 $|xy0\rangle = |xy\rangle \otimes |0\rangle$，另外四个非典型态转换为态 $|xy1\rangle = |xy\rangle \otimes |1\rangle$。令所得结果为 $|\psi'\rangle$，即 $|\psi'\rangle = U|\psi\rangle$，接收端若知道 U 算子，则可通过逆运算得到 $|\psi\rangle$，即 $|\psi\rangle = U^{-1}|\psi'\rangle$。

其次，发送方对 $|\psi'\rangle$ 的第三个比特进行测量，根据测量输出的不同可得出不同的结果，若测量输出为 0，则信息态为 $|xy0\rangle$，即原信源信息为一典型态；若测量输出为 1，则信息态为 $|zk1\rangle$，即一非典型态。

根据测量输出的不同，信源可以采取不同的对应处理方法：若输出为 0，

则其他两量子位为 $|xy\rangle$，称其为 $|\psi_{comp1}\rangle$，经量子通信信道发送；若输出为 1，则经量子信道发送 $|\psi_{comp2}\rangle$，其中 $|\psi_{comp2}\rangle$ 满足 $U^{-1}(|\psi_{comp2}\rangle \otimes |0\rangle) = |\lambda_a\lambda_a\lambda_a\rangle$，这是最可能的典型态。

2. 解压缩过程

接收端在所接收信息后面添加 $|0\rangle$，即为 $|\psi_{comp1}\rangle \otimes |0\rangle$ 或者 $|\psi_{comp2}\rangle \otimes |0\rangle$，从而实现 U^{-1} 变换。通过上述解压缩操作，接收端能够得到下面两种状态中的一个：

$$\begin{cases} |\psi''\rangle = U^{-1}(|\psi_{comp1}\rangle \otimes |0\rangle) = U^{-1}U|xy0\rangle = |\psi_{typ}\rangle \\ |\psi'''\rangle = U^{-1}(|\psi_{comp2}\rangle \otimes |0\rangle) = |\lambda_a\lambda_a\lambda_a\rangle \end{cases} \tag{7.59}$$

在解压缩过程中，接收端能够恢复信源信息 $|\psi_{typ}\rangle$，并得到最好的猜测信息 $|\lambda_a\lambda_a\lambda_a\rangle$。这个编解码过程为在信源处将 3 量子位信息压缩为 2 量子位，在接收端再将 2 量子位的信息通过解压缩，还原为 3 量子位。

3. 可信度分析

这里分析整个操作过程的可信度。令接收方恢复的信息的密度算子为 $\bar\rho$，信源信息 $|\psi\rangle$ 的密度函数为 $|\psi\rangle\langle\psi|$，在典型子空间 Ω 上的投影为 $E|\psi\rangle\langle\psi|E^+ = E|\psi\rangle\langle\psi|E$，这构成了 $\bar\rho$ 的第一部分，即典型信息态 $|\psi_{typ}\rangle$，另一部分为 $\bar\rho_{junk} = \langle\psi|(I-E)|\psi\rangle|\lambda_a\lambda_a\lambda_a\rangle\langle\lambda_a\lambda_a\lambda_a|$，其中 $I = I^{\otimes 3}$。这样如果 $|\psi\rangle$ 为非典型态，则 $\langle\psi|(I-E)|\psi\rangle$ 为 1，对应的投影算子为 $|\lambda_a\lambda_a\lambda_a\rangle\langle\lambda_a\lambda_a\lambda_a|$，否则 $\langle\psi|(I-E)|\psi\rangle$ 为 0。发送和恢复的信息的总密度算子为

$$\begin{aligned} \bar\rho &= E|\psi\rangle\langle\psi|E + \langle\psi|(I-E)|\psi\rangle|\lambda_a\lambda_a\lambda_a\rangle\langle\lambda_a\lambda_a\lambda_a| \\ &= E|\psi\rangle\langle\psi|E + \bar\rho_{junk} \end{aligned} \tag{7.60}$$

则保真度为

$$\begin{aligned} \bar F &= \langle\psi|\bar\rho|\psi\rangle = \langle\psi|E|\psi\rangle\langle\psi|E|\psi\rangle + \langle\psi|\overline{\rho_{junk}}|\psi\rangle \\ &= |\langle\psi|E|\psi\rangle|^2 + \langle\psi|(I-E)|\psi\rangle|\langle\psi|\lambda_a\lambda_a\lambda_a\rangle|^2 \\ &= P(\Omega)^2 + P(\Omega^\perp) \times |\langle\psi|\lambda_a\lambda_a\lambda_a\rangle|^2 \\ &= (1-\delta)^2 + \delta|\langle\psi|\lambda_a\lambda_a\lambda_a\rangle|^2 \end{aligned} \tag{7.61}$$

令 $\delta = 0.058$，$|\langle\psi|\lambda_a\lambda_a\lambda_a\rangle|^2 = \lambda_a^3 = 0.6219$，则

$$\bar F = (1-0.058)^2 + 0.058 \times 0.629 \equiv 0.923 \tag{7.62}$$

与前面所得到的保真度 $F = 0.853$ 相比，上述所得保真度要好得多，这是通过对丢失比特进行猜测，假设其为 $|\lambda_a\rangle$ 所获得的。所以，若不对发送信息的前两个比特进行编码，而接收端假设第三个数据比特为 $|\lambda_a\rangle$，则所获得的保真度为 $F = 0.853$，这种基于假设的压缩编码所得到的保真度不会优于保真度 $\bar F =$

0.923 所对应的编码方法。

上述例子说明在较高保真度的前提下,可以将量子信息由 n 量子位压缩为 m 量子位,其中 $m < n$,定义压缩因子为

$$\eta = \frac{m}{n} = \frac{2}{3} = 0.666\cdots = 66.66\% \tag{7.63}$$

随着信息长度的增加,压缩因子受限于诺依曼熵,即 $\eta \geqslant S(\rho)$,这即为 Schumacher 定理(也称为量子编码定理)。在这个例子中,每一个量子位的诺依曼熵为 $S(\rho) = 0.6008$,相应的最大压缩率为 $\eta = 60.08\%$。因此,根据(7.45)式定义的符号密度矩阵,3 量子位信息不可能通过压缩编码减少为 1 比特,从而保证较高的保真度。因为根据 Schumacher 定理,应保证 $S(\rho) \leqslant 0.333\cdots$。同样,由 Schumacher 定理,每量子比特的诺依曼熵越小,信息的压缩程度就会越高,所以可用诺依曼熵大小表示冗余信息的多少。当 $S(\rho) = 1$ 时,不能实现压缩。

7.2 量子信道编码

本节首先简要介绍了经典噪声信道编码定理和经典的信道纠错码;接着介绍了量子信道编码的特点、3 bit 量子重复码、Shor 码,重点给出了 CSS 量子纠错码、量子稳定子码的原理;最后给出了几个量子纠错码的性能限。

7.2.1 经典纠错码简介

1. 经典噪声信道编码定理

1948 年,Shannon 在其论文中提出并证明了信道编码的正定理和逆定理,给出了编码后的信息能以任意小的错误概率传输给接收方的条件。这里先给出 Fano 不等式和信道编码逆定理,然后再给出典型序列和信道编码定理[1]。

1) Fano 不等式和信道编码逆定理

若信源产生的消息序列 $u = (u_1, u_2, \cdots, u_L) \in U^L$,长度为 L,编码后的码序列为 $x = (x_1, x_2, \cdots, x_N)$,长为 N,达到接收机的接收序列为 $y = (y_1, y_2, \cdots, y_N)$,长为 N,经译码后得到信息序列为 $v = (v_1, v_2, \cdots, v_L) \in V^L$。若信道误码率为 p_b,在 $L = 1$ 时,接收端收到 V 后,关于 U 的平均不确定性或含糊度若不为 0,则编码信道上一定有误码,即 $p_b \geqslant f[H(U|V)]$ 或 $f^{-1}(p_b) = \phi(p_b) \geqslant H(U|V)$,其中 $f(H)$ 是非减函数。设空间 U 和 V 各有 M 个元素 a_1, $a_2, \cdots, a_M$,平均误码率为

$$p_b = \sum_m Q(u_m) \sum_{j \neq m} p(v_j \mid u_m) = \sum_j \Omega(v_j) p(e \mid v_j) \tag{7.64}$$

其中，

$$p(e \mid v_j) = 1 - p(u_j \mid v_j) = \sum_{m \neq j} p(u_m \mid v_j) \qquad (7.65)$$

为将接收向量 v_j 判为 v_j 时的错误概率。由含糊度的定义，在判决空间 V 已知的条件下，消息空间 U 的含糊度为

$$H(U \mid V) = \sum_j H(U \mid v_j) \Omega(v_j) \qquad (7.66)$$

译码判决为正确或错误的平均不确定性为

$$H(p_b) = - p_b \, \mathrm{lb} p_b - (1 - p_b) \mathrm{lb}(1 - p_b) \qquad (7.67)$$

则 U 和 V 空间中的事件满足下述称为 Fano 不等式的关系：

$$p_b \, \mathrm{lb}(M-1) + H(p_b) \geqslant H(U \mid V) \qquad (7.68)$$

当 $L>1$ 时，上式可改写为

$$p_b \, \mathrm{lb}(M-1) + H(p_b) \geqslant \frac{1}{L} H(U^L \mid V^L) \qquad (7.69)$$

由文献[1]

$$I(U^L ; V^L) \leqslant I(X^N ; Y^N) \leqslant NC \qquad (7.70)$$

将上式代入式(7.69)可得：

$$p_b \, \mathrm{lb}(M-1) + H(p_b) \geqslant \frac{1}{L} H(U^L \mid V^L) = \frac{1}{L} [H(U^L) - I(U^L ; V^L)]$$

$$\geqslant H_L(U) - \frac{1}{L} I(X^N ; Y^N) \geqslant H_L(U) - \frac{N}{L} C \qquad (7.71)$$

由于 $H_L(U) \geqslant H_\infty(U)$，可得下面的信道编码逆定理。

信道编码逆定理：设离散平稳源的字母表有 M 个字母，且熵为 $H_\infty(U) = \lim_{L \to \infty} H_L(U)$，每 τ_s 秒产生一个字母，令离散无记忆信道的容量为 C，每 τ_c 秒发送一个信道符号，若长为 L 的信息序列被编成长为 $N = [L\tau_s/\tau_c]$ 的码字，则误码率满足

$$p_b \, \mathrm{lb}(M-1) + H(p_b) \geqslant H_\infty(U) - \frac{\tau_s}{\tau_c} C \qquad (7.72)$$

当 $H_\infty(U) - \dfrac{\tau_s}{\tau_c} C > 0$ 时，p_b 为非零值。

信道编码逆定理说明，对于信源在 $L\tau_s$ 秒产生的信息序列，当以长为 N 的分组码表示，经过信道传输和译码，若信源每符号所含的熵 $H_\infty(U)$ 大于信道容量 $\dfrac{\tau_s}{\tau_c} C$，则不管采取何种编码和译码方法都不能使平均误码率为 0。

2) 典型序列和信道编码定理

令 X、Y 是两个概率空间 $x = (x_1, x_2, \cdots, x_N) \in X^N$，$y = (y_1, y_2, \cdots,$

$y_N) \in Y^N$, 若序列 x, y 满足:

(1) x 是典型序列, 即对任意小的正数 ε, 存在 N 使

$$\left| -\frac{1}{N} \operatorname{lb} p(x) - H(X) \right| \leqslant \varepsilon \tag{7.73}$$

(2) y 是典型序列, 即对任意小的正数 ε, 存在 N 使

$$\left| -\frac{1}{N} \operatorname{lb} p(y) - H(Y) \right| \leqslant \varepsilon \tag{7.74}$$

(3) xy 是典型序列, 即对任意小的正数 ε, 存在 N 使

$$\left| -\frac{1}{N} \operatorname{lb} p(xy) - H(XY) \right| \leqslant \varepsilon \tag{7.75}$$

就称 x, y 是联合 ε 典型序列(注: lb 表示 $\log_2$)。

令 $T_X(N, \varepsilon)$ 表示 X^N 中 ε 典型序列的集合, $T_Y(N, \varepsilon)$ 表示 Y^N 中 ε 典型序列的集合, $T_{XY}(N, \varepsilon)$ 表示 (X^N, Y^N) 中 ε 典型序列的集合, 对于每个给定的 y, 令和 y 构成联合 ε 典型序列的所有 x 序列的集合为 $T_{X|Y}(N, \varepsilon)$, 可写为

$$T_{X|Y}(N, \varepsilon) = \{x : (x, y) \in T_{XY}(N, \varepsilon)\} \tag{7.76}$$

可以证明[1], 对 $\forall \varepsilon > 0$, 当 N 足够大时, 有:

$$|T_{X|Y}(N, \varepsilon)| \leqslant 2^{N[H(X|Y) + 2\varepsilon]} \tag{7.77}$$

$$|T_{Y|X}(N, \varepsilon)| \leqslant 2^{N[H(Y|X) + 2\varepsilon]} \tag{7.78}$$

$$(1 - \varepsilon) 2^{-N[I(X;Y) + 3\varepsilon]} \leqslant \sum_{\substack{x \\ (x, y) \in T_{XY}(N, \varepsilon)}} \sum_y p(x) p(y)$$

$$\leqslant 2^{-N[I(X;Y) - 3\varepsilon]} \tag{7.79}$$

$$p_r\{T_{XY}(N, \varepsilon)\} \geqslant 1 - \varepsilon \tag{7.80}$$

从 X^N 中独立随机地选择 2^{NR} 个序列作为码字, 每个码字出现的概率为

$$Q(x) = \prod_{n=1}^N Q(x_n) \tag{7.81}$$

其中, $Q(\cdot)$ 为 $\cdot$ 的概率, X 中任一元素独立、等概地出现。译码规则如下: 对给定的接收序列 y, 若存在唯一 $m' \in [1, 2^{NR}]$ 使 $(x_{m'}, y) \in T_{XY}(N, \varepsilon)$, 就将 y 译为 m', 当 $m' \neq m$ 或有两个以上 m' 和 y 是联合典型序列时就认为出现译码错误。由于采用了随机编码, 则随机码集合的平均错误概率就是任一特定消息被错误译码的概率。可以假定发送的是第一个消息, 令事件 $E_m = \{(x_m, y) \in T_{XY}(N, \varepsilon)\}$, $m \in [1, 2^{NR}]$, 则发送标号为 1 的消息时, 译码错误概率为

$$p_e = p_{e_1} = p_r\left\{ \bigcup_{m \neq 1} E_m \bigcup E_1^c \right\} \leqslant p(E_1^c) + \sum_{m \neq 1} p(E_m) \tag{7.82}$$

其中, $p(E_1^c)$ 是 $(x_1, y) \notin T_{XY}(N, \varepsilon)$ 的概率。由式(7.80)可知, 当 N 足够大时有 $p(E_1^c) \to 0$。由式(7.79)可知, 序列 x_m 和序列 y 是联合典型序列, 其概率的

上限为 $p(E_m) \leqslant 2^{-N[I(X,Y)-3\varepsilon]}$，因而有

$$\sum_{m \neq 1} p(E_m) \leqslant 2^{NR} \cdot 2^{-N[I(X,Y)-3\varepsilon]} = 2^{N[R-I(X,Y)+3\varepsilon]} \tag{7.83}$$

为了使 R 增大可使 $I(X,Y)$ 极大化，即用 C 取代，若 $R < C - 3\varepsilon$，$N \to \infty$，$\sum_{m \neq 1} p(E_m) \to 0$。所以必存在有一种码当 N 足够大时，其译码错误概率为 0，从而得到如下所述的信道编码定理。

Shannon 有噪信道编码定理：如果噪声通信信道为离散无记忆信道，其容量为 C，信源 X 的熵为 $H(X)$，若信道编码的码率 $R \leqslant C$，则存在一个码率为 R 的码，使得信息能以任意小的概率错误 ε 在信道中传输，即对 $\forall \varepsilon > 0$，$P_e < \varepsilon$。这里，若信源 X 中的字符概率分布为 $p(x)$，信宿（信道的输出）接收到的信息为 Y，则信道容量 C 为

$$C = \max_{p(x)} I(X, Y) \tag{7.84}$$

2. 经典纠错码简介

在经典通信系统中，简单的信道编码有奇偶校验码、重复码等。奇偶校验码是在码字后面加 1 个冗余码元（校验元），可以检测出奇数个错。重复码是码长为 n、信息只有 1 位的码，如 3 比特重复码分别用 000 及 111 两个码字表示 0 和 1。

信道编码按功能可分为检错码和纠错码，按信息码元和校验码元之间的校验关系可分为线性码和非线性码，按信息码元和校验码元之间的约束方式分为分组码和卷积码。(n, k) 线性分组码是码长为 n、信息长度为 k 的分组码，其编码效率（码率）为 $R = \dfrac{k}{n}$。对于最小汉明距离 d_0，若要在接收时检测出 e 位错，则 $d_0 \geqslant e + 1$；如果要纠正 t 位错，则 $d_0 \geqslant 2t + 1$；如果要求纠 t 位错，且同时可检出 e 位错，则要求 $d_0 \geqslant e + t + 1 (e > t)$。

1）线性分组码

线性分组码的校验位是信息位的线性组合。对 (n, k) 码，可列出 $n - k$ 个独立的线性方程，计算 $n - k$ 个校验位。例如，对 $(7, 4)$ 线性分组码，4 个信息位 $a_6 a_5 a_4 a_3$ 和 3 个校验位 $a_2 a_1 a_0$ 之间的关系为

$$\begin{cases} a_2 = a_6 + a_5 + a_4 \\ a_1 = a_6 + a_5 + a_3 \\ a_0 = a_6 + a_4 + a_3 \end{cases}$$

其中"+"指模 2 加。上述关系可改写如下：

$$\begin{cases} 1 \cdot a_6 + 1 \cdot a_5 + 1 \cdot a_4 + 0 \cdot a_3 + 1 \cdot a_2 + 0 \cdot a_1 + 0 \cdot a_0 = 0 \\ 1 \cdot a_6 + 1 \cdot a_5 + 0 \cdot a_4 + 1 \cdot a_3 + 0 \cdot a_2 + 1 \cdot a_1 + 0 \cdot a_0 = 0 \\ 1 \cdot a_6 + 0 \cdot a_5 + 1 \cdot a_4 + 1 \cdot a_3 + 0 \cdot a_2 + 0 \cdot a_1 + 1 \cdot a_0 = 0 \end{cases}$$

表示成矩阵形式为

$$\begin{bmatrix} 1 & 1 & 1 & 0 & 1 & 0 & 0 \\ 1 & 1 & 0 & 1 & 0 & 1 & 0 \\ 1 & 0 & 1 & 1 & 0 & 0 & 1 \end{bmatrix} [a_6 a_5 a_4 a_3 a_2 a_1 a_0]^{\mathrm{T}} = \begin{bmatrix} 0 \\ 0 \\ 0 \end{bmatrix}$$

令

$$\boldsymbol{H} = \begin{bmatrix} 1 & 1 & 1 & 0 & 1 & 0 & 0 \\ 1 & 1 & 0 & 1 & 0 & 1 & 0 \\ 1 & 0 & 1 & 1 & 0 & 0 & 1 \end{bmatrix}$$

为校验矩阵,它由 $n-k$ 个线性独立方程组的系数组成。为了进行编码,引入生成矩阵 $\boldsymbol{G}$,

$$[a_6 a_5 a_4 a_3 a_2 a_1 a_0] = [a_6 a_5 a_4 a_3] \boldsymbol{G}$$

比较校验矩阵和生成矩阵可以看到,典型监督矩阵和典型生成矩阵存在以下关系:

$$\boldsymbol{G} \cdot \boldsymbol{H}^{\mathrm{T}} = 0$$

码字在传输过程中可能会出错,令收发码字的差为错误图样,记为 $\boldsymbol{E} = [e_{n-1} \quad e_{n-2} \quad \cdots \quad e_0]$,若发送的码字为 $\boldsymbol{C}_A$,接收的码字为 $\boldsymbol{C}_B$,即

$$\boldsymbol{C}_B = \boldsymbol{C}_A + \boldsymbol{E}$$

令 $\boldsymbol{S} = \boldsymbol{C}_B \boldsymbol{H}^{\mathrm{T}}$ 为分组码的校正子(也称为伴随式),有

$$\boldsymbol{S} = (\boldsymbol{C}_A + \boldsymbol{E}) \boldsymbol{H}^{\mathrm{T}} = \boldsymbol{E} \boldsymbol{H}^{\mathrm{T}}$$

对于前述的 $(7,4)$ 线性分组码,设接收码字的最高位出错,错误图样为 $\boldsymbol{E} = [1 \quad 0 \quad 0 \quad 0 \quad 0 \quad 0 \quad 0]$,则

$$\boldsymbol{S} = \boldsymbol{E} \boldsymbol{H}^{\mathrm{T}} = [1 \quad 1 \quad 1]$$

如果接收码字的第二位出错,$\boldsymbol{E} = [0 \quad 1 \quad 0 \quad 0 \quad 0 \quad 0 \quad 0]$,则 $\boldsymbol{S} = [1 \quad 1 \quad 0]$,所以可以根据计算获得校验子来判断出错样式,进而进行纠错。

线性分组码中循环码是重要的一类码,其代数结构的特点使得其编码电路及伴随式解码电路简单易行,因此在实际中较为常用。常见的循环码包括 CRC、BCH 和 R-S 码等。

2) 卷积码

线性分组码的校验位只与本码字的信息位有关,长度为 n 的码字独立生成并独立检纠差错,它适合于以分组包进行数据通信的检错和反馈重传纠错。卷积码的信息位不以分组进入编码器缓存而形成它们的校验位之后再输出,而是

以很短的信息码段连续进入编码器，每个信息段形成的校验不但与本段有关，而且与它之前的信息段有关，因此监督元与多个信息段相关，对这些信息段均具有校验作用。卷积码适合于串行数据的传输，时延小。

此外，还有一类性能接近 Shannon 极限的编码，如 Turbo 码和 LDPC 码。Turbo 码是由两个或两个以上的简单分量码编码器通过交织器并行级联在一起而构成的。信息序列先送入第一个编码器，交织后送入第二个编码器。输出的码字由三个部分组成：输入的信息序列、第一个编码器产生的校验序列和第二个编码器对交织后的信息序列产生的校验序列。Turbo 码的译码采用迭代译码，每次迭代采用的是软输入和软输出。LDPC 码是一类特殊的 (n, k) 线性分组码，其校验矩阵中绝大多数元素为 0，只有少部分为 1，是稀疏矩阵。校验矩阵的稀疏性，使得译码复杂度降低，实现更为简单。

7.2.2　量子纠错编码的概念

在经典纠错码中，通过增加冗余来编码消息从而可以从被噪声污染的已编码消息中恢复出原来的消息。但是在第 2 章及第 3 章中已经了解到量子信息与经典信息有很大的不同，因而在纠错编码中有其不同于经典编码的特点：

（1）非正交量子态不可克隆定理使得采用复制方法构造重复码在量子信息编码中行不通。

（2）在经典信息中，二值信息 0 和 1 只有一种出错，即 0 变为 1 或 1 变为 0，而在量子信息中如二值态 $|\psi\rangle = \alpha|0\rangle + \beta|1\rangle$，$\alpha$、$\beta$ 为复数，其差错将有无数多个，因而确定差错比较困难。特别地，相位错误是量子信息所特有的，无经典对应。

（3）量子测量会造成量子态塌缩，从而破坏量子信息。

以上三点一直是困扰量子编码的难题，直到 1995 年，Peter Shor 提出了 9 量子位码[4]，比较好地克服了这些困难，使量子纠错码得以快速发展。下面以 3 bit 码和 Shor 码（9 量子位）为例说明量子编码的特点。

1. 3 比特量子码

与经典编码类似，最简单的量子编码方法也是重复发送，即将 $|0\rangle$ 编码为 $|000\rangle$，将 $|1\rangle$ 编码为 $|111\rangle$，编码线路如图 7.1 所示，这样 $\alpha|0\rangle + \beta|1\rangle$ 就被编码为 $\alpha|000\rangle + \beta|111\rangle$。

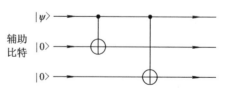

图 7.1　3 比特量子码编码线路

该码称为三量子位比特翻转码。假设通过比特翻转信道最多出现一个比特翻转，在译码时可以设计四个投影算子：

$$\begin{cases} P_0 = |\,000\rangle\langle000\,| + |\,111\rangle\langle111\,| \\ P_1 = |\,100\rangle\langle100\,| + |\,011\rangle\langle011\,| \\ P_2 = |\,010\rangle\langle010\,| + |\,101\rangle\langle101\,| \\ P_3 = |\,001\rangle\langle001\,| + |\,110\rangle\langle110\,| \end{cases} \quad (7.85)$$

分别对应无差错和第 1，2，3 个量子位上出现翻转。通过测量可以得到校验子（或伴随式），如果第 1 个比特出现翻转变为 $|\psi'\rangle = \alpha|100\rangle + \beta|011\rangle$，如果是用 P_1 测量，则得到结果为 1 的概率为 $\langle\psi'|P_1|\psi\rangle = 1$，指示差错出现在第 1 个比特上，只需要再次翻转第 1 比特即可实现纠错。如果是用 P_2 测量，且得到结果 2 的概率为 1，则第 2 个量子位翻转；如果是用 P_3 测量，且得到结果 3 的概率为 1，则第 3 个量子位翻转。这里测量过程不改变量子态。

3 个量子位翻转码译码线路也可如图 7.2 所示。

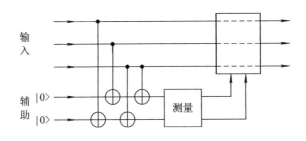

图 7.2　3 个量子位翻转码译码线路

测量结果若为 $|00\rangle$，则无差错；若为 $|01\rangle$，则第 1 个量子比特取反；若为 $|10\rangle$，则第 2 个量子比特取反；若结果为 $|11\rangle$，则第 3 个量子比特取反。

上面介绍的比特翻转码适用于比特翻转信道，通常情况下，比特的相位翻转信道也是常会遇到的情形。

3 量子位相位翻转码（将 $|0\rangle$ 编码为 $|+++\rangle$，将 $|1\rangle$ 编码为 $|---\rangle$，$|+\rangle = \dfrac{1}{\sqrt{2}}(|0\rangle + |1\rangle)$，$|-\rangle = \dfrac{1}{\sqrt{2}}(|0\rangle - |1\rangle)$），编码线路如图 7.3 所示，图中 H 为 Hadamard 门。

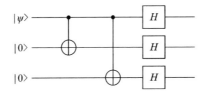

图 7.3　3 量子位相位翻转码编码线路

投影测量算子为：

$$P_j' = H^{\otimes 3} P_j H^{\otimes 3} \tag{7.86}$$

P_j 如式(7.85)所示。不过差错校验子也可以通过测量观测量 $x_1 x_2$ 和 $x_3 x_4$ 来实现。$x_1 x_2$ 测量形如 $|+\rangle|+\rangle \otimes (\cdot)$ 或 $|-\rangle|-\rangle \otimes (\cdot)$ 的状态得到 $+1$，对形如 $|+\rangle|-\rangle \otimes (\cdot)$ 或 $|-\rangle|+\rangle \otimes (\cdot)$ 的状态得到 -1。最后可通过执行 Hadamard 共轭进行纠错。如，若在第一个量子位检出从 $|+\rangle$ 到 $|-\rangle$ 的翻转，则可对第一个比特施行 $HX_1H = Z_1$ 来恢复，其余相同。

2. Shor 码

Shor 码$[[9,1,3]]$可以保护任意的单个量子位，这是由 Shor 最先提出的量子纠错码。Shor 码是三量子位相位反转与比特反转的组合。编码方案描述如下。

首先，用处于直积态的相位反转码(重复码)来编码量子位，即

$$\begin{cases} |0\rangle \rightarrow |+++\rangle = |+\rangle^{\otimes 3} \\ |1\rangle \rightarrow |---\rangle = |-\rangle^{\otimes 3} \end{cases} \tag{7.87}$$

其次，用处于纠缠态的 3 量子位来编码 $|+\rangle$ 与 $|-\rangle$

$$\begin{cases} |+\rangle = \dfrac{1}{\sqrt{2}}(|000\rangle + |111\rangle) \\ |-\rangle = \dfrac{1}{\sqrt{2}}(|000\rangle - |111\rangle) \end{cases} \tag{7.88}$$

经过这两个步骤以后，编码的结果就是$[[9,1,3]]$量子纠错码

$$\begin{cases} |0\rangle \rightarrow |0_L\rangle \stackrel{\text{def}}{=} \dfrac{(|000\rangle + |111\rangle)(|000\rangle + |111\rangle)(|000\rangle + |111\rangle)}{2\sqrt{2}} \\ |1\rangle \rightarrow |1_L\rangle \stackrel{\text{def}}{=} \dfrac{(|000\rangle - |111\rangle)(|000\rangle - |111\rangle)(|000\rangle - |111\rangle)}{2\sqrt{2}} \end{cases} \tag{7.89}$$

3. 量子纠错条件[2]

设量子噪声信道由量子运算 ε 表示，整个纠错过程(包括差错检测和恢复)采用保迹量子运算 R 来实现。要实现纠错，对任意状态，其子集位于码空间 C 中，须有：

$$(R \circ \varepsilon)(\rho) \propto \rho \tag{7.90}$$

当 ρ 为保迹量子运算时，上式取等号，但对非保迹量子运算等号不成立。令 P 为到 C 的投影算符，ε 的运算元为 $\{E_i\}$，则纠正 C 上的 ε 的运算 R 存在的充要条件(即量子纠错条件)为：

对某个复 Hermite 阵子，以下关系成立：

$$PE_i^+ E_i P = \alpha_{ij} P \tag{7.91}$$

运算元 E_i 为噪声 ε 导致的差错,且如果存在满足式(7.90)的 R,则 $\{E_i\}$ 组成一个可纠正的差错集合。事实上,任一噪声过程 ε,若其运算元为差错算子 $\{E_i\}$ 的线性组合,则都可通过恢复运算 R 纠正(证明详见参考文献[2])。这表明,可以使量子差错离散化,为了对抗单个量子位上可能的连续差错,只需对抗有限差错集,即四个泡利算子即可,因为差错均可写成泡利算子的线性组合。

7.2.3 CSS 量子纠错码

Calderbank-Shor-Steane 码简称 CSS 码,它是由 Calderbank、Shor、Steane 三人的姓氏缩写[5, 6, 2]命名的。CSS 码是由经典线性码导出的,在介绍 CSS 码的构造之前,先引入对偶码的概念。设 C 为一个 $[n, k]$ 经典线性码,其生成矩阵为 $\boldsymbol{G}$,奇偶校验矩阵为 $\boldsymbol{H}$,则称生成矩阵为 $\boldsymbol{H}^{\mathrm{T}}$、奇偶校验矩阵为 $\boldsymbol{G}^{\mathrm{T}}$ 的码为 C 的对偶码,记作 $C^{\perp}$。如果称 $C \subseteq C^{\perp}$,C 为弱对偶码(weakly self-dual);如果 $C = C^{\perp}$,称 C 为严格自对偶码(strictly self-dual)。

1. CSS 码的构造

若 C_1 与 C_2 分别为 $[n, k_1]$,$[n, k_2]$ 经典线性码,$C_2 \subset C_1$(这意味着一定有 $k_1 > k_2$),并且 C_1 与 C_2 的对偶码 $C_2^{\perp}$ 都能纠正 t 个错误。$[[n, k_1-k_2]]$ 量子码 $CSS(C_1, C_2)$ 构造过程如下:

令 $x \in C_1$ 是码 C_1 中的任意码字,定义量子态

$$|x+C_2\rangle = \frac{1}{\sqrt{2^{k_2}}} \sum_{y \in C_2} |x+y\rangle \tag{7.92}$$

其中 $+$ 是比特模 2 加法,则量子态 $|x+C_2\rangle$ 张成的线性空间为 $[[n, k_1-k_2]]$ 量子 $CSS(C_1, C_2)$ 码。

在上面的构成过程中,如果 $x' \in C_1$ 满足 $x-x' \in C_2$,则有 $|x+C_2\rangle = |x'+C_2\rangle$,这样一来,量子态 $|x+C_2\rangle$ 仅依赖于陪集 C_1/C_2。如果 x 与 x' 属于码 C_2 的两个不同的陪集,那么 $|x+C_2\rangle$ 与 $|x'+C_2\rangle$ 是正交的量子态。由于 C_2 中 C_1 的陪集的数目为 $2^{k_1-k_2}$,所以 $CSS(C_1, C_2)$ 码的维数为 $2^{k_1-k_2}$。

2. CSS 码的纠错性能

设比特反转差错用 n 比特向量 e_1 表示,e_1 在比特反转出现的位上值为 1,在其他位上值为 0。令相位反转差错用 n 比特向量 e_2 表示,e_2 在相位反转出现的位上值为 1,在其他位上值为 0。如果编码后的量子态为 $|x+C_2\rangle$,则由于差错导致的状态为

$$\frac{1}{\sqrt{2^{k_2}}} \sum_{y \in C_2} (-1)^{(x+y)e_2} |x+y+e_1\rangle \tag{7.93}$$

1) 比特反转差错纠错

为了检测比特反转出现的位置,引入一个辅助码,它包含足够多量子位来

存储码 C_1 的校验子，其初始态为全 0 态 $|0\rangle$。用可逆奇偶校验矩阵（算子）H_1 对码 C_1 进行变换，使其由 $|x+y+e_1\rangle|0\rangle$ 变为 $|x+y+e_1\rangle|H_1(x+y+e_1)\rangle$，由于 $H_1(x+y)=0$，从而得到状态

$$\frac{1}{\sqrt{2^{k_2}}}\sum_{y\in C_2}(-1)^{(x+y)e_2}\mid x+y+e_1\rangle\mid H_1e_1\rangle \tag{7.94}$$

接着，测量辅助码，得到结果 H_1e_1，同时消去辅助码，此时状态如式 (7.93)所示。得到校验子 H_1e_1 后，可以推断出差错 e_1。由于 C_1 能纠正最多 t 个差错，随后对差错 e_1 中出现比特反转的位置上用非门即可实现纠错。纠正比特反转差错后的状态为

$$\frac{1}{\sqrt{2^{k_2}}}\sum_{y\in C_2}(-1)^{(x+y)e_2}\mid x+y\rangle \tag{7.95}$$

2）相位反转差错纠错

为检测相位反转差错，对每个量子位进行 Hadamard 变换 $H^{(n)}$，状态变为

$$\frac{1}{\sqrt{2^{k_2+n}}}\sum_{n}\sum_{y\in C_2}(-1)^{(x+y)(e_2+z)}\mid z\rangle \tag{7.96}$$

上式中，第一个求和项取 n 量子位 z 的所有可能值。令 $z'=z+e_2$，则该状态可写为

$$\frac{1}{\sqrt{2^{k_2+n}}}\sum_{z'}\sum_{y\in C_2}(-1)^{(x+y)z'}\mid z'+e_2\rangle \tag{7.97}$$

设 $z'\in C_2^{\perp}$，则有 $\sum_{y\in C_2}(-1)^{y\cdot z'}=2^{k_2}$；若 $z'\notin C_2^{\perp}$，则 $\sum_{y\in C_2}(-1)^{y\cdot z'}=0$。因此式 (7.97)所表示的状态可写为

$$\frac{1}{\sqrt{2^{n-k_2}}}\sum_{z'\in C_2^{\perp}}(-1)^{xz'}\mid z'+e_2\rangle \tag{7.98}$$

从表达式上看，式(7.98)表示的是向量 e_2 表示的比特反转差错。如前所示，对于比特反转差错，可引入辅助码，并对 $C_2^{\perp}$ 逆向应用奇偶校验矩阵 H_2 得到 H_2e_2，并纠正比特反转差错 e_2，得到状态为

$$\frac{1}{\sqrt{2^{n-k_2}}}\sum_{z'\in C_2^{\perp}}(-1)^{xz'}\mid z'\rangle \tag{7.99}$$

对上式中每个量子位应用 Hadamard 变换，即可完成纠错，得到(7.92)式 所述的状态。

下面给出一个 7 量子位码 $[[7,1,3]]$ 量子码，它是由经典的 7 比特 $[7,4,3]$ $(n=7,k_1=4,d=3)$ Hamming 码构造的，它由 Steane 提出的，又叫 Steane 码。记 $[7,4,3]$ Hamming 码为 C，其校验矩阵为

$$\boldsymbol{H} = \begin{bmatrix} 0 & 0 & 0 & 1 & 1 & 1 & 1 \\ 0 & 1 & 1 & 0 & 0 & 1 & 1 \\ 1 & 0 & 1 & 0 & 1 & 0 & 1 \end{bmatrix} \tag{7.100}$$

C 的对偶码 $C^{\perp}$ 是 $\lfloor 7,3,4 \rfloor$ 码 $(n=7,k_2-3)$。由经典纠错码可知，$C_3-C^{\perp} \subset C=C_1$，$k_1-k_2=1$，从而 $\mathrm{CSS}(C,C^{\perp})$ 是 $[[7,1,3]]$ 量子纠错码，它的码字为

$$| \mathbf{0}_L \rangle \overset{\mathrm{def}}{=} \frac{1}{\sqrt{|C^{\perp}|}} | \mathbf{0}+C^{\perp} \rangle = \frac{1}{\sqrt{|C^{\perp}|}} \sum_{y \in C^{\perp}} | \mathbf{0}+y \rangle$$

$$= \frac{1}{\sqrt{8}} \big[\, | 0000000 \rangle + | 1010101 \rangle + | 0110011 \rangle + | 1100110 \rangle$$

$$+ | 0001111 \rangle + | 1011010 \rangle + | 0111100 \rangle + | 1101001 \rangle \big] \tag{7.101}$$

$$| \mathbf{1}_L \rangle \overset{\mathrm{def}}{=} \frac{1}{\sqrt{|C^{\perp}|}} | \mathbf{1}+C^{\perp} \rangle = \frac{1}{\sqrt{|C^{\perp}|}} \sum_{y \in C^{\perp}} | \mathbf{1}+y \rangle$$

$$= \frac{1}{\sqrt{8}} \big[\, | 1111111 \rangle + | 0101010 \rangle + | 1001100 \rangle + | 0011001 \rangle$$

$$+ | 1110000 \rangle + | 0100101 \rangle + | 1000011 \rangle + | 0010110 \rangle \big] \tag{7.102}$$

7.2.4 稳定子码

量子稳定子码是 Gottesman 提出的[7, 8, 11, 12]，随后引起了广泛的关注和研究，不断得到拓展。这里介绍稳定子码的原理、编译码方法，并举几个例子。

1. 稳定子的基本概念

1）n 量子位 Pauli 群

群是指定义了群乘积运算"·"的非空集合 G。若 g_1，$g_2 \in G$ 为群 G 的两个元素，群乘积运算满足以下性质：

① 封闭性：$g_1 \cdot g_2 \in G$；

② 结合律：$(g_1 \cdot g_2) \cdot g_3 = g_1 \cdot (g_2 \cdot g_3)$；

③ 存在单位元：$g \cdot e = e \cdot g = g$；

④ 存在逆：$g^{-1} \cdot g = g \cdot g^{-1} = e$。

通常，可以省掉"·"，$g_1 \cdot g_2 = g_1 g_2$。

n 量子位 pauli 群 G_n 是指群中的元素由 Pauli 算子的所有 n 重直积及乘积因子 ± 1、$\pm \mathrm{i}$ 组成，G_n 中元素的乘积定义为相应位 Pauli 算子进行矩阵乘积，如：$g_1 = IZX\cdots Y$，$g_2 = YXZ\cdots I$，则

$$g_1 g_2 = (IY)(ZX)(XZ)\cdots(YI) = (Y)(\mathrm{i}Y)(-\mathrm{i}Y)\cdots(Y)$$

$$= YYY\cdots Y \tag{7.103}$$

对于单量子位 pauli 群的定义为由所有 pauli 阵子再加上乘积因子 ± 1、$\pm i$ 组成，即 $G_1=\{\pm I,\ \pm iI,\ \pm X,\ \pm iX,\ \pm Y,\ \pm iY,\ \pm Z,\ \pm iZ\}$，这组矩阵在矩阵直积下构成群。

2）量子码的稳定子

量子态（向量）被算子（矩阵）所稳定是指状态 $|\psi\rangle$ 和算子 A 满足如下关系：

$$A\,|\,\psi\rangle=|\,\psi\rangle$$

设 S 为 G_n 的一个子群，V_S 为由 S 的每个元素所稳定的 n 量子位的集合，S 称为空间 V_S 的稳定子。可以证明，V_S 中任意两个元的任意线性组合也必在 V_S 中，因此 V_S 是 n 量子位状态空间的一个子空间，V_S 是 S 中每个算子所稳定的子空间的交集，可表示为

$$V_S=\bigcap_{U\in S}\{|\,\psi\rangle\,|\,U\,|\,\psi\rangle=|\,\psi\rangle\}$$

这里看一个 $n=3$ 量子位的例子：

$$S=\{I,\ Z_1Z_2,\ Z_2Z_3,\ Z_1Z_3\}$$

Z_1Z_2 所稳定的子空间由 $|000\rangle$、$|001\rangle$、$|110\rangle$ 和 $|111\rangle$ 张成，Z_2Z_3 所稳定的子空间由 $|000\rangle$、$|100\rangle$、$|011\rangle$ 和 $|111\rangle$ 张成，两者中共同元素为 $|000\rangle$ 和 $|111\rangle$。由于 $Z_1Z_3=(Z_1Z_2)(Z_2Z_3)$，$I=(Z_1Z_2)(Z_1Z_2)$，由群论知识，如果 G 中的每个元素可以写成 $g_1,\ g_2,\ \cdots,\ g_l$ 的元素的乘积，则可称群 G 的生成元为 $g_1,\ g_2,\ \cdots,\ g_l$，记作 $G=\langle g_1,\ g_2,\ \cdots,\ g_l\rangle$，此时 $S=\langle Z_1Z_2,\ Z_2Z_3\rangle$。

此外，为了判断一个特定的向量是否可用群 S 来稳定，只需要检验向量是否可由生成元稳定，进而可由生成元的乘积稳定。故 V_S 必有 $|000\rangle$ 和 $|111\rangle$ 所张成的子空间。

3）非平凡向量空间稳定子的充要条件

并非 pauli 群的任一子群 S 都可解为非平凡向量空间的稳定子。如由 $(\pm I,\ \pm X)$ 组成的 G_1 的子群，对于 $(-I)\,|\,\psi\rangle=|\,\psi\rangle$，其解为 $|\,\psi\rangle=0$，其中 $(\pm I,\ \pm X)$ 是平凡向量空间的稳定子。

S 是非平凡向量空间 V_S 的稳定子的充要条件为[2]：

① S 的元可对易；

② $-I\notin S$。

这里需要指出的是若 $-I\notin S$，则 $\pm iI\notin S$。

4）校验矩阵的构造

与经典线性码类似，量子码的稳定子表示中也可定义一个校验矩阵来表示生成元。若 $S=\langle g_1,\ g_2,\ \cdots,\ g_l\rangle$，校验矩阵是一个 $l\times 2n$ 的矩阵，其行对应于生成元 $g_1,\ g_2,\ \cdots,\ g_l$，矩阵左边的 1 表明哪些生成元包含 X，矩阵右边的 1 表明哪些生成元包含 Z。矩阵两边都出现 1 表明生成元中有 Y。

构造方法如表7.1所示。

表 7.1　构 造 方 法

g_i 的第 j 个量子位包含	校验元第 j 列	校验元的第 $n+j$ 列
I	0	0
X	1	0
Z	0	1
Y	1	1

校验矩阵并不包含生成元前面的算子的任何信息。

5）码空间的维数

可以证明[2]，若 $S=\langle g_1, g_2, \cdots, g_{n-k}\rangle$ 由 G_n 的 $n-k$ 个独立和对易的元所生成，且 $-I\notin S$，则 V_S 是一个 2^k 维向量空间。

证明：令 $\boldsymbol{x}=(x_1, x_2, \cdots, x_{n-k})$ 为 $n-k$ 个二元向量，定义：

$$P_S^x = \frac{\prod\limits_{j=1}^{n-k}[I+(-1)^{x_j}g_j]}{2^{n-k}}$$

由于 $(I+g_j)/2$ 为到 g_j 的 $+1$ 特征空间上的投影算子，则对于每个 $\boldsymbol{x}$，存在属于 G_n 的 g_x，有 $g_x P_S^{(0,0,\cdots,0)}(g_x)^+ = P_S^x$，则 P_S^x 的维数等同于 V_S 的维数。然而，对于两两相异的 $\boldsymbol{x}$，容易看出 P_S^x 是正交的，又由于 $I=\sum\limits_x P_S^x$，等式左边为到 2^n 维空间上的投影算子，而右边为维数与 V_S 相同的 2^{n-k} 个正交投影算子的求和，因此 V_S 的维数为 2^k。

证毕

现在给出稳定子码的定义。设 S 是 G_n 的子群，且 $-I\notin S$，S 具有 $n-k$ 个独立和对易的生成元 $g_1, g_2, \cdots, g_{n-k}$，即 $S=\langle g_1, g_2, \cdots, g_{n-k}\rangle$，则称 S 稳定的向量空间 V_S 为 $[n, k]$ 稳定子码，记为 $C(S)$。

2. 稳定子码的构造及纠错

1）稳定子码的构造

由稳定子码的定义可见，如果给定稳定子 S 的 $n-k$ 个生成元，可在码 $C(S)$ 中选取任意 2^k 个正交归一向量作为基态，从而实现码的构造。一种更为一般的方法是[2]，选取算子 $\overline{Z}_1, \cdots, \overline{Z}_k \in G_n$，使得 $g_1, g_2, \cdots, g_{n-k}, \overline{Z}_1, \cdots, \overline{Z}_k$ 形成一个独立且对易的集合，算子 $\overline{Z}_j$ 表示在逻辑量子位 j 上的 Pauli Z 算子，则可得到稳定子：$\langle g_1, \cdots, g_{n-k}, (-1)^{x_1}\overline{Z}_1, \cdots, (-1)^{x_k}\overline{Z}_k\rangle$ 稳定的基态 $|x_1, \cdots, x_k\rangle_L$。

同样，也可选取 $\overline{X}_j$ 为 Pauli 矩阵乘积，它可将逻辑算子 $\overline{Z}_j$ 变为 $-\overline{Z}_j$，而其它 $\overline{Z}_i$ 和 g_i 保持不变。其中 $\overline{X}_j$ 对编码后的第 j 个量子位执行取非运算（量子非门）。算子 $\overline{X}_j$ 满足 $\overline{X}_j g_k \overline{X}_j^+ = g_k$，与稳定子的所有生成元对易，$\overline{X}_j$ 与除 $\overline{Z}_j$ 外的所有 $\overline{Z}_i$ 对易。

2) 稳定子码的纠错条件

设 $[n, k]$ 稳定子码 $C(S)$ 为一个状态的编码，差错用 E 表示，$E \in G_n$。当 E 与稳定子的一个元反对易时，E 把码 $C(S)$ 变成一个正交子空间，且通过进行投影测量，在原理上可以检测出差错 E。

当 E 与 S 中所有元对易但不属于 S，即对 $\forall g \in S$，有 $Eg = gE$。这里令对所有 $g \in S$ 使 $Eg = gE$ 成立的所有 E 的集合（$E \in G_n$）称为 G_n 中 S 的中心子（Centralizer），用 $Z(S)$ 表示。此外，定义 S 的正规子（normalizer）为对 $\forall g \in S$ 使 $EgE^+ \in S$ 成立的 G_n 中所有 $E(E \in G_n)$ 的集合，记作 $N(S)$。

可以证明，对 G_n 的任一子群 S，有 $S \in N(S)$；对不包含 $-I$ 的 G_n 的任一子群 S，有 $N(S) = Z(S)$。下面给出稳定子码的纠错条件。

定理：令 S 为稳定子码 $C(S)$ 的稳定子，设 $\{E_j\}$ 为 G_n 中对所有 j 和 k 成立 $E_j^+ E_k \notin N(S) - S$ 的算子的一个集合，则 $\{E_j\}$ 为码 $C(S)$ 可纠正的差错集合。

这里为不失一般性，只考虑 G_n 中满足 $E_j^+ = E_j$ 的差错 E_j，这样纠错条件变为：

$$E_j E_k \notin N(S) - S$$

证明：令 P 为到码空间 $C(S)$ 上的投影算子，当给定 j, k 时有两种可能性，一种是 $E_j^+ E_k$ 位于 S 中，另一种情形是 $E_j^+ E_k$ 位于 $G_n - N(S)$ 中。

对前一种情形，由于 P 与 S 的元素相乘 P 保持不变，故有 $PE_j^+ E_k P = P$。

对于第二种情形，即 $E_j^+ E_k \in G_n - N(S)$，使得 $E_j^+ E_k$ 与 S 的某个元素 g_1 必为反对易。

令 g_1, g_2, $\cdots$, g_{n-k} 为 S 的一组线性生成元，使得 $P = \dfrac{\prod\limits_{l=1}^{n-k}(I + g_l)}{2^{n-k}}$。应用反对易性，可以给出：

$$E_j^+ E_k P = (I - g_1) E_j^+ E_k \dfrac{\prod\limits_{l=2}^{n-k}(I + g_l)}{2^{n-k}}$$

但是由于 $(I + g_l)(I - g_l) = 0$，从而有 $P(I - g_l) = 0$，因此每当 $E_j^+ E_k \notin G_n - N(S)$，就有 $PE_j^+ E_k P = 0$，即差错的集合 $\{E_j\}$ 满足量子纠错条件。

证毕

3) 稳定子码的纠错方法

设 S_1，S_2，$\cdots$，S_{n-k} 为 $[n,k]$ 稳定子码稳定子的一组生成元，$\{E_j\}$ 为该码的可纠正的差错的集合，可以通过依次差错检测测量稳定子生成元 g_1，g_2，$\cdots$，g_{n-k} 进行纠错，得到的校验子（错误图样）为 β_l，有 $E_j g_l E_j^+ = \beta_l g_l$，如果 E_j 为对应于该校验码子的唯一差错算子，采用 E_j^+ 可以恢复原码。如果有两个不同的差错 E_j 和 $E_{j'}$ 导致同一个校验子，则有 $E_j P E_j^+ = E_{j'} P E_{j'}^+$，其中 P 为码空间的投影算子。只要 $E_j^+ E_{j'} \in S$，则有 $E_j^+ E_{j'} P E_j^+ E_j = P$，所以对于差错 $E_{j'}$，可以采用 E_j^+ 纠正。因此，对于每个可能的校验子，通过选择对应于该校验子的差错 E_j，可以应用 E_j^+ 进行纠错。

下面引入权重的概念。令差错 $E \in G_n$ 的权重等于张量积中不等于单位阵的项的数目。例如 $X_1 Z_4 Y_8$ 的权重为 30。一个稳定子码 $C(S)$ 的距离定义为 $N(S) - S$ 中元素的最小权重，如果 $[n,k]$ 稳定子码 $C(S)$ 的距离为 d，则称其为 $[[n,k,d]]$ 稳定子码。由前述定理可见，类似于经典码，一个最小距离为 $2t+1$ 的码可纠正任意 t 量子位上的任意差错。

4) 稳定子码的标准型

为了更好地理解稳定子码 $C(S)$ 中的 Z 算子和 X 算子的含义，引入稳定子码的标准型。如前所述，$[[n,k]]$ 稳定子码 $C(S)$ 的校验矩阵为：$G = [G_1 | G_2]$，矩阵 G 为 $n-k$ 维，其行的对换对应于重新标记生成元，列的对换对应于重新标记量子位，将两行相加对应于乘以生成元。当 $i \neq j$ 时，可以用 $g_i g_j$ 替换 g_i。对 G_1 应用高斯消去法，当有必要时对换量子位，这样 G 可以化为

$$
\begin{array}{c}
 \\
r \\
n-r
\end{array}
\begin{array}{cc}
r \quad\quad n-r & r \quad\quad n-r \\
\left[\begin{array}{cc|cc}
I & A & B & C \\
0 & 0 & D & E
\end{array}\right]
\end{array}
$$

其中，D 是 $(n-k-r) \times r$ 矩阵，E 是 $(n-k-r) \times (n-r)$ 矩阵，I、B 是 $r \times r$ 矩阵，A、C 是 $r \times (n-r)$ 矩阵。接下来当有必要时对换量子位，对 E 进行 Gauss 消去法，可得到

$$
\begin{array}{c}
r \\
n-k-r-s \\
s
\end{array}
\begin{array}{c}
r \quad n-r-k-s \quad k+s \quad r \quad n-r-k-s \quad k+s \\
\left[\begin{array}{ccc|ccc}
I & A_1 & A_2 & B & C_1 & C_2 \\
0 & 0 & 0 & D_1 & I & E_2 \\
0 & 0 & 0 & D_2 & 0 & 0
\end{array}\right]
\end{array}
$$

除非 $D_2 = 0$，最后 S 个生成元不能与前 r 个生成元相对易，由此可以假定 $S = 0$，进而，通过对解取适当线性组合也可使 $C_1 = 0$，这样，将 E_2 写为 E，C_2 写为

C，D_1 写为 D，则校验矩阵可化为

$$
\begin{array}{c}
 \\
r \\
n-k-r
\end{array}
\begin{array}{ccc|ccc}
r & n-r-k & k & r & n-r-k & k \\
\left[\begin{matrix} I & A_1 & A_2 \end{matrix}\right. & & & \left.\begin{matrix} B & 0 & C \end{matrix}\right. \\
0 & 0 & 0 & D & I & E
\end{array}
$$

上式称为校验矩阵的标准型。

3. 稳定子码举例

下面给出几个稳定码的例子，其中有的码之前已介绍过，这里用稳定子表示的观点进行介绍。

1）3 量子位码

3 量子位比特反转码，由状态 $|000\rangle$ 和 $|111\rangle$ 所张成，其稳定子由 Z_1Z_2 和 Z_2Z_3 生成。若差错量为 $\{I, X_1, X_2, X_3\}$，其任意两个元的每种可能状态为 $\{I, X_1, X_2, X_3, X_1X_2, X_1X_3, X_2X_3\}$，它们与稳定子的生成元中至少一个反对易（除 I 外），根据稳定子码的纠错条件，集合 $\{I, X_1, X_2, X_3\}$ 对具有稳定子 $\{Z_1Z_2, Z_2Z_3\}$ 的 3 量子位比特反转码构成差错的一个可纠正集。

比特反转码的差错检测可通过测量稳定子生成元 Z_1Z_2 和 Z_2Z_3 来实现。如果发现差错 X_1，则稳定子变为 $\{-Z_1Z_2, Z_2Z_3\}$，故差错校验子的测量结果为 -1 和 $+1$；若出现差错 X_2，则测量到的差错校验子为 -1 和 -1；若出现差错 X_3，则测量到的差错校验子为 $+1$ 和 -1；若无差错，则测量结果为 $+1$ 和 $+1$。在以上各种情形下，只按针对校验子测量结果能反映的差错应用逆运算，即可实现纠错，如表 7.2 所示。

表 7.2　量子位翻转码纠错

Z_1Z_2	Z_2Z_3	差错类型	操　作
$+1$	$+1$	无差错	无动作
$+1$	-1	第三量子位被反转	反转第三量子位
-1	$+1$	第一量子位被反转	反转第一量子位
-1	-1	第二量子位被反转	反转第二量子位

2）5 量子位码

5 量子位码的稳定子的生成元如表 7.3 所示。

5 量子位码能纠正任意单量子位差错，5 量子位码的逻辑码字为

$$
|0_L\rangle = \frac{1}{4}\big[\,|00000\rangle + |10010\rangle + |01001\rangle + |10100\rangle + |01010\rangle - |11011\rangle
$$
$$
-|00110\rangle - |11000\rangle - |11101\rangle - |00011\rangle - |11110\rangle - |01111\rangle
$$
$$
-|10001\rangle - |01100\rangle - |10111\rangle + |00101\rangle\,\big]
$$

$$|1_L\rangle = \frac{1}{4}\big[\,|\,11111\rangle + |\,01101\rangle + |\,10110\rangle + |\,01011\rangle + |\,10101\rangle - |\,00100\rangle$$

$$-\,|\,11001\rangle - |\,00111\rangle - |\,00010\rangle - |\,11100\rangle - |\,00001\rangle - |\,10000\rangle$$

$$-\,|\,01110\rangle - |\,10011\rangle - |\,01000\rangle + |\,11010\rangle\,\big] \tag{7.104}$$

表 7.3   5 量子位码的生成元的 Z、X 运算

名称	算　子				
g_1	X	Z	Z	X	I
g_2	I	X	Z	Z	X
g_3	X	I	X	Z	Z
g_4	Z	X	I	X	Z
$\overline{Z}$	Z	Z	Z	Z	Z
$\overline{X}$	X	X	X	X	X

3) 7 量子位码

在讨论 7 量子位 Steane 码之前我们先看 CSS 码，设 C_1 和 C_2 分别为 $[n, k_1]$ 和 $[n, k_2]$ 经典线性码，且有 $C_2 \subset C_1$，C_1 和 $C_2^{\perp}$ 都可纠正 t 个差错，则其校验矩阵可定义为

$$\begin{bmatrix} H(C_2^{\perp}) & 0 \\ 0 & H(C_1) \end{bmatrix}$$

由 $C_2 \subset C_1$，有 $H(C_2^{\perp})H(C_1)^{\mathrm{T}} = [H(C_1)G(C_2)]^{\mathrm{T}} = 0$，故校验矩阵满足对易条件，故由该校验矩阵定义的稳定子码正是 $CSS(C_1, C_2)$ 码，能纠正 t 量子位的任意差错。

7 量子位 Steane 码是 CSS 码的一个例子，它有 6 个生成元，如表 7.4 所示。

表 7.4   7 量子位码的生成元的 Z、X 运算

名称	算　子						
g_1	I	I	I	X	X	X	X
g_2	I	X	X	I	I	X	X
g_3	X	I	X	I	X	I	X
g_4	I	I	I	Z	Z	Z	Z
g_5	I	Z	Z	I	I	Z	Z
g_6	Z	I	Z	I	Z	I	Z

表 7.4 中，生成元 $g_6 = ZIZIZIZ = Z \otimes I \otimes Z \otimes I \otimes Z \otimes I \otimes Z = Z_1 Z_3 Z_5 Z_7$，由表

也可以看出 g_1、g_2、g_3 中 X 的位置与用于构造 C_1 或 $C_2^\perp$（Hamming $[7,4,3]$码）的奇偶校验矩阵中 1 的位置对应，生成元 g_4、g_5、g_6 中的 Z 的位置与 C_1 或 $C_2^\perp$ 的奇偶校验矩阵的 1 的位置对应。由表 7.4 可得，7 量子位 Steane 码的校验矩阵为：

$$
\begin{bmatrix}
0 & 0 & 0 & 1 & 1 & 1 & 1 & 0 & 0 & 0 & 0 & 0 & 0 & 0 \\
0 & 1 & 1 & 0 & 0 & 1 & 1 & 0 & 0 & 0 & 0 & 0 & 0 & 0 \\
1 & 0 & 1 & 0 & 1 & 0 & 1 & 0 & 0 & 0 & 0 & 0 & 0 & 0 \\
0 & 0 & 0 & 0 & 0 & 0 & 0 & 0 & 0 & 0 & 1 & 1 & 1 & 1 \\
0 & 0 & 0 & 0 & 0 & 0 & 0 & 0 & 1 & 1 & 0 & 0 & 1 & 1 \\
0 & 0 & 0 & 0 & 0 & 0 & 0 & 1 & 0 & 1 & 0 & 1 & 0 & 1
\end{bmatrix}
$$

编码后的 Z 和 X 算子分别为 $\overline{Z}=Z_1Z_2Z_3Z_4Z_5Z_6Z_7$，$\overline{X}=X_1X_2X_3X_4X_5X_6X_7$。

4）9 量子位码

9 量子位 Shor 码具有 8 个生成元，如表 7.5 所示。

表 7.5　9 量子位 Shor 码的生成元之间的逻辑 Z、X 运算

名　称	算　子								
g_1	Z	Z	I	I	I	I	I	I	I
g_2	I	Z	Z	I	I	I	I	I	I
g_3	I	I	I	Z	Z	I	I	I	I
g_4	I	I	I	I	Z	Z	I	I	I
g_5	I	I	I	I	I	I	Z	Z	I
g_6	I	I	I	I	I	I	I	Z	Z
g_7	X	X	X	X	X	X	I	I	I
g_8	X	I	I	I	X	X	X	X	X
$\overline{Z}$	X	X	X	X	X	X	X	X	X
$\overline{X}$	Z	Z	Z	Z	Z	Z	Z	Z	Z

可以证明，Shor 码能纠正任意的单量子位差错。

4. 稳定子码的编译码

设 $[n,k]$ 稳定子码的稳定子生成元为 g_1，g_2，$\cdots$，g_{n-k}，逻辑 z 算子为 $\bar{z}_1$，$\bar{z}_2$，$\cdots$，$\bar{z}_k$。

1）编码

先制备初态 $|0\rangle^{\otimes n}$，依次测量观测量 g_1，g_2，$\cdots$，g_{n-k}，$\bar{z}_1$，$\bar{z}_2$，$\cdots$，$\bar{z}_k$，根

据测量结果得到的量子态的稳定子为$\langle \pm g_1, \pm g_2, \cdots, \pm g_{n-k}, \pm \bar{z}_1, \pm \bar{z}_2,$
$\cdots, \pm \bar{z}_k \rangle$，其符号"＋"、"－"根据测量结果来确定。这里，所有稳定子的生成元和$\bar{z}_j$的符号可由 Pauli 算符来确定[2]。这样得出了具有稳定子$\langle g_1, g_2, \cdots,$
$g_{n-k}, \bar{z}_1, \bar{z}_2, \cdots, \bar{z}_k \rangle$的状态，即编码态$|0\rangle^{\otimes k}$。

若算子$M \in S$，对于一个逻辑量子位时，逻辑态$|\bar{0}\rangle$可写为

$$|\bar{0}\rangle = \sum_{M \in S} M \,|\, 00 \cdots 0 \rangle \tag{7.105}$$

逻辑态$|\bar{1}\rangle$可写为

$$|\bar{1}\rangle = \bar{X} \,|\, \bar{0} \rangle = \bar{X} \sum_{M \in S} M \,|\, 00 \cdots 0 \rangle \tag{7.106}$$

则量子态$|\psi\rangle = \alpha|0\rangle + \beta|1\rangle$编码后为

$$\alpha \,|\, \bar{0} \rangle + \beta \,|\, \bar{1} \rangle = (\alpha + \beta \bar{X}) \sum_{M \in S} M \,|\, 00 \cdots 0 \rangle \tag{7.107}$$

由于稳定子群的全部元素可由稳定子的$(n-k)$个生成元所有可能的乘积穷尽，则

$$\sum_{M \in S} M = (I + M_{n-k})(I + M_{n-k-1}) \cdots (I + M_1) \tag{7.108}$$

所以编码后的单量子态可写为

$$|\bar{\psi}\rangle = (I + M_{n-k})(I + M_{n-k-1}) \cdots (I + M_1)(\alpha + \beta \bar{X}) \,|\, 00 \cdots 0 \rangle$$
$$\tag{7.109}$$

逻辑算子$\bar{X}$可由标准稳定子生成矩阵直接写出，参见李承祖编著的《量子计算机研究(下)》(2011 年科学出版社出版)。上述结果可以直接推广到多个逻辑量子位的情形。如，由集合$\bar{X}_1, \bar{X}_2, \cdots, \bar{X}_k$中的算子，得到任意编码计算基态$|x_1, x_2, \cdots, x_k \rangle$。

前述 5 量子位码的编码线路如图 7.4 所示。这里先将生成元矩阵转化为标准形式，得到一组新的生成元，再按照式(7.109)进行操作[8]。

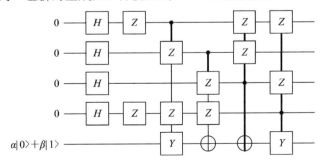

图 7.4 5 量子位码的编码线路

2）译码

简单地说，可将上述用于编码的过程的线性反向运行即实现译码。或者也可依次测量生成元 g_1，g_2，…，g_{n-k} 中的每一个，得到差错校验元 β_1，β_2，…，β_{n-k}，随后利用经典运算由 β_j 确定算子 E_j^+。

算子的测量是关键，一种测量 X 算子的量子线路如图 7.5 所示。

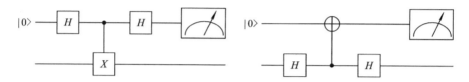

图 7.5　测量 X 算子的两个等价线路

一种测量 Z 算子的线路如图 7.6 所示。

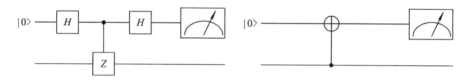

图 7.6　测量 Z 算子的两个等价线路

7.2.5　量子纠错码的性能限

研究量子纠错码的纠错能力就是分析码参数 n、k、d 之间的关系，不仅能从理论上指出哪些码可以构造，哪些码不能构造，而且为工程与物理实验提供了对各种码性能估计的理论依据。因此，研究码的纠错能力始终是编码理论中的一个重要课题。

理解码的渐近性能具有特别重大的理论意义。在经典信息论中，Shannon 的信道编码定理指出，仅当分组码的码长 n 趋于无穷大时，译码的错误概率才能任意地接近于零。但是到目前为止，在量子信息论中还没有与之对应的定理。

这里给出量子 Hamming 限、量子 Gilbert-Varshamov 限、量子不可克隆限和量子 Singleton 限[2, 9, 10]。

1. 量子 Hamming 限

量子纠错码最简单的码限是量子 Hamming 限。对于经典的长为 n 的码，纠 t 个错误的 q 进制分组码的码字数 $M = 2^k$ 满足的 Hamming 限有如下表达式：

$$M \leqslant \frac{q^n}{\sum_{j=0}^{t} \binom{n}{j} (q-1)^j} \tag{7.110}$$

当 $q=2$ 时，可得

$$M \leqslant \frac{2^n}{\sum_{j=0}^{t} \binom{n}{j}}$$

对于码长为 n 量子位的量子纠错码，其相应的 Hilbert 空间的维数为 2^n，其中共有 2^n 个线性独立的态矢量。如果量子码的码长为 n，信息量子位数为 k，能纠正 t 个量子位的量子错误，那么 n，k，$t=\lfloor d/2 \rfloor$ 应当满足如下条件：

$$\sum_{j=0}^{t} 3^j \binom{n}{j} 2^k \leqslant 2^n \tag{7.111}$$

或者

$$M = 2^k \leqslant \frac{2^n}{\sum_{j=0}^{t} 3^j \binom{n}{j}} \tag{7.112}$$

其中 $\binom{n}{j}$ 表示在 n 个量子位中有 j 个量子位出错的错误总数，而 3^j 表示单个量子位错误有三种基本形式，可以由 Pauli 算子 σ_x，σ_y，σ_z 的线性组合来描述。

由量子 Hamming 限可知，如果 $t=1$，即对于纠单个量子位错误的量子码，其码长应当满足不等式

$$2^k(1+3n) \leqslant 2^n \tag{7.113}$$

如果取 $k=1$，则有 $n \geqslant 5$。由此可见，对于码率为 $R=k/n=1/n$ 的量子码，如果要能纠正一个错误，码长至少为 6 个量子位。前面介绍的[[9，1，3]]，[[7，1，3]] 与[[5，1，3]]量子纠错方案都满足此要求。

与经典纠错码一样的问题是，如果码长 n 趋于无限，码率会如何变化呢？这里以退极化量子信道为例来研究这个问题。在退极化量子信道中，三种基本错误类型是等概的，假定对于单个量子位，其中一种错误发生的概率为 p，不发生的概率为 $1-p$，对于分组长度为 n 的码字，平均的错误数为 $t=np$，那么可能的错误数为含有 t 个错误的错误数目，这样一来，量子 Hamming 限变为

$$3^{np} \binom{n}{np} 2^k \leqslant 2^n \tag{7.114}$$

上式两边取对数，可得

$$R_Q = \frac{k}{n} \leqslant 1 - H(p) - p \, \text{lb3} \tag{7.115}$$

其中 $H(p) = -p \, \text{lb} p - (1-p) \, \text{lb}(1-p)$。相比之下，经典汉明限的渐近行为是

$$R = \frac{k}{n} \leqslant 1 - H\left(\frac{t}{n}\right) \tag{7.116}$$

量子情形比经典情形多了 $-p \, \text{lb3}$ 这一项，这正是量子错误的自由度为 3 而非 1 所引起的，它反映了量子信息与经典信息的差异。

2. 量子 Gilbert-Varshamov 限

Hamming 限虽然简单，但它给出的估计是上限，对于下限没有做出任何判断。Gilbert-Varshamov 限则给出了一个下限。与前面的类似，我们还是给出经典与量子两种情形下的 Gilbert-Varshamov 限，并作出对比。

经典 Gilbert-Varshamov 限由下式给出：

$$\sum_{j=0}^{2t} \binom{n}{j} 2^k \geqslant 2^n \tag{7.117}$$

或者

$$2^k \geqslant \frac{2^n}{\sum\limits_{j=0}^{2t} \binom{n}{j}} \tag{7.118}$$

其中 $d = 2t+1$。渐近性如下：

$$R = \frac{k}{n} \geqslant 1 - H\left(\frac{2t}{n}\right) \tag{7.119}$$

相比之下，量子 Gilbert-Varshamov 限如下：

$$\sum_{j=0}^{d-1} 3^j \binom{n}{j} 2^k \geqslant 2^n \tag{7.120}$$

或者

$$2^k \geqslant \frac{2^n}{\sum\limits_{j=0}^{d-1} 3^j \binom{n}{j}} \tag{7.121}$$

在码长很大的极限情况下，$t = pn = d/2$，渐近的码率为

$$R_Q = \frac{k}{n} \geqslant 1 - H(2p) - 2p \, \text{lb3} \tag{7.122}$$

很显然，与经典情形相比多出了 $-2p \, \text{lb3}$ 这一项，这同样是由于量子位错误的不同特性所引起的。

3. 量子不可克隆限

从经典纠错码理论可知，能够纠正 t 个任意位置错误的码可以纠正错误位置已知的 $2t$ 个错误。结合未知量子态不可克隆定理，可以证明 $[[n, k, d]]$ $(k \geqslant 1)$ 量

子码的码应当满足

$$n > 2(d-1) \qquad (7.123)$$

这即是量子不可克隆限。对于 $[[n, k=1, d=3]]$ 量子码，有 $n>4$，所以至少要用 5 个量子位才可以纠正 1 个量子位的错误。

4. 量子 Knill-Laflamme 限/量子 Singleton 限

量子 Hamming 限仅仅适用于非简并码，对于简并码(具有相同的校验子)，也可以设定一个码限，量子不可克隆限则对于非简并码和简并码都适用，但是量子不可克隆限给出的估计不够紧。对于 $[[n, k, d]]$ 量子码，我们可以任意选定 $d-1$ 个量子位将其去除，剩下的 $n-d+1$ 个量子位包含的信息必定足够用来重构 2^k 个可能的码字，而且也能够重构丢失的量子位状态。由于丢失的量子位可以是任意的量子位，可以选择使熵最大的量子位。这样有

$$n-d+1 \geqslant d-1+k \qquad (7.124)$$

可以写成

$$n-k \geqslant 2(d-1) \qquad (7.125)$$

这就是量子 Knill-Laflamme 限，也叫量子 Singleton 限，它是经典 Singleton 限

$$n-k \geqslant d-1$$

的量子对比。我们知道，如果要纠正 t 个错误，最小码距离应当为 $d=2t+1$，对于这种码，Knill-Laflamme 限要求码长要满足 $n \geqslant 4t+k$，当 $t=k=1$ 时，n 有最小值 5，这与前面的结论一致。需要特别指出的是，Knill-Laflamme 限对于简并码与非简并码都适用。

作为总结，我们用表 7.6 给出量子纠错码与经典纠错码的性能参数对比。

表 7.6　经典码与量子码性能参数对比

码限名称　　码类型	$[[n, k, d]]$量子码	$[n, k, d]$经典码
Hamming 限	$\sum\limits_{j=0}^{t} 3^j \binom{n}{j} 2^k \leqslant 2^n$	$\sum\limits_{j=0}^{t} \binom{n}{j} 2^k \leqslant 2^n$
Gilbert-Varshamov 限	$\sum\limits_{j=0}^{2t} 3^j \binom{n}{j} 2^k \geqslant 2^n$	$\sum\limits_{j=0}^{2t} \binom{n}{j} 2^k \geqslant 2^n$
No-cloning 限	$n > 2(d-1)$	不存在
Singleton 限 （Knill-Laflamme 限）	$n-k \geqslant 2(d-1)$	$n-k \geqslant d-1$

本章参考文献

[1] 王育民，李晖，梁传甲. 信息论与编码理论. 北京：高等教育出版社，2005.

[2] Nielsen M A, Chuang I L. Quantum Computation and Quantum Information, Cambridge University Press. 2000.

[3] Emmanuel Desurvire. Classical and Quantum Information Theory：An Introduction for the Telecom Scientsit, Cambridge University Press, 2009.

[4] Shor P W. Scheme for reducing decoherence in quantum computer memory Phys. Rev. A, (52), No. 4, 1995, 10：R2493 - R2496.

[5] Calderbank A R and Shor P W. Good quantum error-correcting codes exist. Phys. Rev. A, 54, no. 2, 1996, 8：1098 - 1105.

[6] Steane A M, Error correcting codes in quantum theory. Phys. Rev. Lett. , 77, no. 5, 1996, 7：793 - 797.

[7] Gottesman D. Class of quantum error-correcting code saturating the quantum hamming bound. Phys. Rev. A, 1996, 54：1862 - 1868.

[8] Gottesman D. Stabilizer codes and quantum error correction, California Institute of Technology. Ph. D dissertation 1997.

[9] Preskill John. Lecture Notes for Ph219/CS219：Quantum Information and Computation, Chapter 7：Quantum Error Correction, California Institute of Technology, 2001.

[10] 尹浩，马怀新. 军事量子通信概论. 北京：军事科学出版社，2006.

[11] Calderbank A R, Rains E, Shor P, Sloane N. Quantum error correction via codes over GF(4). IEEE Trans. Inf. Theory, 44, 1998：1369 - 1387.

[12] Calderbank A R, Rains E M, Shor P W, Sloane N J A. Quantum Error Correction and Orthogonal GeometryPhys. Rev. Lett. 78, 1997：405 - 408.

第 8 章　量子通信网络

本章首先讨论量子通信网络的体系结构，包括量子通信网络的架构、多址技术和拓扑组成。接下来介绍量子通信网络中的交换技术、量子中继器的原理和实验情况。最后介绍量子通信网络的实验情况。

8.1　量子通信网络的体系结构

本节介绍量子通信网络的体系结构，包括量子通信网络的结构模式、功能组成，多用户量子信号的共享链路的多址方式，量子通信网络的拓扑结构。

8.1.1　量子通信网络的架构

如前所述，量子通信的具体形式包括基于 QKD 的量子保密通信、量子安全直接通信、量子隐形传态等，还有量子秘密共享、量子认证等。这些通信方式中既有进行量子态发送、传输和接收的量子相关部分，又有经典数据和相关控制信息传输的经典部分，所以量子通信网络应包括量子部分和经典部分。一种量子通信网络的功能架构如图 8.1 所示。

图 8.1 中，量子通信网络的功能分为量子通信应用层、量子控制层、量子传输层和经典网络。它们的功能如下所述。

1. 量子通信应用层

量子通信应用层（简称应用层）包括业务模式、业务管理、密钥管理和网络管理等模块。业务模式模块根据用户的要求可实现具体的通信方式，如采用基于 QKD 的量子保密通信，则需要同时协商密钥，用获得的密钥进行加密，协商的密钥由密钥管理模块进行管理。也可采用隐形传态、量子直传等通信方式。业务管理模块是指根据确定的业务模式管理调度量子控制层、量子传输层和经典网络协同工作。网络管理是指对网络上的设备和线路进行管理，包括性能监测、故障告警、安全审计和配置管理。

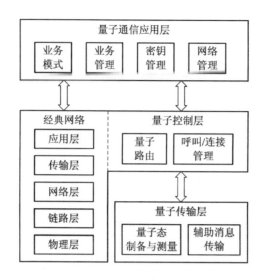

图 8.1　量子通信网络的功能架构

2. 量子控制层

　　量子控制层根据应用需求进行呼叫方和被呼方的呼叫、连接管理。连接管理调用量子路由模块为量子信号选择传输路径，建立端到端的连接。量子控制层的消息通过经典网络进行传输和处理。

3. 量子传输层

　　量子传输层实现量子通信协议的量子部分，包括量子态的制备、发送、接收和测量，也包括相关辅助信息的传输，如 QKD 中的数据协调和密性放大。辅助信息通过经典网络进行传输和处理。此外，还有其它信息，如同步、链路补偿和矫正信号的传输与处理。

4. 经典网络

　　经典网络实现经典数据和量子控制层数据的传输，包括数据封装、传输控制、选路、链路竞争和物理连接。

　　量子通信网络中，经典网络采用经典网络中的成熟协议，而量子控制层的协议需要根据量子通信系统的特点进行设计。一种基于 TCP/IP 协议的经典网络和量子控制层的协议体系参见本章参考文献[1]。

8.1.2　量子通信网络中的多址技术

　　多址技术是指如何在物理层面上让多个用户共享同一物理信道资源。在经典通信网络中，多址可分为两大类，即固定多址技术和随机多址技术。固定多址技术包括频分多址(Frequency Division Multiple Access，FDMA)、时分多址(Time Division Multiple Access，TDMA)、码分多址(Code Division Multiple Access，CDMA)、空分多址(Space Division Multiple Access，SDMA)，以及正交频分复用多址(Orthogonal Frequency-Division Multiple Access，OFDMA)；随机多址技术，如 aloha 协议、载波侦听多址/碰撞检测(Carrier Sense Multiple Access/Collision Detect，CSMA/CD)。这里介绍一下固定多址技术，并分析其在量子通信网络中应用的可行性。

1. 频分多址

可以通过给每个用户分配不同频率或波长实现多址通信。频分多址原理简单，是无线通信较常使用的技术(第一代移动通信系统频分多址技术)。在光纤通信中，频分多址又叫波分多址或波分复用，又分为粗波分复用(Coarse Wavelength Division Multiplexing，CWDM)和密集波分复用(Dense Wavelength Division Multiplexing，DWDM)，分别应用在不同的场合。CWDM 系统中波长间隔为 20 nm，因而对激光器、复用/解复用器的要求较低。CWDM 的常用波长为 1470～1610 nm 之间间隔为 20 nm 的波长，共八个。DWDM 的频率间隔为 12.5 GHz、25 GHz、50 GHz 或 100 GHz，参考频率为 193.1 THz。DWDM 可用的波长较多，可支持较多用户。

对于光量子通信来说，不同波长的激光器甚至可调谐激光器已有成熟的产品，它们发出的激光经衰减后都可以用做量子通信的光源。而且经典光通信系统中的波分复用器(Wavelength Division Multiplexer，WDM)可以直接用于光量子通信系统，所以波分多址可直接用于组建多用户光量子通信网络。已有多个研究小组开展了基于波分复用的 QKD 实验，如加拿大蒙特利尔大学 Brassard 小组进行了波分复用的实验[2]，实验组成如图 8.2 所示。

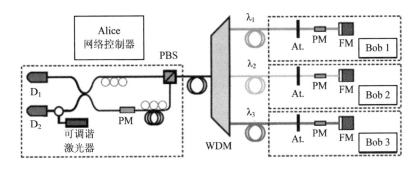

图 8.2　Brassard 小组的波分复用多用户 QKD 实验组成图

图 8.2 中，Alice 作为网络控制器分别和 Bob1、Bob2、Bob3 进行密钥协

商，分别采用不同的波长 λ_1、λ_2、λ_3。Alice 采用可调谐激光器，包含两个单光子探测器 D_1 和 D_2，一个相位调制器 PM，一个极化控制器和极化分光器 PBS。在用户侧仅包括一个衰减器 At.，一个相位调制器 PM 和一个法拉第镜 FM。实验中采用了相位编码的 Plug-Play QKD 协议，详细原理参见第 4 章 4.4 节。

2. 时分多址

时分多址是按帧传输各用户的量子信号的，每帧按时间分割为若干个时隙（time slot），每个用户（或信道）占用一个时隙，在指定的时隙内收发信号。各用户必须在时间上保持严格同步。

对于光量子通信系统来说，各用户的单光子脉冲按各自的时隙进行发送，接收方在相应时隙内接收，则可以公用同一根光纤进行复用传输。但是若接收方不在同一时隙，则必须将单光子脉冲从一个时隙取出放入另一个时隙，如图 8.3 所示。图中，有两个用户进入交换机，占 T_1、T_2 时隙，要分别在 T_4' 和 T_2' 时隙输出，其中光纤延时线延时量分别为 0 个时隙、1 个时隙、2 个时隙、3 个时隙，当 T_1 时隙到达时，将输入端切换为 4 端口，使其延时为 3 个时隙，当 T_2 时隙到达时，K1 开关切换分路，不进行定时，此时，控制 K2 开关使其先切换至第 1 路，然后切换至第 4 路。切换时刻值由控制单元控制，可见控制单元对 K1、K2 的精确控制非常重要。

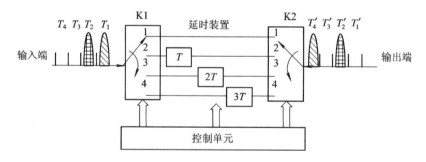

图 8.3　多用户量子信号的时分多址

图 8.3 所示的方案以延时线为例，对于单光子，这在目前是个比较困难的技术，所以时分多址技术目前并不实用，但随着量子存储技术的发展，它终究会得到应用。

3. 空分多址

空分多址利用不同的空间方向实现多个用户通信，例如中心站可以利用不同指向的多个天线波束来分别与多个用户通信，这在卫星通信上常用。这种多址技术可用在多用户自由空间量子通信系统中，控制站位于网络中心，只要控制站是可信的，则任意两个用户之间可先和控制站通过量子密钥分发分别建立密钥，进而建立端到端的密钥。特别对于基于卫星的量子密钥分发，空分多址和频分多址的结合使用是比较合适的多用户多址方法。

此外，还有码分多址。在经典通信领域，码分多址采用扩频通信技术，给每个用户分配特定的地址码进行扩频，这些地址码之间相互正交或准正交。码分多址信号在频率、时间、空间上重叠。码分多址系统容量大，抗干扰、抗多径能力强，但这种多址方式在量子通信网络上目前还不适用。

8.1.3　量子通信网络的拓扑

量子通信网络目前还处于实验研究阶段，就目前的试验和研究来看，量子通信网络基本上都是在实验室或城域内进行的，可以认为是量子局域网。而量子广域网还处于研究探讨阶段。

1. 量子局域网的拓扑

量子局域网有星型拓扑、环型拓扑和总线型拓扑，下面分别介绍。

（1）星型拓扑。星型拓扑有一个中心节点，可以是一个终端节点，也可以是一个交换机（参见 8.2 节）。1997 年 Townsend 提出一种多用户 QKD 方案[3]，建议由 Alice 作为网络控制器，采用光功分器随机地将光子发给 N 个用户，N 个用户的平均密钥产生速率为单个用户密钥产生速率的 $1/N$。2005 年 Kumavor 提出了类似的网络结构，称为无源星型网络（Passive-Star multi-user QKD Network）[5]，光子随机地分给 N 个用户的任一个，如图 8.4 所示。图中用户终端采用相位编码 QKD 方案（参见第 4 章），Alice 作为控制器，有 Bob、Chris、Dan 等 N 个用户，它们通过 N 路功分器（Splitter）与 Alice 连接。图 8.4 中 PLS(Pulsed Laser Source)为脉冲激光器，TA(Tunable Attenuator)为可调衰减器，PM 为相位调制器，Det 为探测器。

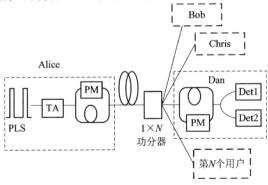

图 8.4　Kumavor 建议的无源星型网络

图 8.4 所示的方案一方面使密钥速率降低为 $1/N$，造成衰减；另一方面由于随机发放，造成不确定性（探测速率的不确定性），影响通信效率。2005 年 Kumavor 提出了一种波长路由网络（Wavelength-routed multi-user QKD Network）[5]，通过波长选路策略能决定哪一个用户接收光子，如图 8.5 所示。

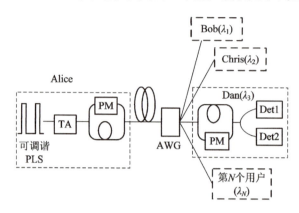

图 8.5　Kumavor 建议的波长路由网络

图 8.5 中用户终端仍然采用相位编码 QKD 方案。Alice 端激光器变成可调谐激光器（Tunable PLS），与 Bob、Chris 和 Dan 等用户通信的波长分别为 λ_1，λ_2，λ_3，…，λ_N。其中 AWG 为阵列波导光栅（Arrayed Waveguide Grating），它可将不同波长的光脉冲分开。可见，Alice 与每个用户通信时，需要将激光器调谐到对应的波长上，每次只能与一个用户通信。若除 Alice 外其他两个用户需要通信，则需首先分别和 Alice 通信建立密钥，再由 Alice 将其中一个的密钥告知另外一个用户，这样 Alice 起到中继的作用，此时要求 Alice 必须完全可信。

（2）环型拓扑。环型拓扑是指用户连成一个环。图 8.6 给出了 Kumavor 提出的光环型网络（Optical Ring multi-user QKD Network）[5] 拓扑，采用了 Sagnac 干涉计实现相位编码 QKD[6]。图 8.6 中包括了一个环行器（Circulator）和一个耦合器（Coupler），光子可延顺时针（Clockwise，CW）和反时针（Counter Clockwise，CCW）方向传输。每个用户中都有一个相位调制器，Bob 是通信的控制方，每次只有一个 Alice 调制光子。

（3）总线型拓扑。总线型拓扑与经典局域网的总线型拓扑相似，所有用户都连接在一根"总线"上。图 8.7 给出了 Kumavor 提出的一种波长寻址总线型网络（Wavelength-addressed Bus multi-user QKD Network）结构。图中 G 为光纤布拉格光栅，它能使特定波长的光反射，而其它波长的光通过。Alice 为控制器，Bob、Chris 和 Dan 等用户通信的波长分别为 λ_1，λ_2，λ_3，…，λ_N，Alice 可根据与其相连的用户调整自己激光器的波长从而实现通信，即所谓波长寻址。此

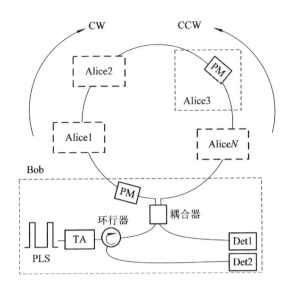

图 8.6 Kumavor 建议的光环型网络

拓扑仍然采用相位编码的 QKD 方案。

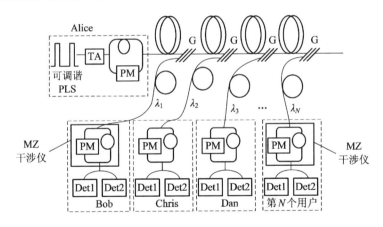

图 8.7 Kumavor 建议的波长寻址总线型网络

下面看一种采用光分插复用器(Optical Add-Drop Multiplexer，OADM)的总线型 QKD 网络拓扑[4]，实现了 6 个用户的 QKD。Bob 作为控制器，包括光源(Signal Source，SS)、非平衡马赫曾德尔干涉仪(MZ)、铌酸锂相位调制器(PM)、环行器(CR)、耦合器(Coupler，CP)，偏振控制器(Polarization Controller，PC)、偏振分数器(Polarization Beam Splitter，PBS)、两个单光子探测器(Single Photon Detector，SPD)。Alice 端包括了无源 OADM 模块、可变衰减器(A)、相位调制器(PM$_A$)和法拉第反射镜(Faraday Mirror，FM)。图 8.8

中，OADM 相当于一个波长相关的路由器，它让特定波长的光脉冲进入用户，而让其他波长反射回光纤信道（总线）。

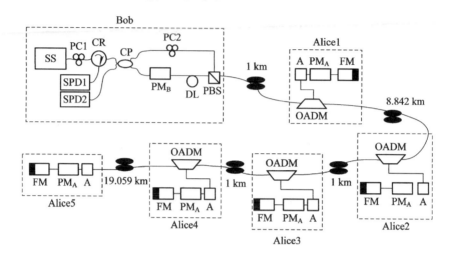

图 8.8　实现 6 个用户 QKD 的总线型拓扑

上述各种拓扑中，环型拓扑和波长路由的拓扑适合于较多用户的大规模网络；星型网络随着用户数增多效率大大降低；总线型拓扑随着用户数增多损耗增加，因此不适合用于大型网络。

2. 量子广域网的拓扑

由于受量子通信距离的限制，目前广域量子通信实验网都采用可信中继器的方案，即中继器作为量子通信（量子保密通信指量子密钥协商）的中转站，信息（或密钥）在中继器处是透明的。因而量子广域网的拓扑可借鉴经典网络的拓扑，如网格状骨干网络拓扑，可信中继器可参见 8.4 节中的量子通信实验网的介绍。

8.2　量子通信网络中的交换技术

在 8.1 节中所述的拓扑大都有一个核心节点，充当控制器，而且控制器往往一个时刻只能与一个用户进行通信，这在很多情况下不能满足多用户的需求，特别是实时需求。而采用交换是解决这一问题的可行途径。交换的目的和经典网络一样，都是为了实现多用户之间的任意互联，节省骨干网络资源，实现用户共享中继线或骨干线路。与经典通信中的交换相比，由于量子态不可克隆定理的限制使得经典交换方法应用于量子有很多技术障碍，比如存储量子态而且要保持量子特性不变等。

目前来讲,可行的量子交换方法主要是空分交换,波分交换和基于量子Fredkin 门的交换也是两种可行的方法,可用于小规模的用户互联[1],本节分别进行介绍。

8.2.1　空分交换

空分交换,顾名思义,是指改变光量子脉冲的传输通道,从而在两个用户之间建立量子信道。量子空分交换机的结构如图 8.9 所示,它由开关矩阵、输入输出接口和控制单元组成。其中,开关矩阵实现光量子传输通道的切换。输入接口将接收到的光量子信号送到开关矩阵,输出接口将开关矩阵输出的光量子信号送至链路。控制单元负责接收并处理用户的呼叫/连接请求、路由选择。量子空分交换控制单元的消息通过经典接口发送和接收。

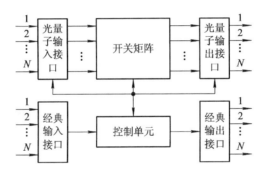

图 8.9　量子空分交换机结构图

开关矩阵(也称为交换网络,switch fabric)的组成有很多种方法,典型的如 Crossbar 结构、Banyan 结构、Benes 结构和 Clos 结构[1]。这里简要介绍 Benes 结构。如图 8.10 所示,Benes 互联结构为多通路网络,可根据需求灵活地重新制定通路,避免了竞争。

Benes 网络共有 $2\,\mathrm{lb}N-1$ 级,一般使用 2×2 交换单元,$N\times N$ Benes 网络的构成方法为:两边各有 $N/2$ 个 2×2 交换单元,中间包括两个 $(N/2)\times(N/2)$ 的子网络,每个交换单元用一条链路连到每个子网;再将中间子网按上述方法继续分解,直到中间子网络为 2×2 交换单元为止,如图 8.11 所示。在 Benes 网络中,从输入端到中间级可以自由选择,即任何一条通路都可以到达所需的输出端,但是从中间级到输出端只能指定选择。

其它结构参见本章参考文献[1]和[7]。

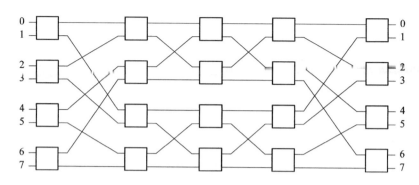

图 8.10 无阻塞 8×8 Benes 互联结构

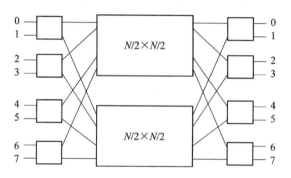

图 8.11 Benes 网络的构成

8.2.2 波分交换

由于目前光量子通信网络大多是采用不同波长来区分不同用户的,因此波分交换是一种可行的方法,其基本原理与经典光网络中的实现方法相同,如图 8.12 所示。图中 N 路复用的信号进入交换机,每路含有 M 个波长的光量子脉冲,进入交换机后首先进行解复用分离出不同波长的用户信号,然后进入开关矩阵在控制单元的控制下进行选路(为 $MN×MN$ 交换网络),进入到指定出口后,进行波长变换,变到相应的波长后再经过波分复用器合路。

在光量子波分交换系统中,单光子波长变换器是关键的部件,可将泵浦光和信号光送入非线性晶体通过非线性作用来实现,其原理如图 8.13 所示。图中信号光和泵浦光通过波分复用器(WDM)合路,送入 PPLN(周期性极化的铌酸锂)晶体进行非线性相互作用,然后经过一系列滤光系统,包括三棱镜(Prism)、小孔光阑(Slit)和滤波器(Fliter)滤除杂质光。后面的单光子计数模块(SPCM)用来做波长变换后光子的探测。

实际运用中要合理设计输入泵浦光的线宽、功率和晶体的结构,从而在波

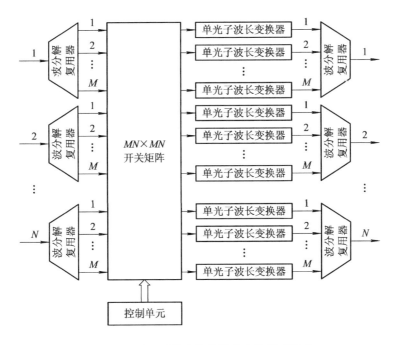

图 8.12　基于波长变换的波分交换原理示意

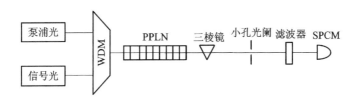

图 8.13　单光子波长变换的原理示意图

长变换的同时保持量子态特性不变。

8.2.3　基于量子交换门的交换

量子 Swap 门可以实现两个输入量子态的对换，它可以由三个受控非门组成，如图 8.14 所示。

量子 Fredkin 门是在量子 Swap 门上增加了一个控制比特 c，当控制比特 c 为 1 时，进行交换；当控制比特 c 为 0 时，不进行交换，如图 8.15 所示。

基本的量子 Fredkin 门可实现基本的 2×2 交换单元，进而组成各种交换网络，如 8.2.1 小节所述。量子 Swap 门和量子 Fredkin 门可以用各种方法实现，这里介绍光学技术的实现方法[8,9]。

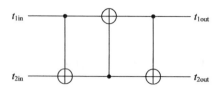

图 8.14 由受控非门构成的量子 Swap 门

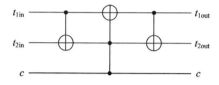

图 8.15 量子 Fredkin 门

设任意量子态为 $|\varphi\rangle = \alpha|0\rangle + \beta|1\rangle$，其中 α、β 为两个任意的复数，且满足 $|\alpha|^2 + |\beta|^2 = 1$。这里采用光子的偏振方向对量子态进行编码，令光子的水平偏振状态表示 $|0\rangle$，垂直偏振状态表示 $|1\rangle$，水平偏振态可以用符号 $|H\rangle$ 表示，垂直偏振态用符号 $|V\rangle$ 表示，则该量子比特也可以表示为 $|\varphi\rangle = \alpha|H\rangle + \beta|V\rangle$，$|\alpha|^2 + |\beta|^2 = 1$。可见，对光量子的操作，也就变成了对光子的偏振态的操作。量子 Swap 门如图 8.16 所示[9]。

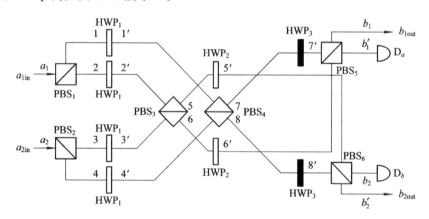

图 8.16 量子 Swap 门的光学实现

图 8.16 中，D 为单光子探测器。HWP_1 为一个主光轴与水平方向成 $45°$ 的波片，当入射光为 $|H\rangle$（或 $|V\rangle$）时，波片对输入光产生 $\pi/2$ 的偏振旋转变化，即 $|H\rangle \rightarrow |V\rangle$（或 $|V\rangle \rightarrow |H\rangle$）。$HWP_2$ 和 HWP_3 分别为主光轴与水平方向成 $22.5°$ 和 $67.5°$ 的波片，它们的作用分别如下：

$$\text{HWP}_2 \to \begin{cases} |H\rangle \to \dfrac{1}{\sqrt{2}}(|H\rangle + |V\rangle) \\ |V\rangle \to \dfrac{1}{\sqrt{2}}(|H\rangle - |V\rangle) \end{cases} \tag{8.1}$$

$$\text{HWP}_3 \to \begin{cases} |H\rangle \to \dfrac{1}{\sqrt{2}}(|V\rangle - |H\rangle) \\ |V\rangle \to \dfrac{1}{\sqrt{2}}(|H\rangle + |V\rangle) \end{cases} \tag{8.2}$$

设对于任意的输入 $a_{1\text{in}} = \alpha|H\rangle + \beta|V\rangle$，$a_{2\text{in}} = \gamma|H\rangle + \eta|V\rangle$，它们的直积为

$$\begin{aligned} |\varphi_0\rangle = {} & k_1 |H\rangle_{a1} |H\rangle_{a2} + k_2 |H\rangle_{a1} |V\rangle_{a2} \\ & + k_3 |V\rangle_{a1} |H\rangle_{a2} + k_4 |V\rangle_{a1} |V\rangle_{a2} \end{aligned} \tag{8.3}$$

其中 α，β，γ，η，$k_i (i=1, 2, \cdots, 4)$ 为任意一个复数，且满足归一化条件 $|\alpha|^2 + |\beta|^2 = 1$，$|\gamma|^2 + |\eta|^2 = 1$，$|k_1|^2 + |k_2|^2 + |k_3|^2 + |k_4|^2 = 1$。以 $a_{1\text{in}}$ 为例，经过 PBS_1 后，它的垂直偏振分量会到达 1 处，HWP_1 会对入射光的极化方向进行旋转，变成了具有水平极化特性的光，在 PBS_4 处透射到达 8，经过 HWP_3 后 $|H\rangle \to \dfrac{1}{\sqrt{2}}(|V\rangle - |H\rangle)$，在 PBS_6 处以 1/2 的概率到达 D_b，以 1/2 的概率到达 $b_{2\text{out}}$，同理，水平偏振分量分别经过 PBS_1、HWP_1、PBS_3、HWP_2、PBS_6 以 1/2 的概率到达 D_b，以 1/2 的概率到达 $b_{2\text{out}}$。所以 $a_{1\text{in}}$、$a_{2\text{in}}$ 两路入射光经过 PBS_1、PBS_2 后，所能得到的光子状态为

$$|\varphi_1\rangle = k_1 |H\rangle_2 |H\rangle_3 + k_2 |H\rangle_2 |V\rangle_4 + k_3 |V\rangle_1 |H\rangle_3 + k_4 |V\rangle_1 |V\rangle_4 \tag{8.4}$$

然后分别经过 HWP_1、PBS_3 和 PBS_4 后，得到：

$$|\varphi_2\rangle = k_1 |H\rangle_5 |H\rangle_6 + k_2 |H\rangle_5 |V\rangle_7 + k_3 |V\rangle_8 |H\rangle_6 + k_4 |V\rangle_8 |V\rangle_7 \tag{8.5}$$

经过 HWP_2、HWP_3，可以得到：

$$\begin{aligned} |\varphi_3\rangle = \frac{1}{2} \big[& k_1 (|H\rangle_{b_1} - |V\rangle_{b_1})(|H\rangle_{b_2} - |V\rangle_{b_2}) \\ & + k_2 (|V\rangle_{b_1} - |H\rangle_{b_1})(|H\rangle_{b_2} - |V\rangle_{b_2}) \\ & + k_3 (|H\rangle_{b_1} - |V\rangle_{b_1})(|V\rangle_{b_2} - |H\rangle_{b_2}) \\ & + k_4 (|V\rangle_{b_1} - |H\rangle_{b_1})(|V\rangle_{b_2} - |H\rangle_{b_2}) \big] \end{aligned} \tag{8.6}$$

若单光子探测器 D_a、D_b 检测不到光子，即在探测器处检测不到 $|H\rangle_{b'_1}$、$|V\rangle_{b'_1}$、$|H\rangle_{b'_2}$ 及 $|V\rangle_{b'_2}$ 的信息，则认为该量子逻辑门成功，其输出为

$$|\varphi_4\rangle = k_1 \mid H\rangle_{b_1} \mid H\rangle_{b_2} + k_2 \mid V\rangle_{b_1} \mid H\rangle_{b_2}$$
$$+ k_3 \mid H\rangle_{b_1} \mid V\rangle_{b_2} + k_4 \mid V\rangle_{b_1} \mid V\rangle_{b_2} \tag{8.7}$$

与输入相比，可以看出该量子逻辑门实现了 $a_{1\text{in}}$ 和 $a_{2\text{in}}$ 处量子态的对换。

在图 8.16 中，半波片 HWP_1 的作用相当于一个非门，若非门工作则实现量子态的对换，否则维持不变。因此，可以用一个受控非门来代替这个功能，且可根据控制状态 c 的消息实现对换（Bar 状态）或直通（Cross 状态），其构成如图 8.17 所示，图中用受控非门代替了波片 HWP_1，即构成了量子 Fredkin 门[8]。

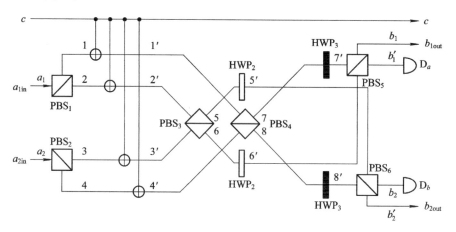

图 8.17　量子 Fredkin 门的光学实现

量子交换门不断在发展，所用的方法从线性光学到非线性光学，又有环形腔，等等。

8.3　量　子　中　继　器

为了实现长距离 QKD，一种方法就是采用量子中继器。就光量子而言，量子中继器包括单光子量子中继和连续变量量子中继。就其实现方法而言，典型的单光子量子中继方案包括基于拉曼散射的量子中继和基于双光子测量的量子中继[1]。本节简要介绍量子中继器的一般原理及基于原子系综和线性光学的 DLCZ 协议。

8.3.1　量子中继器的一般原理

量子中继器由 Breigel 在 1998 年提出[11]，它的原理基于纠缠交换。如图

8.18 所示，若要在距离为 L 的收发两端建立纠缠，可将链路划分为 $N=2^n$ 段，每段链路 $L_0=L/N$，采用 n 级纠缠交换即可实现。

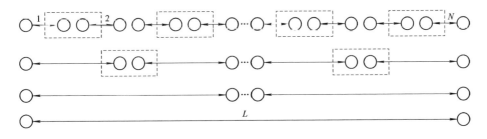

图 8.18　量子中继器的工作示意图

按这个原理，如果在本地建立纠缠，将其中一个发送到相邻节点执行贝尔态测量，但是这里实现的难点是对于较长的链路，在不破坏纠缠的前提下测量光子的到达时刻比较困难，因而不易实现。因此，应采用在链路的两端远程建立纠缠的方法。另外，由图 8.18 可见，该量子中继器方案必须能够存储基本链路的纠缠，直到相邻链路的纠缠建立后，方可进行量子交换操作，因此需要量子存储器，否则需要严格的同步方法，使得纠缠建立同时进行。同时，考虑到退相干效应，往往需要进行纠缠纯化。

为了解决上述两个问题，Duan 等提出采用原子系综作为存储的量子中继器方案，该方案也称做 DLCZ 协议[12]。DLCZ 协议的关键是光子的瞬时拉曼辐射（spontaneous Raman emission）可在原子系综中瞬时地产生自旋激励（spin excitation），这个关联可用来在两个相距较远的系综中建立纠缠。

8.3.2　量子中继器的实现

从工作原理上讲，量子中继器可分为以下几种：基于原子系综和线性光学的量子中继器[10,13]、基于囚禁离子的量子中继器[15]、基于固态光子发射器的量子中继器[16]、采用相干态通信的量子中继器[13,14]。基于单个囚禁离子的量子中继器的纠缠分发速率优于基于原子系综的方案，主要原因在于囚禁离子的纠缠交换操作可以确定性地进行。量子中继器的早期实验工作利用囚禁在光学腔中的几个原子组成的系统，这些系统在每个节点可产生几量子比特的量子网络。若实现 1000 km 的量子通信每个节点约需 7 量子比特，要进行本地多量子比特逻辑运算，目前实现上比较困难。而基于固态光子发射器的中继器试图减少量子比特数，在该系统中利用核自旋存储量子信息，利用电子自旋与邻节点通信，具体的实现可采用钻石中的氮-空位（Nitrogen-vacancy）掺杂中心或量子点来实现。基于相干态通信的量子中继器采用较强的相干光，可采用高效率的零差检测器，因而纠缠产生速率较高。此外，还有基于无退相干量子门的量子中继器[17]，将量子编码应用到量子中继器的设计[18]，提高中继的距离。还有采用动态规划的搜索算法[19]，改善中继的性能。由于量子中继器在远距离量子通信中的重要作用，大量的研究和实验工作一直没有停止。

这里介绍基于原子系综和线性光学的 DLCZ 协议，它采用原子系综，该系综能辐射单个光子，同时产生单个原子激发并且存储在系综中。这些光子能用来在两个远程系综中实现纠缠。由于集体干涉（collective interference）原子激发（Excitation）能有效地转换成光子，用来实现纠缠交换和纠缠的应用，如图 8.19 所示。

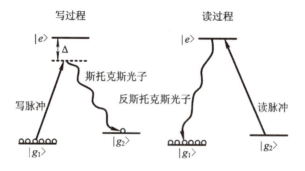

图 8.19　DLCZ 协议中的写过程和读过程示意

在图 8.19 所示的三级系统中，包含两个基态 $|g_1\rangle$、$|g_2\rangle$ 和一个激发态 $|e\rangle$，开始时所有 N_A 个原子处于基态 $|g_1\rangle$。作用于由 $|g_1\rangle$—$|e\rangle$ 跃迁的非共振激光脉冲（写脉冲）以一定的概率导致了原子由 $|e\rangle$ 跃迁到 $|g_2\rangle$ 中产生瞬时拉曼光子辐射。对应于通常的拉曼散射术语，称这个光子为斯托克斯（Stokes）光子。这里假定 $|g_2\rangle$ 的能量稍高于 $|g_1\rangle$。在远场探测到斯托克斯光子，没有信息显示它来自于哪个原子，因此产生一个叠加态，其中 N_A-1 个原子位于 $|g_1\rangle$，1 个原子位于 $|g_2\rangle$，即

$$\frac{1}{\sqrt{N_A}}\sum_{k=1}^{N_A}\mathrm{e}^{i(\boldsymbol{k}_w-\boldsymbol{k}_s)x_k}\;|\;g_1\rangle_1\;|\;g_1\rangle_2\cdots|\;g_2\rangle_k\cdots|\;g_1\rangle_{N_A}$$

$\boldsymbol{k}_w$ 是写激光器的波矢，$\boldsymbol{k}_s$ 是探测的斯托克斯光子的波矢，x_k 是第 k 个原子的位置。这样的集体激发对实际应用非常有用，通过将它们转换成沿特定方向传播的单个光子，可以有效地读出（read-out）。读出过程中，共振激光器作用于由 $|g_2\rangle$ 到 $|e\rangle$ 的跃迁，促使单个的原子激发，从 $|g_2\rangle$ 返回到 $|e\rangle$，随后产生由 $|e\rangle$ 到 g_1 的集体辐射，最终导致了 N_A-1 个原子在 $|g_1\rangle$ 态，一个位于 $|e\rangle$ 的非局域（delocalized）激发态。注意，这里有可能产生多个光子和产生多于一个的激发。

下面简要介绍其工作过程。

首先看看两个远端原子系综的纠缠产生。如图 8.20 所示，位于 A 和 B 处的原子系综按一定概率辐射 Stokes 光子 a 和 b，这些光子通过光纤被发送到中心站，在中心站处检测单个 Stokes 光子，这些光子模式为 d 或 $\tilde{d}$，可能来自于 A 或 B，如检测到光子，则预报了在其中一个系综中存储了激发（s_a 或 s_b）。

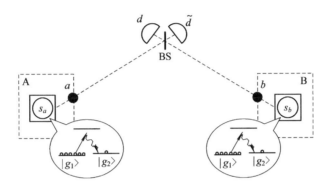

图 8.20 位于 A 和 B 处的两个远程原子系综的纠缠产生[10]

若两个系综同时被激发，辐射出单个的 Stokes 光子，其状态可表示为

$$\left(1 + \sqrt{\frac{p}{2}}\,(s_a^\dagger a^\dagger \mathrm{e}^{\mathrm{i}\phi_a} + s_b^\dagger b^\dagger \mathrm{e}^{\mathrm{i}\phi_b}) + O(p)\right)|\,0\rangle \tag{8.8}$$

这里玻色算子（湮灭算子）a 和 b 分别对应于系综 A 和 B 的 Stokes 光子，算子 s_a、s_b 分别对应于系综 A 和 B 的原子激发，ϕ_a、ϕ_b 表示泵浦激光器的相位，$|\,0\rangle$ 表示各种模式下的真空态。$O(p)$ 表示多光子项。

Stokes 光子经过分束器（BS）后，模式为

$$d = \frac{1}{\sqrt{2}}(a\mathrm{e}^{-\mathrm{i}\xi_a} + b\mathrm{e}^{-\mathrm{i}\xi_b}), \qquad \tilde{d} = \frac{1}{\sqrt{2}}(a\mathrm{e}^{-\mathrm{i}\xi_a} - b\mathrm{e}^{-\mathrm{i}\xi_b}) \tag{8.9}$$

ξ_a、ξ_b 表示光子到达中心站的过程中获得的相位。若 d 探测到光子，则两原子系综的状态投影为

$$|\,\psi_{ab}\rangle = \frac{1}{\sqrt{2}}(s_a^\dagger \mathrm{e}^{\mathrm{i}(\phi_a + \xi_a)} + s_b^\dagger \mathrm{e}^{\mathrm{i}(\phi_b + \xi_b)})\,|\,0\rangle \tag{8.10}$$

则在系综 A 和 B 之间产生了纠缠，该纠缠态可改写为

$$|\,\psi_{ab}\rangle = \frac{1}{\sqrt{2}}(|\,1_a\rangle\,|\,0_b\rangle + |\,0_a\rangle\,|\,1_b\rangle\mathrm{e}^{\mathrm{i}\theta_{ab}}) \tag{8.11}$$

$|\,0_a\rangle$、$|\,0_b\rangle$ 表示空系综 A 或 B，$|\,1_a\rangle$、$|\,1_b\rangle$ 表示存储了单个原子激发。$\theta_{ab} = \phi_b - \phi_a + \xi_b - \xi_a$。考虑到两个探测器可能同时探测到光子，纠缠产生的成功概率为

$$P_0 = p\eta_d\eta_t \tag{8.12}$$

η_d 为光子的探测效率，$\eta_t = \exp\left(-\dfrac{L_0}{2L_{att}}\right)$ 是对应于长度为 $L_0/2$ 的光纤的传输效率，L_0 为基本链路的长度，即 A 和 B 之间的距离，L_{att} 为光纤衰减长度，若光纤损耗为 0.2 dB/km，则在 1550 nm 通信波长的 $L_{att} = 22$ km。

这种产生纠缠的方法与两个量子系统的纠缠交换类似。

其次，需要实现基本链路之间的纠缠联系。一旦收到每一个基本链路的纠缠，为了扩展纠缠的距离可将这些链路联系起来。这可以通过相邻链路之间的纠缠交换来实现，如图 8.21 所示。

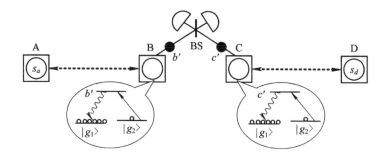

图 8.21 链路 AB 与链路 CD 之间的纠缠联系

在图 8.21 中，开始时系综 A 和 B 纠缠，C 和 D 纠缠，纠缠态分别为 $|\psi_{ab}\rangle$ 和 $|\psi_{cd}\rangle$，整个系统的状态为 $|\psi_{ab}\rangle \otimes |\psi_{cd}\rangle$。通过强共振光脉冲读出（read-out）操作，按一定概率存储在系综 B 和 C 中的原子激发 s_b 和 s_c 转换为反斯托克斯光子，模式为 b'、c'。通过分束器和单光子探测使得系综 A 和 D 产生纠缠：

$$|\psi_{ad}\rangle = \frac{1}{\sqrt{2}}(s_a^\dagger + s_d^\dagger \mathrm{e}^{\mathrm{i}(\theta_{ab}+\theta_{cd})}) |0\rangle \tag{8.13}$$

通过连续的纠缠交换操作，从而可以使很远的系综产生纠缠。

受探测器效率和纠缠交换过程中存储效率 η_m 的限制，例如当两光子存储在 B 和 C 中，但只有一个被探测到。这样产生的态包含了附加的真空分量

$$\rho_{ad} = \alpha_1 |\psi_{ad}\rangle\langle\psi_{ad}| + \beta_1 |0\rangle\langle 0|$$

$$\alpha_1 = \frac{1}{2-\eta}, \ \beta_1 = \frac{1-\eta}{2-\eta} \tag{8.14}$$

定义：$\eta = \eta_d\eta_m$，则第一次成功交换的概率为

$$P_1 = \eta\left(1 - \frac{\eta}{2}\right) \tag{8.15}$$

第 $i+1$ 次纠缠交换的成功概率为

$$P_{i+1} = \alpha_i \eta \left(1 - \frac{\alpha_i \eta}{2}\right) \qquad (8.16)$$

α_i 为对应于第 i 级纠缠交换归一化纠缠分量的权值，且

$$\alpha_i = \frac{\alpha_i - 1}{2 - \alpha_{i-1} \eta} \qquad (8.17)$$

经过 n 次交换后，

$$\frac{\beta_n}{\alpha_n} = (1 - \eta)(2^n - 1) \qquad (8.18)$$

真空分量的相对权值随包含量子中继器的基本链路数 $N = 2^n$ 线性增加。为了解决这个问题，采用两光子探测机制，见下一步。

最后要进行两光子纠缠的后选择。这里，在每个位置需要两个系综，如图 8.22 所示。按照前述方法 a_1 和 z_1、a_2 和 z_2 之间建立纠缠，整个系统的状态为

$$\frac{1}{2}(a_1'^{\dagger} + e^{i\theta_1} z_1'^{\dagger})(a_2'^{\dagger} + e^{i\theta_2} z_2'^{\dagger}) \mid 0\rangle$$

图 8.22　两光子纠缠的后选择

这个状态到每个位置有一个光子的子空间的投影为

$$\mid \psi_{az}\rangle = \frac{1}{\sqrt{2}}(a_1'^{\dagger} z_2'^{\dagger} + e^{i(\theta_2 - \theta_1)} a_2'^{\dagger} z_1'^{\dagger}) \mid 0\rangle \qquad (8.19)$$

所需要的投影可通过将每个位置上的原子激发转化回反 Stokes 光子以及光子计数来进行后选择。这里测量基的随机选择可用对送到分束器的 a_1'、a_2' 模（z_1' 和 z_2'）设置合适的传输系数和相位来实现。这样经过 n 次交换运算后混态 ρ_{az} 的分量 $\mid \psi_{az}\rangle$ 以概率 $P_{ps} = \frac{\alpha_n^2 \eta^2}{2}$ 进行后选择。

通过上述过程我们可以看出，DLCZ 协议有以下不足[10]：

(1) 必须在分发的纠缠保真度和纠缠分发速率之间权衡，这是由于源于单个系综的多个辐射（不是单个激发辐射单个光子）产生的错误随基本链路数 N 成平方律增长。为了抑制这个错误，只有降低辐射概率 p，从而限制了可实现的纠缠分发速率。

（2）两个远程系综之间的产生纠缠需要长距离的稳定的干涉测量。

（3）在 DLCZ 中继器协议中，在每个时间间隔 L_0/c 内每个基本链路只能进行一次纠缠产生的尝试。

（4）对于长距离通信，Stokes 光子必须在通信光纤的最优波长范围内，这约束了原子种类的选择，或者需要进行波长变换，而耦合损耗目前在单光子级别上进行波长变换的效率还不高。

针对这些不足，可做出如下改进[10]：对于第（1）个不足，多光子辐射产生的错误的平方律增加与所创建的单光子纠缠态的真空态份量随 N 线性增加有关。采用双光子探测的纠缠交换、双光子探测的纠缠产生，或者本地产生纠缠对和双光子纠缠交换，可使真空分量保持不变，多光子错误随 N 线型增加。对于第（2）个不足，可以采用双光子探测产生纠缠的方法降低对信道稳定度的要求。对于第（3）个不足，可以采用存储器，其中保存大量可区分的模式。对于第（4）个不足，可采用隔离的纠缠产生和存储方案克服。

8.4　量子通信实验网

量子通信（主要是量子密钥分发）从一开始实验起，就着手在多用户之间进行密钥分发，尝试多种不同的方法，如 8.1 节中介绍的 Townsend 小组的实验，后来 Kumavor 小组、美国国家标准技术所（NIST）等也开展各种网络结构的研究与实验。本节介绍几种有影响的量子通信实验网，有 DARPA 量子通信网、欧洲的 SECOQC 量子密钥分发网络、东京量子密钥分发网络和我国的实验网，这里只介绍其网络架构和规模，详细链路请参考相关文献及参考文献[1]。

8.4.1　DARPA 量子通信网络

世界上第一个城域量子通信网络是 2003 年由美国国防部高级研究计划局（DARPA）组织，美国 BBN 公司、波士顿大学（BU）、哈佛大学（Harvard）建立的，简称 DARPA 量子网络。DARPA 量子网络采用弱相干光 BB84 协议，开始时有 3 个节点，后来发展到 6 个节点以上，节点之间通过光开关（也称量子交换机）连接，如图 8.23 所示。

图 8.23 中，每个站点包括一个 QKD 端点（endpoint）、一台由光开关组成的 QKD 交换机和 PC，PC 和 QKD 端点通过以太网互联，QKD 交换机用来进行路径切换。实验中，还设置了一个窃听者进行安全性测试。

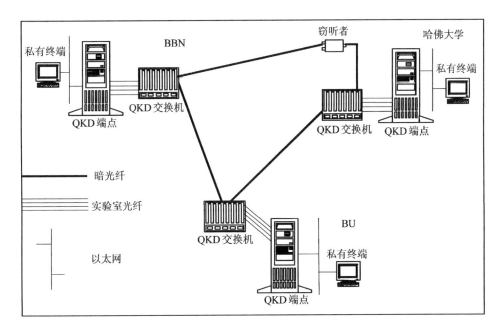

图 8.23 DARPA 量子网络

8.4.2 欧洲的量子骨干网络

在欧盟的资助下，欧洲 41 个研究机构和企业合作于 2008 年在奥地利维也纳建立 SECOQC（Secure Communication based on Quantum Cryptography）QKD 网络，其网络拓扑如图 8.24 所示，节点连接如图 8.25 所示，共 6 个节点，8 对点对点 QKD 系统相互连接，包括 id Quantique 公司的"即插即用"量子密钥分发系统（idQ-1，idQ-2，idQ-3）、东芝剑桥研究实验室的基于诱骗态的相位编码 BB84 协议系统（Tosh）、N. Gisin 小组的基于弱相干光的 COW 协议系统、A. Zeilinger 小组和 AIT 合作开发的基于偏振纠缠光子对的系统（ENT）、P. Grangier 小组的使用高斯调制的相干态连续变量 QKD 系统（CV），以及 H. Weinfurter 小组研制的短距离自由空间 QKD 系统（FS）。SECOQC 网络演示了基于一次一密和基于定时更新密钥的 AES（高级加密系统）对 VPN（虚拟专用网）进行加密的应用，实现了 IP 电话机基于 IP 的视频会议系统。

SECOQC QKD 网络采用可信中继的策略。所谓可信中继节点是指该节点可通过相连的每条链路与相邻节点协商密钥，比如节点 A 和 B 和可信中继节点相连，可信中继节点分别与 A、B 协商获得密钥 k_A 和 k_B，然后将 $k_A \otimes k_B$（按

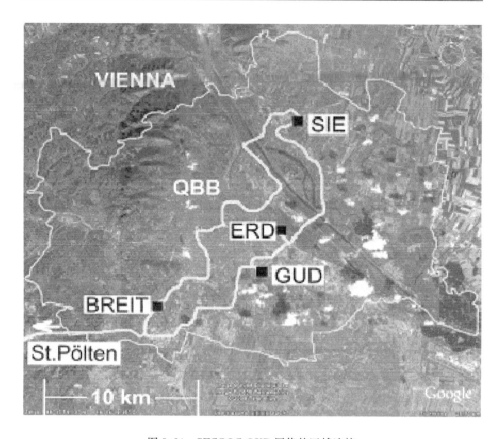

图 8.24　SECOQC QKD 网络的区域连接

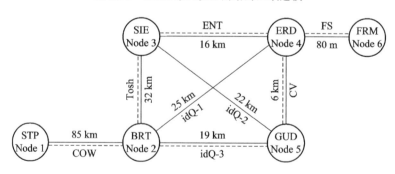

图 8.25　SECOQC QKD 网络的连接结构

位异或）发给 B，则 B 再与 k_B 异或即可获得 k_A。两个用户可通过位于中间的可信中继节点建立密钥，从而扩展了通信距离。

　　SECOQC QKD 网络中定义了每个节点的组成结构，包括应用层、量子传输层、量子网络层、链路层(Q3P 层)和 QKD 设备。其中 Q3P 层控制点对点 QKD 设备工作,接收其产生的密钥,并且为量子密钥分发系统提供经典链路;量子网络层进行路由选择,完成非相邻节点的路径选择;量子传输层实现密钥中继功能,完成端对端的安全密钥分发;应用层实现数据的加密传输。与经典网络相同,通过分层使得网络构架与设备无关,任何点对点 QKD 系统,只要符合网络接口,均可接入 SECOQC 网络。

8.4.3　东京量子密钥分发网络

2010 年,在日本东京建立了东京 QKD 网络,共 6 个节点,演示了多种不同 QKD 链路保证的安全视频会议等业务,其拓扑结构如图 8.26 所示,网络架构和节点连接关系如图 8.27 所示。整个实验网络建立在日本情报通信研究部(NICT)的开发网络测试平台(JGN2plus)上,包括了三菱公司、NEC 公司与NICT 公司、NTT 公司与 NICT 公司、维也纳团队(All-Vienna)、东芝剑桥研究实验室,以及 IDQ 公司的 QKD 系统。

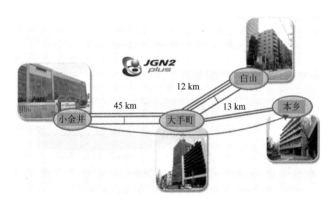

图 8.26　东京 QKD 网络的拓扑结构

如图 8.27 所示,东京量子密钥分发网络也基于可信中继器。其网络架构包括量子层、密钥管理层和通信层。量子层实现点对点 QKD,并将生成的密钥向上传给密钥管理层。密钥管理层通过可信中继并选择路由使任意两个节点之间可建立密钥。通信层通过密钥管理层建立的密钥进行安全通信。东京 QKD 网络中包括了一个中央密钥管理服务器(KMS),用来监控整个网络的密钥生成情况以及各条链路的安全状况等,实现网络监控和管理。

东京 QKD 网络在距离和密钥产生率上比 SECOQC QKD 网络有了很大的进步,并且具有监控的功能,而且与 SECOQC 的 Q3P 接口兼容。

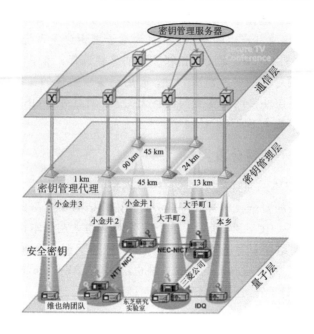

图 8.27 东京 QKD 网络的结构及连接示意图

8.4.4 我国的量子通信网络实验

我国也进行了量子通信网络实验。2007 年 3 月，郭光灿小组在北京网通公司商用通信网络上进行了 4 用户量子密码通信网络的实验，用户之间最短距离约为 32 km，最长约为 42.6 km，演示了一对三和任意两点互通的量子密钥分配，并在对原始密钥进行纠错和提纯的基础上，完成了加密的多媒体通信实验，如图 8.28 所示[20]。图中，用户 Alice 分别采用波长 λ_1、λ_2 和 λ_3 分别与 Bob、David 和 Charlie 进行量子密钥分发，Alice 根据通信的终端用户将自己的波长调谐到指定波长或采用相应波长的激光器。采用波分复用器（WDM）将不同波长的光脉冲合路和分路，DeMux 为波分解复用器（demultiplexer），四个 WDM 组成 QKD 路由器。该实验采用了基于迈克尔逊－法拉第（Faraday-Michelson）干涉仪原理的相位编码单向量子密钥分发方案[22]，该方案采用 BB84 协议。

2008 年 10 月，潘建伟小组实现了采用诱骗态量子密钥协商的电话量子保密通信，并在合肥进行了三个点的实验，如图 8.29 所示[23]。USTC 节点作为可信中继节点，USTC-Binhu 和 USTC-Xinglin 相距约 20 km，光纤链路由中国网通提供，采用了基于 MZ 干涉仪的相位编码 BB84 QKD 方案，将话音压缩至

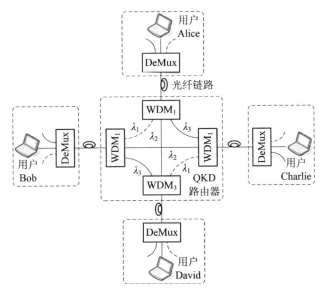

图 8.28　郭光灿小组的 4 用户量子网络原理

0.6 kb/s，采用一次一密加密实时话音。此外，通过提高脉冲发送频率到 1 GHz，在 50 km 时安全的密钥率为 130 kb/s，100 km 时安全的密钥率可达 2 kb/s。

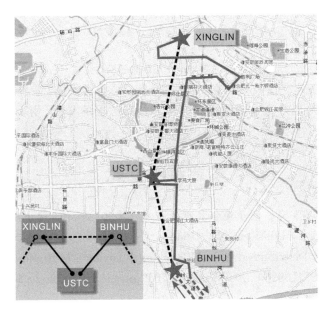

图 8.29　潘建伟小组的量子密码网络

2009 年 5 月郭光灿小组在安徽省芜湖市建立了 7 用户量子密码网络[21]，如图 8.30 所示，A～G 表示 7 个终端节点，实线表示多根光纤连接，点划线代表单根光纤连接。该结构中使用了图 8.28 中的量子路由装置、光开关和可信中继节点。该网络中，根据优先级将 7 个节点分成多个层级。4 个重要节点通过一个高优先级的全通主干网连接，每一个节点都可以当做一个子网网关来扩展网络结构。另外的两个节点属于同一子网，由光开关连接到主干网的可信中继节点 D。第 7 个节点通过一根单独光纤接入量子密码网络。经典信息交互和量子密钥分发都复用到同一根光纤中。实验中，所有的量子密钥分发连接都采用了基于诱骗态的相位调制 BB84 协议，保证通讯的安全性，并且所有节点均可用于加密声音图像以及文本。经典通信采用 TCP/IP 协议局域网。

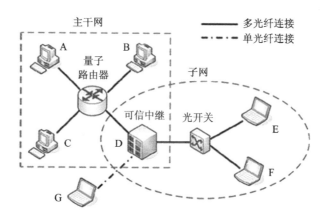

图 8.30　郭光灿小组的量子网络结构

此外，西安电子科技大学在 2008 年开发了量子交换机，兼容经典路由器的功能，可实现 4 用户光量子的全通交换和经典数据的交换，并且进行了 QKD 网络的实验。

本章参考文献

[1]　尹浩，韩阳，等. 量子通信原理与技术. 北京：电子工业出版社，2013.

[2]　Brassard G, Bussi eres F, Godbout N, Lacroix S & Multi-User Quantum Key Distribution Using Wavelength Division Multiplexing, Proceedings of SPIE 5260. Applications of Photonic Technology 6：2003，149 - 153.

[3]　Townsend P D. Quantum cryptography on multi-user optical fiber net-

works. Nature 385, 1997, : 47 – 49.

[4]　Patrick D, Kumavor, Craig Beal A. Eric Donkor. Senior Member. IEEE and Bing C Wang. Member. IEEE. Experimental Multiuser Quantum Key Distribution Network Using a Wavelength-Addressed Bus Architecture. Journal Of Lightwave Technology. Vol. 24, (8), 2006: 3103.

[5]　Patrick D Kumavor, Alan C Beal, Susanne Yelin, Eric Donkor, Bing C Wang. Comparison of Four Multi-User Quantum Key Distribution Schemes Over Passive Optical Networks. Journal Of Lightwave Technology. Vol. 23, 2005, 1: 268 – 276.

[6]　Nishioka T, Ishizuka H, Hasegawa T, J Abe. IEEE Photonics Technology letters. 14, 576, 2002.

[7]　余重秀. 光交换技术. 北京：人民邮电出版社，2008.

[8]　Yan – Xiao Gong, Guang-Can Guo. Timothy C Ralph. Methods for linear optical quantum Fredkin gate. Physical Review A. 66, 052305, 2008.

[9]　Hong-Fu Wang. et al. Phys. Scr. 81, 015011, 2010

[10]　Nicolas Sangouard, Christoph Simon, Hugues de Riedmatten, Nicolas Gisin. Quantum repeaters based on atomic ensembles and linear optics. Review of Modern Physics, 2011, 83(1): 33 – 80.

[11]　H J Briegel, W Dür, J I Cirac and P. ZollerQuantum repeaters: the role of imperfect local operations in quantum communication. Phys. Rev. Lett, 1998, 81(26): 5932 – 5935

[12]　Duan, L M, Lukin M D, J I Cirac and P Zoller. 2001, Nature 414 (6862), 413.

[13]　P van Loock, Ladd T D, Sanaka K, F Yamaguchi, Kae Nemoto, Munro W J, Yamamoto Y. Hybrid quantum repeater using bright coherent light. Phys. Rev. Lett, 2006, 96, 240501.

[14]　Peter van Loock, Norbert Lütkenhaus, Munro W J, Kae Nemoto. Quantum repeaters using coherent-state communication. Phys. Rev. 2008, A 78, 062319.

[15]　Nicolas Sangouard, Romain Dubessy, Christoph Simon. Quantum repeaters based on single trapped ions. Phys. Rev. A 79, 042340, 2009.

[16]　Childress L, Taylor J M, A S SØrensen, Lukin M D. Fault-tolerant quantum repeaters with minimal physical resources and implementations based on single-photon emitters. Physical review A 72, 052330, 2005.

[17] Uwe Dorner, Alexander Klein, Dieter Jaksch. A quantum repeater based on decoherence free subspaces. Quant. Inf. Comp. 8, 0468, 2008.

[18] Liang Jiang, Taylor J M, Kae Nemoto, Munro W J, Rodney Van Meter, Lukin M D. Quantum repeater with encoding. Phys. Rev. A 79, 032325, 2009.

[19] Liang Jiang, Jacob M. Taylor, Navin Khaneja, Mikhail D. Lukin. Optimal approach to quantum communication using dynamic programming. PNAS 104, 2007: 17291 – 17296.

[20] Wei Chen, Zheng-Fu Han, Tao Zhang, Hao Wen, Zhen-Qiang Yin, Fang-Xing Xu, Qing-Lin Wu, Yun Liu, Yang Zhang, Xiao-Fan Mo, You-Zhen Gui, Guo Wei and Guang-Can Guo. Field Experiment on a "Star Type" Metropolitan Quantum Key Distribution Network. IEEE PHOTONICS TECHNOLOGY LETTERS. VOL. 21, NO. 9, MAY 1, 2009: 575 – 577.

[21] 许方星，陈巍，王双，等. 多层级量子密码城域网. 2009, 54(16): 2277 – 2283.

[22] Mo X F, et al. Faraday-Michelson system for quantum cryptography Opt. Lett. 2005, (30), 2632 – 2634.

[23] Teng-Yun Chen, Hao Liang, Yang Liu, et al. Field test of a practical secure communication network with decoy-state quantum cryptography. Opt. Express 17, 6540 (2009).